CRYPTOGAMIE

COMPLETTE.

ΠΙΛΑΡΟΤΥΤ[illegible]

[illegible]

CRYPTOGAMIE

COMPLETTE,

O U

DESCRIPTION

Des Plantes dont les étamines sont peu apparentes;
suivant les Ordres ou Familles, les Genres, les
Espèces, avec les Caractères et les Différences;

Par Charles LINNÉ,

Première édition française, calquée sur celle de **GMLIN**,
augmentée et enrichie de notions élémentaires, de notes diverses, etc. etc.

Par N. JOLYCLERC, Naturaliste et Homme-de-lettres.

Prix, trois francs, 50 centimes.

A PARIS,

Chez LEVACHER, Libraire, rue du Hurepoix, N° 12,
au bout du Quai des Augustins.

An 7 de la République.

Pour éviter les contrefactions dont cet ouvrage paraît être et
menacé, le public est prévenu que tous les exemplaires seront in
signés de l'auteur ou du libraire. *Levacher*

CRYPTOGAMIE

COMPLETTE,

OU

DESCRIPTION

Des Plantes dont les Étamines sont peu apparentes;
suivant les Ordres ou Familles, les Genres, les
Espèces, avec les Caractères et les Différences;

PREMIÈRES NOTIONS.

Tous les végétaux sont également doués d'une sé-
mence, d'une germination, d'une radicule, d'une plu-
mule, d'un accroissement progressif, d'une floraison,
d'une fructification. Une graine, voilà l'œuf du végétal: cet œuf est le fruit du travail et de l'union des
parties génitales de la plante; l'étamine est la partie
mâle de cette génération; le pistil en est la partie femelle. S'il est des plantes sur lesquelles il est difficile
de faire l'application de cette ingénieuse comparaison,
Linné les place dans sa classe des noces cachées,
Cryptogamie.

Cette classe a été divisée par ce grand Naturaliste
en quatre Ordres ou Familles principales. Le premier
de ces Ordres nous présente les Fougères et leurs analogues; le second comprend toutes les Mousses; le

troisième les Algues et les Lichens ; le quatrième enfin offre les Champignons et leurs analogues.

La famille des fougères est encore trop peu connue. Les organes sexuels sont nommés anthères par les uns, capsules par les autres. Les organes mâles sont les plus aisés à distinguer ; encore n'est-ce que dans quelques genres : ce sont des anthères sessiles, uniloculaires, s'ouvrant ordinairement par deux battans, lesquels, le plus souvent, sont entourés d'un anneau élastique : quelquefois elles sont entassées ou séparées sur le dos des feuilles. La fructification est radicale avec des pistils ou organes femelles, sensibles, mêlés avec les étamines ou organes mâles ; ou la fructification est en épi, sans pistil apparent ; ou enfin, la fructification est en épi, avec des pistils sensibles , séparés des étamines ; les organes fémelles , bien observés dans quelques individus, paraissent couronnés par un stigmate simple.

Les mousses sont monoïques ou dioïques. L'organe mâle est composée d'une anthère simple ou petite tête, composée d'une anthère simple et de la forme d'une urne. Cette urne, operculée avec une coiffe, ou operculée sans coiffe, ou dénuée d'opercule, non ouverte, et alors, la poudre prolifique s'échappant par des pores, cette urne est sessile ou pédiculée, terminale ou axillaire, entourée d'un petit calice feuillu qui persiste à sa base. La fleur femelle est moins sensible ; elle est cachée dans l'aisselle des feuilles, sans style, sans stigmate, sans péricarpe visible, et ne paraissant consister que dans un embyron nu , sans écorce, sans lobes, mais avec un calice propre.

Les algues sont des plantes à diverses habitudes, et diversement constituées dans leur tissu, leur substance et les dispositions de leurs organes : les unes filamenteuses ou gélatineuses, analogues en quelque sorte aux champignons ; d'autres coriaces ou crustacées ; d'autres herbacées, comme feuillues et plus rapprochées des autres plantes. Les organes sexuels sont tout-à-fait cachés dans les unes, à peine visibles dans les autres, très visibles et très connus dans d'autres, mais diversifiés par leur structure et leur situation.

Les champignons sont parasites des autres plantes, ou nés immédiatement de la terre : les uns sont nus, les autres sont renfermés dans un volva qui se fend. Ils n'ont point de feuilles, très peu sont ramifiés. Lorsque la maturité est complette, presque tous se putréfient comme les substances animales. Ils sont sans chapiteaux, ou avec un chapiteau. On ne trouve aucune fleur, et au lieu d'anthères, c'est un polen dispersé en-dedans ou en-dehors. Des organes diversement configurés suppléent les pistils : ce sont des lames ou des rides, des sillons, des pores, des tubes, des mammelons, de petites cavités, des espèces de petites grilles, etc. Ces parties renferment de petits corps qui, confiés à la terre, germant comme d'autres plantes, ou s'étendant en rejettons, reproduisent le végétal.

Les fougères présentent un grand nombre de genres et d'espèces dans les genres, des arbrisseaux, des sousarbrisseaux, des herbes annuelles et vivaces. Les feuilles, dans beaucoup de genres, sont, avant leur développement roulées en-dedans, depuis la pointe jusqu'à la base ; elles sont simples ou rameuses, souvent écailleuses à leur base. Les mousses sont des petites plantes herbaceés, terrestres ou parasites, couchées ou droites, simples ou rameuses, leurs feuilles sont distiques ou éparses, ou imbriquées. Quelques mousses portent seulement des urnes ; d'autres qui sont monoïques portent en même tems des bourgeons et des urnes ; d'autres enfin, qui sont dioïques, portent des urnes et de petites étoiles séparées sur des pieds différens Il est difficile à l'observateur de statuer ce qui est espèce ou une simple variété dans la nombreuse famille des algues : les unes sont terrestres, les autres aquatiques. Les révolutions successives des parties des écussons, des cupules, des expansions, les diverses couleurs que le développement occasionne doivent fixer les regards du botaniste. Les champignons s'éloignent prodigieusement de la forme et de la structure des autres végétaux : les uns sont subéreux vivaces et presque toujours parasites ; les autres son, parasites ou terrestres, fugaces, et se putréfient rapidement.

FAMILLE

FAMILLE PREMIÈRE.

FOUGÈRES. *FILICES.*

* *Fructifications en Épis.*

LA Prêle. *Equisetum.* Épis épars; fructifications en écusson, à valvules vers la base.

L'Onoclea. *Onoclea.* Épi distique; fructifications à 5 valves.

La Langue de serpent. *Ophioglossum.* Épi articulé; fructifications coupées horisontalement.

La Fougère fleurie. *Osmunda.* Épi formant la grappe; fructifications à 2 valves.

Maratta. Capsules multiloculaires, les loges ouvertes en-dessus.

Le Pied-de-loup. *Lycopodium.* Capsules ouvertes, à 2 valves.

* * *Fructifications sur les feuilles & sur leurs revers.*

L'Acrostic. *Acrosticum.* Fructifications occupant toute la feuille en-dessous.

Polypode. *Polypodium.* Fructifications distinctes en petits tas sous la feuille.

Diksonia. Fructifications comme rondes, sous la marge retournée.

Hemionite. *Hemionitis.* Fructifications formant des lignes en sautoir sous la feuille.

Doradille. *Asplenium.* Fructifications formant des lignes comme parallèles sous la feuille.

Blechnum. Fructifications formant des lignes adhérentes des deux côtés aux nervures des feuilles.

Lonchite. *Lonchitis.* Fructifications formant des lignes aux sinuosités de la marge des feuilles.

Fougère. *Pteris.* Fructifications en-dessous, dans une ligne marginale à la feuille.

Darea. Fructifications formant des lignes courtes, solitaires, en-dessous, et sorties d'un seul côté de la feuille.

Capillaire. *Adiantum.* Fructifications formant des macules couvertes par la marge réfléchie au sommet de la feuille.

Trichomanes. Fructifications solitaires, insérées à la marge même de la feuille.

B

Cœnopteris. Fructifications sur un point marginal, solitaires, dans une crevasse concave remplie de poussière fine et ramassée en tête.

* * * *Fructifications latérales.*

Marsile. *Marsilea.* Fruits à 4 capsules.

Pilulaire. *Pilularia.* Fruits à 4 loges.

Isoëte. *Isoetes.* Fruits à 2 loges.

FAMILLE 2eme.

LES MOUSSES. *MUSCI.*

* *Mousses feuillues.*

Porella. Capsule multiloculaire, perforée par des pores, sans opercule et sans coiffe.

Sphaigne. *Sphagnum.* Fleur mâle en massue, à anthères planes. Capsules sur la même plante operculées, sans coiffe, à gorge lisse.

Splanc. *Splachnum.* Bourgeon orbiculaire, terminal. Capsule sur une autre plante, avec une coiffe et une apophyse très-grande; le bord à 8 dents.

Polytric. *Polytricum.* Bourgeon orbiculaire, terminal. Capsule sur une autre plante, munie d'une coiffe; son bord a 32 dents.

Mnie. *Mnium.* Bourgeon orbiculaire, rarement en tête. Capsule, le plus souvent, sur une autre plante; 16 dents sur le bord, rarement 4.

Phasque. *Phascum.* Capsule pourvue d'une coiffe, avec le rudiment persistant d'un opercule.

Bris. *Bryum.* Bourgeons souvent axillaires, tantôt sur la même plante, tantôt sur des plantes séparées des capsules qui sont pourvues d'une coiffe, et assises sur un pédoncule terminal qui sort d'un tubercule.

Hypne. *Hypnum.* Bourgeons, le plus souvent sur une plante séparée. Capsules assises sur un pédoncule latéral qui sort du périchetia; le bord a 16 dents

Fontinale. *Fontinalis.* Bourgeons sur la même plante, avec la capsule qui est sessile, enveloppée d'un périchetia imbriqué, et pourvue d'une coiffe.

Buxbaumia. Bourgeon orbiculaire. Capsule pédonculée; le bord extérieur à 16 dents, l'intérieur membraneux et plissé.

** *Mousses hépatiques.*

Marchante. *Marchantia.* Capsule en écusson, pédonculée, portant inférieurement les semences.

Jungermanne. *Jungermannia.* Capsule pédonculée, nue, à 4 valves.

Targione. *Targionia.* Calice à 2 valves, renfermant une capsule campanulée.

FAMILLE 3eme.

LES ALGUES. *ALGæ.*

* *Algues terrestres.*

Anthocère. *Anthoceros.* Capsule en alène, à 2 valves, les valves chargées des semences.

Blasie. *Blasia.* Boîte cylindrique, donnant des petits corps globuleux.

Riccie. *Riccia.* Fructifications granuleuses adhérentes à la feuille.

Lichen. Petits corps adhérens à l'expansion, ou à des réceptacles lisses, luisans, élevés sur l'expansion ou feuille.

Bysse. *Byssus.* Fibres simples, uniformes, lanugineuses.

** *Algues aquatiques.*

Ulve. *Ulva.* Boutons, ou renflemens arrondis sur une membrane diaphane.

Varec. *Fucus.* Renflemens en vessie, ou semences granuleuses cachées sous des ponctuations perforées.

Conferve. *Conferva.* Fibres simples ou rameuses, présentant des petits corps globuleux.

FAMILLE 4eme.

LES CHAMPIGNONS. *FONGI.*

Agaric. *Agaricus.* Champignon lamellé en dessus.

Merulius. Champignon veineux en dessous.

Morille. *Boletus.* Champignon poreux en dessous.

Thalephora. Champignon mamelonné en dessous.

Erinace. *Hydnum.* Champignon mamelonné en dessous.

Satyre. *Phallus.* Champignon lisse en dessous, celluleux en dessus.

B 2

Monacelle. *Helvella.* Champignon turbiné, plissé, ridé.

Atractobolus. Champignon éjulateur, sessile, en cupule, operculé; une vésicule fusiforme et qui porte les grains, devant en sortir.

Tympanis. Champignon en forme de gaudet; cupule couverte en dessus d'un volva, les petits grains se dissipant en poussière.

Myrotecium. Champignon en forme de gaudet; cupule couverte en dessus d'un volva, les petits corps visqueux.

Setaria. Champignon en forme de coupe, pédiculé; la superficie supérieure du chapiteau ponctuée, la marge premièrement déroulée, le pédicule court et sétacé.

Chlatre. *Cyatus.* Champignon companulé, portant intérieurement des capsules en forme de lentilles.

Poronia. Champignon en forme de marmite, lançant de petits corps dans sa superficie externe.

Pezize. *Peziza.* Champignon souvent concave, sans capsules ni grains visibles à l'œil nu.

Coupe. *Patera.* Champignon charnu, sessile, un peu plane, glabre en dessus.

Clavaire. *Clavaria.* Champinion glabre, en massue, ou rameux.

Acrospermum. Champignon très-simple, comme relevé, portant extérieurement des grains dans sa sommité convexe.

Pucinia. Champignon cylindrique, rempli de petits corps terminés en queue.

Stemonitis. Champignon couvert d'une écorce, rempli d'un duvet chargé de polen et qui sort avec élasticité.

Chlatre. *Chlatrus.* Champignon fénestré.

Lycoperdon. Champignon portant des grains pourvus d'un fil.

Truffe. *Tuber.* Champignon rempli d'un suc pulpeux.

Catpobolus. Champignon sessile, élançant une capsule globuleuse, son sommet s'ouvrant par rayons.

Spermodermia. Champignon globuleux, sessile, très simple, spongieux; un polen épais tenant lieu de l'écorce.

Vermiculaire. *Vermicularia.* Capsule globuleuse, sessile, remplie de petits corps libres et en forme de vers.

Pyrenium. Champignon globuleux, sessile, très entier renfermant, comme dans une noix, des grains nues et conglobées.

Méduse. *Medusaia* Champignon globuleux, pédiculé, serré, solide, à grains externes, fusiformes, flexibles, se liquéfiant

Chardostylum. Champignon très fin , pédiculé; une tête globuleuse, presque caduque , portant intérieurement de petits corps ; le pédicule très long et comme rameux.

Sphæria. Champignon rempli de petits corps qu'il élance par les pores épars sur sa superficie.

Theleobolus. Champignon éjulateur , sessile ; sa substance et le placenta des semences solides et gélatineux.

Trémèle. *Tremela*. Champignon gélatineux, petits corps cachés.

Mesenterica. Champignon répandu , gélatineux, veineux, chargé de petits corps sur les bords.

Tuberculaire. *Tubercularia*. Champignon gélatineux, pédiculé , à chapiteau ; le pédicule épais et rempli ; le chapiteau tuberculé, mamelonné, étroitement serré sur le pédicule, portant de petits corps dans sa superficie supérieure.

Stilbum. Champignon gélatineux, aggrégé, pédiculé ; le chapiteau diaphane, luisant, solide, persistant, portant extérieurement de petits corps.

Ascophora. Champignon relevé , pédiculé , à chapiteau globuleux, oblong, enflé, opaque, élastique, portant extérieurement de petits corps ; le pédicule sétacé.

Sclerotium. Champignon très simple, en globe oblong, à substance tenace, dure, s'ouvrant enfin par le milieu ; l'écorce inséparable, et ne s'ouvrant jamais en-dessus.

Hysterium. Champignon globuleux, comme labié, sessile, la capsule s'ouvrant par les lèvres ; une substance qui s'élève, chargée intérieurement de petits corps.

Xylostroma. Champignon répandu, coriace difforme, entremêlé, lisse, égal ; de très petits corps globuleux implantés intérieurement dans ses fibrilles.

Hydrogera. Champignon pédiculé ; le pédicule capillaire ; ventru supérieurement, chargé d'eau ; le placenta qui porte les petits corps, tenant lieu de chapiteau.

Mucilago. Champignon celluleux, ou filamenteux, aqueux, sans grains et sans chapiteau.

Embolus. Champignon celluleux, pulvérulent, sans écorce.

Helotium. Champignon très fugace, perpendiculaire, le pédicule capillaire, le chapiteau très petit, convexe, portant intérieurement de petits corps nus.

Moisissure. *Mucor*. Champignon moû , finissant par une poussière renfermée dans le chapiteau.

Collier. *Monilia.* Grains très petits, attachés à une substance filamenteuse.

Reticulaire. *Reticularia.* Champignon portant des germes pulvérulents, entremêlés dans un retz

Fuligo. Champignon mou, gras, se terminant par une poussière noire.

Les plus grandes et les plus belles fougères sont étrangères aux contreés que nous habitons : on les trouve dans les Indes et sur-tout en Amérique ; les fougères européennes sont en petit nombre ; elles aiment les forêts touffues ou les lieux humides ; ordinairement abritées par les murailles et les rochers.

On trouve des mousses sur toute la surface de la terre ; elles s'établissent dans les eaux, sur les arbres, sur les rochers, dans les cavernes, etc. Les urnes parraissent en automne ou au printems : elles persistent plusieurs mois. Quelques mousses des marais se développent en été.

On trouve des algues sur la terre et dans l'eau : elles couvrent, comme les lichens, les rochers, les écorces d'arbres. L'algue semble tirer sa substance de l'humidité de l'air. Rien n'est plus difficile que de statuer ce qui est espèce ou variété dans cette nombreuse famille, à cause de la diversité que leur développement occasionne dans leur configuration et leur structure.

La substance de la plupart des champignons est tendre ; quelques-uns sont ligneux ; la vie dans la plupart est très courte. Les genres de cette feuille sont assez bien prononcés ; mais il est difficile de statuer ce qui est espèce ou variété. Quoique tous les naturaliste depuis Pline jusqu'à nous se soient élevés contre l'usage que les hommes font de quelques-uns de ces végétaux pour aliment, ils ne les ont pas corrigé. En général, les champignons les plus délicats deviennent dangereux par leur maturité même ; plusieurs espèces sont des poisons terribles.

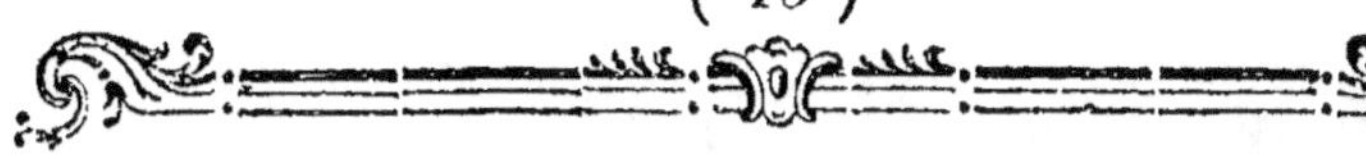

ORDRE OU FAMILLE, GENRES, ESPÈCES.

ORDRE Ier.

LES FOUGÈRES. *FILICES.*

FRUCTIFICATION radicale avec des pistils sensibles, mêlés parmi les étamines ; ou fructifications en épis, sans qu'on puisse appercevoir les pistils ; ou fructifications sur les feuilles sans pistils apparens ; ou enfin, fructifications en épis, ou éparses, avec des pistils sensibles, mêlés parmi les étamines.

LA PRÊLE OU QUEUE DE CHEVAL. *Equisetum.*

Épi épais, ovale, oblong, multivalve, composé de filets nombreux imposés sur un axe commun. Fructifications en écusson, au sommet des filets, souvent intérieurement, et laissant échapper une poussière verdâtre, en forme de polen, abondante.

1. La PRÊLE des bois. *Equisetum sylvaticum.* Feuilles composées, épi terminal, comme panaché, un peu long. Weimn. Phytanth. tit. 479. f. f. (1)

2. Des champs. *E. Arvense.* Hampe portant l'épi, nue ; feuille stérile, verticillée, rameuse, feuillue. Curt. Flor. Lond. t. 285. (2)

3. Des marais. *E. Palustre.* Tige anguleuse, feuille simple. Weimn. Phytanth. t. 479. f. d. e. (3.) Rai. Angl. 3. t. 5. f. 3. (3)

---

(1) Les gaînes des articulations lâches ; les anneaux formés par des feuilles très menues, chargées elles-mêmes d'autres anneaux.

(2) Les gaînes des articulations de la hampe, brunes à leur base. anneaux de la tige stérile, de 12 à 15 feuilles qui sont des espèces de rameaux menus, verticillés.

(3) Feuilles redressées, assez courtes, de 5 à 9 à chaque anneau.

4. P. Majeure. *E. Fluviatile.* Tige striée, feuilles presque simples. Blackw. Herb. 1. 217. f. 2. (1)

5. Limoneuse. *E. Limosum.* Tige comme nue, lisse, Rai. Angl. 3. t. 5. f. 2. (2)

6. D'hiver. *E. Hiemale.* Tige nue, rude, comme rameuse à sa base. Regn. bot. t. 401. (3)

7. Des prés. *E. Pratense.* Tige comme légale, rameuse, sillonée, très rude ; rameaux très ouverts, stériles, dents des gaînes en alène, et scarieuses. Erhart. Hannov. Mag. 1784. 9. (4)

8. Gigantesque. *E. Giganteum.* Tige striée, arborescente ; feuilles simples, roides, portant les épis. Plum. ic. 125 f. 2. en Amérique.

LE LYCOPODE, OU PIED-DE-LOUP. *Lycopodium.*

Capsules ou urnes réniformes, souvent disposées à travers des paillettes, en maniére d'épis ou de massues, à l'extrémité des tiges ; ces valvules bivalves, élastiques, polyspermes.

1. Le Lycopode rud. *Nudum.* Feuilles comme nulles ; épis dichotômes ; fleurs distantes. mant. p. 506. dill. musc. t. 64. f. 4.

2. épais. *Selaginoides.* Feuilles éparses, ciliées ; lancéolées ; épis solitaires, terminals, feuillus. fl. dan. t. 70.

3. A feuilles de l'if. *Taxifolium,* feuilles éparses, lancéolées, linéaires, étalées ; tige relevée, dichotome, capsules éparses. Swarts. nov. pl. gen. et sp. p. 138.

4. Queue-de-renard. *Alopecuroides,* feuilles éparses, ciliées, linéaires ; épis terminals, feuillus. Dill. musc. t. 63. f. 8.

5. *Quarrosum.* Feuilles épars s, linéaires, glabres, épis terminals, feuillus. Forst. flor. austr. p. 86.

6. Dichotome. *Dichotomum,* feuiles éparses, linéaires aigues, tige inclinée, montante, dichotome ; rameaux étalés, capsules éparses. Jacq. h. vind. 3. p. 26. t. 45.

---

(1) Tiges stériles, hautes de trois pieds, grosses, à articulations peu distantes, feuilles très nombreuses, menues, fort longues ; tiges fleuries nues, épaisses, hautes d'un pied.

(2) Cette espèce ne paraît être qu'une variété de la précédente. La tige fistuleuse est sans feuilles dans sa jeunesse.

(3) Tige verte, les gaînes des articulations pâles, noires à leur base et en leur bord qui est légèrement crénelé.

(4) Ce n'est qu'une variété de l'une des espèces précédentes.

7. LYCOPODE

7. LYCOPODE en massue. *Clavatum*. Feuilles éparses, filamenteuses ; épis arrondis, pédonculés, géminés. Flor. dan. t. 126. (1)

8. Des rochers. *Rupestre*. Feuilles éparses, filamenteuses ; épis terminals, tetragônes. Dill. musc. t. 63. f. 11.

9. Inondé. *Inundatum*. Feuilles éparses, très entières ; épis terminals, feuillus. Flor. dan. t. 336. (2)

10. Panché. *Cernuum*. Feuilles éparses, courbées ; tige très rameuse ; épis paniculés. Dill. musc. 63. f. 10.

11. Obscur. *Obscurum*. Feuilles éparses, décurrentes, sarments rampans ; rejets relevés, dichotômes. Dill. musc. t. 67.

12. *Bryopteris*. Feuilles éparses, imbriquées ; petits rameaux roulés. Dill musc. t. 66. f. 11.

13. A feuille du genèvrier. *Annotinum*. Feuilles éparses, sur 5 rangées, comme dentelées ; rejets articulés en s'allongeant ; épis terminals, glabres et rélevés. Flor. dan. t. 127. (3)

14. Épais. *Selago*. Feuilles éparses, sur 8 rangées ; tige dichotôme, rélevee, fastigiée ; capsules éparses. Flor. dan. t. 104. (4)

15. A feuilles de lin *Linifolium*. Feuilles alternes, éloignées, lancéolées ; capsules axillaires. Dill. musc. t. 54. f. 5.

16. De gnide. *Gnidioides*. Feuilles ternées, imbriquées, lancéolées, obtuses, très glabres ; tige dichotôme ; rameaux allongés ; capsules axillaires. Suppl. p. 448.

17. Dentelé. *Serratum*. Feuilles quaternées, lancéolées, dentées en scie ; capsules sessiles, axillaires. Thunb. Flor. jap. p. 341.

18. *Phlegmaria*. Feuilles verticillées par 4 ; épis terminals, dichotômes. Dill. musc. t. 61. f. 5.

19. Roide. *Rigidum*. Feuilles comme verticillées, réfléchies de toutes parts, les inférieures rudes, ruides ; tige dichotôme, fastigiée ; capsules éparses. Dill. musc. p. 410. t. 57. f. 4.

---

(1) La tige rampante, quelquefois de 4 pieds. Les épis jaunâtres, et donnant une poussière aussi jaunâtre, qui a la propriété de fulminer. Cette plante singulière ne se trouve que sur les montagnes.

(2) Tiges qui rampent à 4 ou 5 pouces ; les rameaux fertiles, redressés ; les feuilles recourbées sur les rameaux rampans.

(3) Épis sans pédoncules ; feuilles lâches, ouvertes, et souvent réfléchies.

(4) Tiges longues de 3 à 5 pouces, compactes, éparses, toutes couvertes de feuilles lancéolées et fermes.

C

20. **LYCOPODE** scarieux. *Scariosum*. Feuilles sur 2 rangées, rélevées, ovales, glabres ; épis terminals, écailleux ; écailles scarieuses, réfléchies. Forst. flor Austr. p. 87.

21. Applani. *Complanatum*. Feuilles sur 2 rangs, connées, les surperficielles solitaires ; épis géminés, pédonculés. Flor. dan. 1. 78.

22. Stolonifère. *Stoloniferum*. Feuilles sur 2 rangées, ouvertes; les superficielles oblongues, aigues, distiques ; rejets tetragônes, rampans, très longs, nus inférieurement, stolonifères ; épis terminals, sessiles. Plum fil. t. 43.

23. Plumeux. *Plumosum*. Feuilles sur 2 rangées, ouvertes ; les superficielles demi-ovales, ciliées ; rejets relevés ; épis terminals ; tetragônes, sessiles. Dill. musc. t. 66. f. 10.

24. Pied-d'oiseau. *Ornitopodioides*. Feuilles sur 2 rangées, ouvertes ; les superficielles distiques ; sillons rampans ; épis sessilles. Dill. musc. t. 62. f. 1. B.

25. De la caroline. *Carolinianum*. Feuilles sur 2 rangées, étalées ; les superficielles solitaires ; hampes très longues, à 1 seul épi. Dill. musc. t. 66. f. 6.

26. De suisse. *Helveticum*. Feuilles sur 2 rangées, étalées; les superficielles distiques ; épis géminés, pédonculés. Jacq. flor. Austr. 2. t. 149.

27. Flambe. *Flambellatum*. Feuilles sur 2 rangées; les superficielles distiques ; tige rélevée, arrondie. Dill. musc. t. 65. f. 5.

28. Canaliculé. *Canaliculatum*. Feuilles sur 2 rangées ; les superficielles distiques ; tige rélevée, canaliculée. Dill. musc. t. 65. f. 6.

29. Ciliaire. *Ciliare*. Feuilles sur 2 rangées ; les superficielles distiques ; tige rameuse ; épis terminals, solitaires, touffus, comprimés, unilatéraux. Kœnig. Ap. rez. 2. observ. bot. 5. p. 32.

30. Arrondi. *Circinale*. Feuilles sur 2 rangées ; les superficielles géminées ; rameaux roulés en dedans. Suppl. p. 448. Dill. musc. t. 66. f. 11.

31. Denticulé. *Denticulatum*. Feuilles sur 2 rangées ; les superficielles imbriquées ; rejets rampants ; capsules éparses. Dill. musc. t. 66. f. 1. A. (1)

32. Sans pied. *Apus*. Feuilles sur 2 rangées, les alternes plus petites ; tige rampante ; épis sessiles. Dill. musc. t. 64. f. 3.

33. Feuille de myrte. *Myrtifolium*. Feuilles sur 4 rangées, linéaires, oblongues ; épis terminals, filiformes, feuillus. Forst. Flor. Austr. p. 87.

---

(1) C'est une variété du lycopode de Suisse.

34. LYCOPODE verticillé *Verticillatum*. Feuille sur 4 rangées rapprochées, en épingle; rameaux dichotomes; capsules axillaires, verticillées. Suppl. p. 448.

35. Sanguinolent. *Sanguinolentum*. Feuilles sur 4 rangées, imbriquées; tiges rampantes, dichotomes; épis sessiles, tetragônes. Amœn. acad. 3. f. 26.

36. Des Alpes. *Alpinum*. Feuilles imbriquées sur 4 rangées, aigues; tiges rélevées, bifides; épis sessiles, arrondis. Flor. dan t. 79. (1)

37 Du Japon. *Japonicum*. Feuilles sur 6 rangées, entières; tige radicante. Thunb. nor. jap. p. 341.

38. Radicant. *Radicans*. Feuilles sur 4 rangées, 2 étalées, 2 imbriquées; épinltforme, bifurqué; tige et rameaux rampans, dichotomes, comprimées. Scrauck. flor. bav. 2. p. 493. Dill. musc. t. 65. f. 2. A.

ONOCLEA.

Épi en grappe, distique; fructifications ou follicules à 3 ou 5 valves.; semences semblables à de la sciûre de bois.

1. ONOCLEA sensible. *Sensibilis*. Feuilles pinnées, comme en grappes au sommet. Mant. p. 504. pluckn. man. t. 404. f. 2.

2. Polypode. *Polypodioides*. Feuilles bipinnées, fructifications à 3 valves. Mant. p. 306.

OPHIOGLOSE, OU LANGUE-DE-SERPENT.
Ophioglossum.

Épi distique, oblong, en forme de langue, comprimé, à plusieurs loges dans un seul rang, sur chaque marge, articulé; les articulations ou loges s'ouvrant transversalement, comme globuleuses, et après l'émission du polen qu'elles contenaient, comme crénelées de chaque côté, ou en verrues.

1. OPHIOGLOSE vulgaire. *Vulgatum*. Feuille ovale; hampe à une seule feuille. Flor. dan. t. 147. (2)

---

(1) Tiges rampantes, presque nues, garnies de rameaux courts, nombreux, disposés par faisceaux, et tous couverts de feuilles petites un peu épaisses, serrées contre les rameaux.

(2) Racine comme un faisceau de fibres; tige grêle, simple, haute de 4 à 8 pouces, garnies d'une seule feuille, ovale, ambrassante, lisse. Épi long d'un pouce et demi, pédancule.

2. OPHYOGLOSE à tige nue. *Nudicaule*. Feuilles ovales; hampe sans feuiles. Suppl. p. 443.

3. De Portugal. *Lusitanicum*. Feuille lancéolée. Barr. plant. rar. ic. t. 252. f. 2.

4. Réticulé. *Reticulatum*. Feuille cordiforme. Plum. fil. t. 164.

5. *Crotalophoroides*. Feuille comme cordiforme; hampe plus courte. Walt. flor. carol. p. 256.

6. Pendant. *Pendulum*. Feuilles linéaires, très longues, sans divisions. Rumpf. amb. 6. t. 37. f. 3.

7. Palmé. *Palmatum*. Feuille palmée, portant l'épi à sa base. Plum. fil. tit. 163.

8. Tortueux. *Flexuosum*. Hampe tortueuse, arrondie; feuilles opposées, pétiolées, palmées, à segmens lancéolés, très entiers, glabres. Suppl. p. 443. Rumpf. amb. 6. t. 33.

9. Grimpant. *Scandens*. Tige tortueuse, arrondie; feuilles conjuguées, pinnées; pinnules portant des épines de chaque côté. Rheed. h. malab. 12. t. 33.

10. Du Japon. *Japonicum*. Tige tortueuse, anguleuse; feuilles sur-décomposées; folioles alternes incisées. Rhumb. flor. japon. p. 328.

OSMONDE, OU FOUGÈRE FLEURIE. *osmunda*.

Épis rameux; fructifications ou follicules à deux valves comme globuleuses, sessiles, s'ouvrant transversalement.

** Fructifications sur des hampes, reposant sur la tige, à la base de la feuille.*

1. OSMONDE du Zéland. *Zeylanica*. Hampe solitaire; feuilles verticillées, lancéolées sans divisions, Rumpf. amb. 6. t. 68. f. 3.

2. Lunaire. *Lunaria*. Hampe solitaire; grappe latérale; feuille pinnée, solitaire. Fl. dan. t. 18. (1)

3. De Virginie. *Virginica*. Hampe solitaire; feuille sur-décomposée. Plum. fil. t. 159.

4. Ternée. *Ternata*. Hampe solitaire; feuille tripartie, décomposée en dessus. Thunb. flor. jap. p. 329, t. 32.

---

(1) Pour racine un faisceau de fibres. Tige très simple, haute de 4 à 6 pouces, garnie d'une seule feuille composée de 6 à 10 folioles arrondies à leur sommet, et taillées à leur base en croissant.

5. OSMONDE de Fougère. *Phyllitidis*. Hampes géminées ; feuille pinnée ; tige lisse, plum. fil. t. 156.

6. Hérissée. *Hirta*. Hampe géminées ; feuille pinnée ; tige hérissée. Plum. fil. t. 157.

7. Velue. *Hirsuta*. Hampes géminées ; feuille bipinnée, velue. plum. fil. t. 162.

8. A feuilles du capillaire. *adianti folia*. Hampes géminées ; feuilles sur-décomposées. Plum. fil. t. 158.

*** * *Hampes nues radicales.***

9. Bipinnée. *Bipinnata*. Feuille pinnée ; pinnules pinnatifides. Plum. fil. t. 155.

10. Des Cerfs. *Cervina*. Feuille pinnée ; pinnules très entières. Plum. fil. t. 154.

11. Verticillée. *Verticillata*. Grappes verticillées ; feuilles sur-décomposées. Plum. fil. t. 160.

12. A feuilles de fougère. *Filiculi folia*. Hampe paniculée ; feuille sur-décomposée. Plum. fil. t. 161.

13. Bifurquée. *Bifurcata*. Feuille pinnée ; pinnules bifides, dichotômes, souples. Jacq. coll. 3. p. 282. t. 20. f. 4.

14. Matricaire. *Matricaria*. Feuilles pinnées ; pinnules ovales, crénelées. Schrank. hor. bav. 2. p. 419.

15. Trifide. *Trifida*. Feuille ternée. Jacq. coll. 3. p. 281. t. 20. f. 4.

*** * *Fructifications assises sur la feuille.***

16. Royale. *Regalis*. Feuille bipinnée ; grappe terminale, sur-décomposée. Flor. dan. t. 217. (1)

17. *Claytoniana*. Feuilles pinnées, les pinnules pinnatifides à fructifications resserrées à leur sommet.

*** * * *Feuilles les unes stériles, les autres fructifiantes.***

18. *Spicanthus*. Feuilles stériles pinnatifides ; les fructifiantes pinnées et plus étroites, les segmens très entiers. Flor. dan. t. 99. (2)

19. Du Cap. *Capensis*. Feuilles pinnées ; pinnules cordiformes, lancéolées, crénelées. Mant. p. 306.

20. Gerofle *Cynnamomea*. Feuilles pinnées, pinnules pinnatifides, hampes hérissées, grappes opposées, composées.

---

(1) Feuilles droites et grandes, à folioles lancéolées, la partie supérieure décomposée par l'avancement de la fructification.

(2) Cette espèce paraît plutôt appartenir au genre de l'Acrostic.

21. OSMONDE de la Caroline. *Caroliniana*. Feuilles pinnées; pinnules inférieures ondulées, dentées, lancéolées, distinctes, les supérieures confluentes. Walt. flor. carol. p. 287.

22. *Struthionis*. Feuilles stériles pinnatifides, hampe fructifiante pinnée, distique.

23. Du Japon. *Japonica*. Feuilles bipinnées, pinnules cordiformes, lancéolées, dentées en scie. Thunb. flor. jap. p. 338.

24. Lance. *Lancea*. Feuille bipinnée, pinnules lancéolées, dentées en scie. Thunb. flor. jap. p. 330.

25. Crépue. Feuilles sur-décomposées, folioles alternes comme rondes, incisées. Mant. p. 505, flor. dant. t. 496.

* * * *Osmonde d'une tribu incertaine.*

26. Rameuse, *Ramosa*, Grappes latérales, feuilles bipinnées, pinnules incisées. Kom. flor. germ. I, p 444.

27. Grimpante, *Scandens*, Tige grimpante; feuilles pinnées, opposées, Rheed. 4, mal. 12, p. 67, t. 34.

28. Bigarrée. *Discolor*. Feuilles pinnées; pinnules oblongues, aiguës, entières, sessiles, alternes, rapprochées. Forst. flor. austr. p. 78.

29. *Procera*. Feuilles pinnées, pinnules éloignées, ovales, oblongues, aiguës, dentées en scie, sessiles. Forst. flor. aust. page 78.

MARATTIA.

Capsules multiloculaires; les loges s'ouvrant en-dessus suivant leur longueur.

1. MARATTIA ailée. *Alata*. Rafles écailleux; les partiels ailés, folioles dentées, dents aiguës. Swarts nov. pl gen. et spec. p. 128. Smith. plant. ic. ined. 2, t. 46.

2. Lisse. *Lævis*. Rafles lisses, les partiels ailées, folioles à dents obtuses, celles du sommet confluentes. Smith. plant ic. ined. fascic. 2, t. 48.

3. Des frênes, *Fraxinea*. Rafles lisses, simples, folioles lancéolées, dentées en scie, toutes distinctes. Smith. pl. ic. ined. fasc. 2, t. 48.

ACROSTIC. *Acrosticum*.

Fructifications couvrant inférieurement tout le disque de la feuille terminale.

* *Feuille simple, sans division.*

1. ACROSTIC dentelé. *Serrulatum*. Feuilles linéaires, dentées

fructifiantes au sommet ; un rejet très court et jettant des racines. Swarts. nov. pl. gen. et spec. p. 128.

2. Gramen. *Graminoides*. Feuilles nues, linéaires, comme dichotomes, et fructifiantes au sommet. Swarts, nov. pl. gen. et spec. p. 128.

3. A Longues feuilles. *Longifolium*. Feuilles linéaires, lancéolées, aigues, très entières ; les stériles droites ; les fertiles roulées en spirale. Plum. fil. t. 118. t. 135

4. Heterophylle. *Heterophyllum*. Feuilles rèst entières, glabres, pétiolées ; les stériles comme rondes ; les fertiles linéaires. Rheed. h. malab. 12, t. 29.

5. Petiolé. *Petiolatum*. Feuilles glabres, pétiolées ; les stériles linéaires, lancéolées ; les fertiles linéaires. Swarts. nov. plant. et spec. p. 128.

6. Mousseux. *Muscosum*. Feuilles pétiolées, écailleuses ; les stériles ovales, lancéolées obtuses ; les fertiles linéaires, lancéolées. Plum. fil. t. 132.

7. Lancéolé. *Lanceolatum*. Feuilles linéaires, lancéolées, aigues ; rejet grimpant. Rheed. h. malab. 12. t. 33.

8. Simples. *Simplex*. Feuilles glabres, pétiolées ; les stériles lancéolées, aigues ; les fertiles linéaires, lancéolées. Swarts. nov. pl. gen. et spec. p. 128.

9. A épi. *Spicatum*. Feuille pétiolée, lancéolée, atténuée des deux côtés, très entière ; épi terminal, linéaire. Suppl. p. 444. smith. plant. ic. ined. fasc. 2. t. 49.

10. Velu. *Villosum*. Feuilles larges, lancéolées, velues des deux côtés. Plum. fil. t. 127. f. D.

11. A larges feuilles. *Latifolium*. Feuilles larges, lancéolées, très glabres, marginées ; les fructifiantes ovales, lancéolées ; rejet rampant. Plum. fil. t. 135.

12. A feuilles du citronier. *Citrifolium*. Feuilles lancéolées, ovales, très entières ; rejet grimpant. Plum. fil. t. 116.

13. Chevelu. *Crinitum*. Feuilles ovales, obtuses, hérissées, chevelues en dessus. Pet. fil. t. 13. f. 14.

14. Langue. *Lingua*. Feuilles oblongues obtuses, pétiolées ; rejet rampant. Thun. flor. jap. p. 335. t. 33.

15. Ponctué. *Punctuatum*. Feuilles cordiformes, lingulées, aigues, très entières en dessus.

16. Hasté. *Hastatum*. Feuille hastée. Thumb. flor. jap. p. 331. t. 34.

(24)

** *Feuille divisée.*

17. Septentrional. *Septentrionale.* Feuilles nues, linéaires, laciniées. Flor. dan. t. 60. (1)

18. Austral. *Australe.* Pédoncules nus, très glabres, rameux au sommet et comme a sept rayons, en alène, à fleurs latérales. Suppl. p. 444. Vahl. symb. bot. t. 25.

19. Pectiné. *Pectinatum.* Nu, très simple, épi laineux, unilatéral, montant, comprimé. Pluckn. alm. t. 95. f. 4.

20. Dichotome. *Dichotomum.* Nu, dichotome, épis unilatéraux, montans, réfléchis, comprimés. Pet. gaz. t. 70, f. 12.

21. Digité. *Digitatum.* Souches nues, triangulaires, feuille digitée, linéaire, aigue, très entière, égale. Amœn. acad. 1 p. 269, f. 1.

22. Ferrugineux. *Ferrugineum.* Feuilles pinnatifides, à segmens linéaires, aigus, ouverts, très entiers, connés, la souche lisse. Pluckn. phyt. 89. f. 2.

23. Polypode. *Polypodioides.* Feuilles pinnatifides, segmens linéaires, obtus, très entiers, ouverts, connés, souche écailleuse. Pluckn. alm. t. 289, f. 1. (2)

*** *Feuille composée, pinnée.*

24. *Platyneuron.* Pinnules alternes, ovales, crénelées, sessiles aigues, en dessus. Pluckn. alm. t. 29, f. 2.

25. Ponctué. *Punctuatum.* Pinnures alternes, lancéolées, très entières, ponctuées en dessus, glabres, les dernières oriculées, celles du sommet décurrentes. Suppl. p. 444.

26. Doré. *Aureum.* Pinnures alternes, enforme de langue, très entières, glabres. Pluckn. fil. t. 104.

27. Areolé. *Areolatum.* Pinnures alternes, linéaires, dentelées au sommet.

28. Roux. *Rufum.* Pinnures oblongues, ovales, très entières pubescentes. Sloan. hist. jam. 1. t. 45, f. 1.

29. A feuilles de sorbier. *Sorbifolium.* Pinnures oblongues ovales, très entières, dentelées, aigues; pédoncules écailleux. Pet. fil. t. 9, f. 8

30. Marginé. *Marginatum.* Pinnures oblongues, très entières ondulées, aigues, souche, nue. Sloan. hist. jam. 1, t. 40 (3)

---

(1) Feuilles radicales, hautes de 2 en 3 pouces, à 3 segmens dans leur partie supérieure, et courbées au sommet en manière de crochet ou de corne.

(2) C'est plutôt une espèce de polypode.

(3) Cette plante constitue à peine une espèce; mais elle appartient à ce genre.

31. Sanguin

31. ACROSTIC. Saint. *Sanctum.* Feuilles lancéolées ; pinnures linéaires, lancéolées, incisées, dentées en scie, dernières dentelures plus grandes. Sloan. hist. jam. 1, t. 49, f. 2.

32. Trifolié. *Trifoliatum.* Pinnules ternées, lancéolées, Plum. fil. t. 1, 144.

**** *Feuille comme bipinnée.*

33. Siliqueux. *Siliquosum.* Pinnures alternes, pinnulées en dessus, linéaires, les intérieures biparties. Amœn. acad. 1, p. 270, f. 3.

34. Thalictron. *Thalictroides.* Pinnures alternes, pinnatifides des deux côtés, les stériles plus larges. Flor. zeyl. p. 377, f. 4. (1)

35. Soufré. *Sulphureum.* Pinnures alternes, ovales, pinnatifides, segmens rongés, dentés en scie. Plum. fil. t. 44.

36. Marante. *Maranta.* Pinnures opposées, coadunées, très hérissées en dessous, bidentées à la base. Pluckn. alm. t. 281, f. 4.

27. Ilve. *Ilvense.* Pinnures opposées, coadunées, obtuses, hérissées en dessous, très entières à la base. Flor. dan. t. 391.

38. Ébène. *Ebeneum.* Pinnures sessiles, oblongues, sinuées, celles du sommet très courtes, très entières. Sloan. hist. jam. 1, t. 53. (2)

39. Fourchu. *Furcatum.* Dichotome, pinnures pinnées, pinnules parallèles, lancéolées, rapprochées, très entières. Plum. fil. t. 28. (3)

***** *Feuille bipinnée.*

40. Crucié. *Cruciatum.* Pinnures opposées, lancéolées, les dernières appendiculées en croix. Plum. fil. t. 38.

41. Barbu. *Barbatum.* Pinnures opposées, pinnules, lancéolées, obtuses, dentées en scie, sessiles, alternes. Pluchn. alm. t. 181. f. 5.

42. Filaire. *Filare.* Pinnures alternes, éloignées ; pinnules rélevées, confluentes, linéaires, terminées par une dent et un fil. Forsk. flor. æg. arab. p. 184.

43. *Colomelas.* Pinnures alternes, lancéolées, aigues, pinnatifides. Plum. fil. t. 40.

44. *Velleum.* Pinnures ovales, cordiformes, incisées sur le côté, très hérissées en dessus. Ait. hort. kew 3, p. 457.

****** *Feuille sur-décomposée.*

45. Aiguilloné. *Aculeatum.* Folioles bifides, pédoncules aiguillonés. Sloan. hist. jam. 1. t. 61. (4)

___

(1) Cette plante paraît être la même que l'Acrostic siliqueux.
(2) Elle ne diffère de l'Acrostic Columela que dans son jeune âge.
(3) Cette plante paraît être une espèce de Polypode.
(4) Cette plante pourrait appartenir au *Trichomanes.*

D

PTÉRIDE OU FOUGÈRE. *Pteris.*

Fructifications dans une ligne marginale qui fait le tour de la feuille, en dessous.

** Feuilles très simples.*

1. PTÉRIDE piloselle. *Piloselloides.* Feuilles stériles, comme ovales ; les fertiles lancéolées, plus longues ; rejets rampans. Banks. ic. Kœmpf. t. 31.

2. Lancéolée. *Lanceolata.* Feuilles lancéolées, comme anguleuses, glabres, fructifiantes au sommet. Plum. fil. t. 132.

3. A feuilles étroites. *Angustifolia.* Feuilles lancéolées, linéaires, entières, relevées, fructifiantes sur toute la marge. Swarts. nov. plant. gen. et spec. p. 129.

4. Linéaire. *Lineata.* Feuilles linéaires, très entières, fructifiantes suivant leur longueur. Plum. fil. t. 143.

5. Tricuspidée. *Tricuspidata.* Feuilles linéaires, trifides au sommet. Plum. fil. t. 140.

6. Fourchue. *Furcata.* Feuilles dicothomes, hérissées en dessous, fructifiantes au sommet. Plum. fil. t. 141.

** * Feuilles composées, quaternées.*

7. Quadrifoliée. *Quadrifoliata* Feuille comme ronde, très entière ; rejets rampans. Pluckn. phyt. 401. f. 5.

** * * Feuilles pinnées.*

8. A grandes feuilles. *Grandifolia.* Pinnures opposées, ovales, linéaires, aigues, très entières. Plum. fil. t. 106.

9. De Crète. *Cretica.* Pinnures opposées, lancéolées, dentelées, rétrécies à la base, les dernières comme triparties. Mant. p. 130.

10. A Feuilles rondes. *Rotundifolia.* Feuilles hérissées ; pinnures comme opposées, comme rondes, crénelées. Forst. flor. aust. p. 79.

11. Lunulée. *Lunulata.* Pinnures alternes, pétiolées, lunulées, striées. Retz. obs. bot. 2. p. 28. t. 4.

12. Trichomanes. *Trichomanoides.* Pinnures comme ovales, obtuses, goudronées, hérissées en dessus. Plum. fil. t. 75.

13. Comme ciliée. *Subciliata.* Pinnules lancéolées, dentelées, ciliées, plus élargies au dessus de la base. Fork. flor. ægr. arab. p. 186.

14. Nerveuse. *Nervosa.* Pinnures lancéolées, à nervures parallèles, entières ; les dernières binées. Thumb. flor. jap. p. 332.

15. Stipulaire. *Stipularis* Pinnures linéaires, sessiles ; stipules lancéolées. Plum. fil. t. 70.

(27)

16. PTÉRIDE bandelette. *Vitata*. Pinnures linéaires, droites, arrondies à leur base. Osb. it. t. 4.

17. A longues feuilles. *Longifolia*. Pinnures linéaires, goudronées, arrondies à la base. Plum. fil. t. 69.

* * * * Feuilles comme bipinnées.

18. *Argula*. Pinnures lancéolées; dernières folioles dentelées, deux fois biparties. Pluckn. almag. p. 153. t. 290. f. 2.

19. Pédiforme. *Pedata*. Feuilles quinquangulaires, trifoliées; folioles pinnatifides; les latérales biparties. Plum. fil. t. 152.

20. Sinuée. *Sinuata*. Feuilles bipinnatifides; segmens et sinus arrondis. Thumb. flor. jap. p. 332.

21. Naine. *Humilis*. Pinnures oblongues, incisées, comme bipinnées; les dernières crénelées, confluentes. Forst. flor. austr. p. 79.

22. Cheveux. *Comans*. Segmens allongés, lancéolés, atténués au sommet, dentelés, dentées. Forst. flor. austr. p. 79.

23. Arborée. *Arborea*. Tige arborée, aiguillonée; pinnures pinnatifides.

24. A deux oreilles. *Biaurita*. Pinnures pinnatifides; la dernière bipartie. Plum. fil. t. 5.

25. Denticulée. *Denticulata*. Pinnures inférieures, demi-pinnées, lancéolées, stériles, denticulées, ciliées; les fertiles très entières. Swarts. nov. pl. gen. et spec. p. 29.

26. Demi-pinnée. *Semipinnata*. Pinnures latérales, et dernier lobe demi-pinnatifides. Osb. it. t. 3. f. 1.

27. Mutilée. *Mutilata*. Pinnures pinnées; les dernières demi-pinnatifides; les terminales et celles de la base très longues. Plum. fil. t. 51.

28. Pourpre noir. *Atropurpurea*. Pinnures lancéolées; les dernières comme pinnées; les terminales plus longues.

29. Verte. *Viridis*. Pinnures supérieures, lancéolées, sessiles; les inférieures pinnatifides et pinnées, pétiolées. Forsk. flor. æg. ar. p. 186.

30. Dentée. *Dentata*. Pinnures sessiles, éloignées, pinnées; pinnules opposées, linéaires, crénelées, dentées. Forsk. flor. æg. arab. p. 186.

31. Farineuse. *Farinosa*. Pinnures sessiles, opposées; les supérieures concaténées; les inférieures éloignées; pinnules connées, farineuses, duvetées en dessous. Forsk. flor. æg. ar. p. 187.

* * * * * Feuilles demi-bipinnées.

32. A dents de scie. *serrulata*. Feuilles linéaires, à dents de scie. Suppl. p. 445, burm. zeyl. t. 37. f. ext.

2 D

* * * * * * *Feuilles quadripinnées,*

33. PTÉRIDE quadripinnée. *quadripinnata*. Pinnules libres à la base , les dernières bipinnées.

* * * * * * * *Feuilles sur-décomposées.*

34. Aiguillonée. *Aculeata*. Segmens larges , lancéolées ; tige arborée , aiguillonée ; pinnules bipinnatifides. Plum. fil. t. 5.

35. Régulière. *Regularis*. Pinnures sessiles ; pinnules connées , ouvertes , linéaires , lancéolées, entières ; les dernières pinnées. Forsk flor. æg. arab. p. 186.

36. Décursive. *Decursiva*. Pinnules rélevées et recourbées, décurentes ; les dernières pinnées. Forsk. flor. æg. arab. p. 186.

37. Dentée. *Serrata*. Pinnures concaténées , lancéolées , dentelées ; les dernières désunies et pinnées. Forsk. flor. æg. arab. pag. 187.

38. Aigle. *Aquilina* Pinnures pinnées ; pinnules lancéolées ; les dernières pinnatifides ; les supérieures plus petites. Blackw. herb. t. 325. (1)

39. A queue. *Caudata*. Pinnures linéaires ; les dernières pinnées, dentées à la base ; les terminales plus longues. Plum. fil. t. 29.

40. Mangeable. *Esculenta*. Feuilles sillonées , folioles pinnées ; pinnures linéaires , décurentes , aîles du sommet plus courtes. Forst. flor. austr. p. 79.

41. Hétérophyle. *Heterophylla*. Feuiles fertiles, très entières ; pinnures ovales , oblongues , dentelées , obtuses. Sloan. jam. 1 t. 53. fig. 2.

B L E C H N U M.

Fructification sur 2 lignes rapprochées et parallèles à la côte de la feuille.

1. BLECHNUM occidental. *Occidentale*. Feuilles pinnées ; pinnules lancéolées, opposées, émarginées à la base. Pet. fil. t. 3. f. 2.

2. Austral. *Australe*. Feuilles pinnées ; pinnules comme sessiles , cordiformes lancéolées , très entières ; les dernières opposées. Mant. p. 130.

3. Oriental. *Orientale*. Feuilles pinnées ; les pinnules linéaires, alternes.

---

(1) C'est la plus grande des fougères indigènes à nos contrées. Elle s'élève quelquefois jusqu'à la hauteur de 5 pieds. On la nomme communément *Fougere femelle*. Sa racine qui est oblongue , brune en dehors , présente lorsqu'on la coupe en travers comme la figure de l'Aigle de l'empire ; c'est ce qui lui a valu le nom *Aquilina*.

(29)

4. BLECHNUM de Virginie. *Virginicum.* Féuilles pinnées ; pinnules multifides. Mant. p. 307.

5. Du Japon. *Japonicum.* Feuille bipinnatifide ; petits segmens ovales, obtus, dentelés. Suppl. pag. 445. Thumb. flor. jap. pag, 333. t. 35.

6. De Caroline. *Radicans.* Feuilles bipinnées ; les pinnules lancéolées, crénelées ; les lignes de la fructification interrompues. Mant. p. 307. pluckn. alm. t. 179. f. 2.

H E M I O N I T E. *Hemionitis.*

Fructifications dans des lignes rameuses ou diversement en sautoir, décurrentes par les nervures de la feuille.

1. Hemionite linéaire *Lineata.* Feuilles lancéolées, linéaires ; fructifications comme parallèles et longitudinales. Swarts. nov. pl. gen. et spec. p. 129.

2. Réticulée. *Reticulata.* Feuilles lancéolées, en faux, très entières et à veines, en réseaux. Forts. flor. austr. p. 79.

3. Lancéolée. *Lanceolata.* Feuilles lancéolées, très entières. Plum. fil 127. f. 6.

4. Parasite. *Parasitica.* Feuilles ovales, aigues ; rejets paléacés, rampans.

5. Palmée. *Palmata.* Feuilles palmées, hérissées, Pl. fil. t. 151.

6. Du Japon. *Japonica.* Feuilles bipinnées ; pinnules lancéolées, entières. Thumb. fl. jap. p. 333.

L O N C H I T E. *Lonchitis.*

Fructifications dans des petites lignes lunées, qui occupent les sinus des feuilles.

1. LONCHITE hérissée. *Hirsuta.* Feuilles pinnatifides, obtuses, très-entières ; rejets rameux, hérissés. Plum. fil. t. 20.

2. Pediforme. *Pedata.* Feuilles pediformes ; folioles pinnatifides, dentelées. Brow. Jam. t. 1. f. 1. 2.

3. Rampante. *Repens.* Feuilles pinnées ; pinnules alternes, sinuées ; rejets rameux, aiguillonnés. Plum. fil. t. 1. 2.

4. Oreillée. *Aurita.* Feuilles pinnées ; dernières pinnures biparties ; rejets sans divisions, aiguillonés. Plum. fil. t. 17.

5. Bipinnée. *Bipinnata.* Feuille bipinnée ; pinnures alternes ; pinnules linéaires, confluentes, les intérieures émarginées. Forsk. flor. æg. arab. p. 184.

6. A fines feuilles. *Tenuifolia.* Arborescente ; feuilles sur

décomposées; folioles pinnées; pinnules linéaires, oblongues dentelées; les dernières pinnatifides. Forst. flor. austr. p. 80.

DORADILLE. CÉTERACH. SCOLOPENDRE. POLYTRIC.

SAUVE - VIE. *Asplenium.*

Fructifications dans des lignes droites, comme parallèles, souvent décurrentes obliquement par le disque
de la feuille.

** Feuille simple , sans division.*

1. ASPLENIUM. *Rhizophillum.* Feuilles cordiformes en cœur,
radicantes à leur sommet qui est filiforme. Pluckn. alm. t. 105. f. 3.

2. Scolopendre. *Scolopendrium.* Feuilles lingulées , cordiformes,
très entières; souches hérissées. Jungh. pl. off. ic. cent. 1. t. 5. (1).

3. A feuilles étroites. *Angustifolium.* Feuilles linéaires, lancéolées,
un peu aigues, très entières. Jacq. collect. 1. p. 121.

4. Nid. *Nidus.* Feuilles lancéolées , très entières , glabres·
Breyn. cent. t. 99.

5. Dentelé. *Serratum.* Feuilles lancéolées, dentées en scie ,
comme sessiles. Plum. fil. t. 124.

6. Prolifère. *Proliferum.* Feuilles larges , lancéolées , comme
sessiles; les primeures comme ovales, radicantes au sommet.
Sloan. hist. jam. 1. p. 71. t. 26. f. 1.

7. Plantain. *Plantagineum.* Feuilles ovales, lancéolées , comme
crénelées; pédoncule tetragône.

8. En fer de lance. *Lanceum* Feuille elliptique , glabre; souche
arrondie , écailleuse. Thunb. flor. jap. p. 333.

** * Feuille divisée.*

9. Hémionite. *Hemionitis.* Feuilles cordiformes, hastées, à cinq
lobes, très entières; souches lisses.

10. Céterach. Feuilles pinnatifides; segmens alternes confluents,
obtus. Blackw. herb. t. 216. (2)

11. Mordu. *Præmorsum.* Feuilles tripinnatifides ; segmens presque cunéiformes , petits segmens dentelés à leur sommet, qui
est rongé. Swarts. nov. pl. gen. et spec. p. 130.

---

(1) Feuilles radicales, longues de 10 à 12 pouces, ondulées,
pointues, lisses; l'epèce a une variété à feuilles laciniées au sommet.

(2) Faisceau de feuilles de 2 à 3 pouces , vertes en dessus ,
couvertes en dessous par les fructifications qui sont roussâtres ou
ferrugineuses et brillantes.

* * * *Feuille composée ternée.*

12. ASPLENIUM nain. *Pumilum.* Feuilles triparties, incisées. Swarts. nov. pl. gen. et spec. p. 129.

* * * * *Feuille pinnée.*

13. A feuilles obtuses. *Obtusifolium.* Feuilles comme bipinnées; pinnules obtuses, sinuées, décurrentes, alternes. Pet. fil. t. 2. f. 4.

14. Bifolié. *Bifolium.* Pinnures lancéolées, comme sinuées, connées. Plum. fil. t. 133.

15. Noueux. *Nodosum.* Pinnures lancéolées, très entières, opposées. Plum. fil. t. 108.

16. A grandes feuilles. *Grandifolium.* Pinnures lancéolées, comme dentées, alternes, à angle droit au-dessus de la base, inférieurement arrondies. Swarts. nov. pl. gen. et spec. p. 130.

17. Disséqué. *Dissectum.* Pinnures lancéolées, incisées, dentées en scie, à queue au sommet. Plum. fil. p. 46.

18. Ébène. *Ebeneum.* Pinnures lancéolées, comme en faux, dentées, oreillées à la base; souche très lisse et simple. Ait. hort. kew. 3. p. 462.

19. A feuilles du saule. *Salicifolium.* Pinnures en faux, lancéolées, crénelées, anguleuses en dessus de la base. Plum. fil. t. 60.

20. A feuilles coupantes. *Cultrifolium.* Pinnures en faux, lancéolées, incisées, dentées, anguleuses au-dessus de la base. Plum. fil. t. 59.

21. Marginé. *Marginatum.* Pinnures cordiformes lancéolées, opposées comme marginées, très entières. Pet. fil. t. 12. f. 2.

22. Denté. *Deantatum.* Pinnures cunéiformes, obtuses, crénelées, émarginées. Plum. fil. t. 101.

23. A feuilles alternes. *Alternifolium.* Pinnures cunéiformes alternes, incisées en dessus. Wulfen. ap. jacq. misc. austr. 2 p. 51. t. 5. f. 2 (1).

24. Monanthème. *Monanthemum.* Pinnules en trapèzes, obtuses, crénelées en dessus, ligne de la fructification unique. Mant. p. 130.

25. Vert. *Viride.* Feuilles lancéolées; pinnures trapéziformes crénelées. Hudson. flor. angl. 453. Boldon. filic. brit. 1. p. 24. t. 14.

26. *Polyodon.* Pinnures trapéziformes, aiguisées, aigues, doublement dentées. Forst. flor. austr. p. 80.

27. Rongé. *Erosum.* Pinnules oblongues en trapèze, striées, rongées, redressées à la base. Sloan. jam. 1. t. 33. f. 2.

---

(1) Cette espèce ne paraît pas distraite de l'asplenium germanique. *Germanicum*

(32)

28. ASPLENIUM diminué. *Dimidiatum.* Pinnures oblongues en trapèze, aigues, anguleuses en dessus, entières, plates en dessous. Swarts. nov. plant. gen. et spec. p. 129.

29. Tendre. *Tenerum.* Pinnures rhomboïdes . oblongues, obtuses, incisées, dentelées. Forst. flor. austr. p. 80.

30. Obtus. *Obtusatum.* Pinnures oblongues, obtuses, dentées en scie, opposées. Forst. flor. austr. p. 80.

31. Oblique. *Obliquum.* Pinnures oblongues, opposées, aigues, dentées en scie; marge extérieure plus courte; souche écailleuse. Forst. flor. austr. p. 80.

32. Lancéolé. *Lanceolatum.* Feuilles lancéolées; pinnures oblongues, aigues, incisées, alternes. Forsk. flor. æg. arab. p. 185.

33. Écailleuse. *Squamosum.* Pinnures aigues, incisées; souche écailleuse. Pet. fil. t. 5. f. 2.

34. Luisant. *Lucidum.* Pinnures oblongues, ovales, aigues, dentées en scie, opposées. Pet. fil. t. 5. f. 2.

35. Rhizophorum. Feuilles radicantes au sommet; pinnures ovales, comme oreillées, très petites, éloignées, très-entières. Plucku. alm. t. 253. f. 4.

36. Marin. *Marinum.* Pinnures comme ovales, dentées en scie, gibbeuses en dessus, obtuses, cunéiformes à la base. Bolton. fil. brit. 1. t. 15.

37. Pigmée. *Pigmeum.* Pinnures comme rondes, quinnées ou ternées (1).

38. Polytric. *Tricomanoïdes.* Pinnures comme rondes, crénelées. Flor. dan. t. 119.

39. A feuille de l'antriscus. *Anthriscifolium.* Pinnures dentées à lobes obtus. Jacq. coll. 2, p. 103.

40. A feuilles du sorbier. *Sorbifolium.* Pinnures longuement lancéolées, aigues, crénelées. Jacq. coll. 2. p. 106. t. 3. f. 2.

* * * * * *Feuille comme bipinnée*

41. Du Japon. *Japonicum.* Pinnures aigues, incisées, pinnatifides dentelées; souche écailleuse. Thumb. flor Jap. p. 334.

42. Strié. *Striatum.* Pinnures pinnatifides, obtuses, crénelées; la terminale aigue. Pet. fil. t. 3. f. 3. 4.

43. Flasque. *Flaccidum.* Pinnures alternes, éloignées, pinnatifides; segmens linéaires, striés. Forst. flor. austr. p. 80.

44. A queue. *Caudatum.* Pinnures pinnatifides, linéaires, sétacées au sommet; souche hérissée. Forst. flor. austr. p. 80.

____

(1) Cette espèce est à peine distincte.

45. ASPLENIUM

45. ASPLENIUM bulbifère. *Bulbiferum*. Pinnures pinnatifides, décurrentes, oblongues, obtuses; fructifications prolifères. Forst. flor. austr. p. 80.

46. Germanique. *Germanicum.* Dernières pinnures trifoliées. les supérieures simples, dentées. Hall. hist. stirp. helv. 3. p. 8. Breyn. cent. p. 189. f. 97.

47. Polytric rameux. *Trichomanes ramosum.* Pinnures pinnées, les inférieures plus petites; pinnules comme ovales, crénelées.

48. *Fragans.* Pinnures pinnées, alternes; pinnules lancéolées, un peu larges, dentelées au sommet. Swarts. nov. pl. gen. et spec. p. 130.

49. Leptophylle. *Leptophyllum.* Feuilles bipinnées et tripinnatifides; pinnures éloignées; les lobes cunéiformes, incisés; fructifications solitaires. Syst. nat. XII. 3. p. 694. N°. 53. (1).

****** *Feuilles alternativement décomposées.*

50. Rue des murailles. *Ruta muraria.* Feuilles cunéiformes, crénelées. Flor. dan. t. 190 (2).

******* *Feuille comme tridimée.*

51. Capillaire noir. *Adiantum nigrum.* Pinnures alternes; pinnules lancéolées, incisées, dentées. Flor. dan. t. 250 (3).

52. Cicutaire. *Cicutarium.* Feuille très glabre; pinnules supérieures pinnatifides; segmens lancéolés, entiers. Sloan. hist. jam. 1. p. 92. t. 52. f. 3.

POLYPODE. *Polypodium.*

Fructifications disposées en petits globes sous le disque de la feuille.

* *Feuille simple sans division.*

1. POLYPODE très petit. *Minimum.* Grimpant, feuilles comme rondes, épaisses, aiguës. Sloan. hist. jam. 1. p. 74. t. 28. f. 3.

2. Roide. *Rigidum.* Feuilles très entières, glabres, aiguës. Plum. fil. t. 135.

3. Graminée. *Gramineum.* Feuilles aiguës, très entières, glabres; fructifications solitaires; rejet nud. Swarts. nov. pl. gen. et spec. p. 130.

---

(1) C'est le polypode leptophylle. *Polypodium leptophyllum.* Magnol. hort. monsp. t. 5.

(2) Les folioles varient en largeur et en longueur; elles sont ntières ou crénelées.

(3) Les pétioles sont bruns, la fructification couleur de safran.

E

4. **PÓLYPODE** lancéolé. *Lanceolatum.* Feuilles lancéolées, très entières, glabres ; fructifications solitaires ; rejet nud. Pet. fil. t. 6. f. 2.

5. Lycopode. *Lycopodioides.* Feuilles lancéolées, très entières, glabres ; fructifications solitaires ; rejets nuds. Plum. fil. t. 119.

6. Chevelu. *Comosum.* Feuilles lancéolées, glabres, très entières, multifides au sommet ; fructifications éparses. Plum. fil. t. 131.

7. A feuilles épaisses. *Crassifolium.* Feuilles lancéolées, glabres, très entières ; fructifications sériales. Pet. fil. 1. t. 8.

8. Fougère. *Phyllitidis.* Feuilles lancéolées, glabres, très entières ; fructifications éparses. Pet. pter. t. 6. f. 10.

9. Rampant. *Repens.* Feuilles lancéolées, aigues, glabres ; fructifications éparses ; rejet rampant. Plum. fil. t. 134.

10. Trifurqué. *Trifurcatum.* Feuilles lancéolées, glabres, sinuées, à trois lobes au sommet. Plum. fil. t. 138.

11. Plantain. *Plantagineum.* Feuilles lancéolées, oblongues, glabres, très entières ; fructifications sériales. Jacq. coll. 2. p. 104. t. 3.

12 Hétérophylle. *Heterophyllum.* Feuilles crénelées, glabres ; les stériles comme rondes, sessiles, les fertiles lancéolées ; fructifications solitaires. Plum. fil. t. 120.

13. Piloselle. *Piloselloides.* Feuilles très entières, hérissées, les stériles ovales, les fertiles lancéolées ; fructifications solitaires. Plum. fil. t. 118.

14. Linéaire. *Lineare.* Feuilles linéaires, lancéolées, glabres ; fructifications solitaires. Thumb. flor. jap. p. 335.

15. A feuilles étroites. *Angustifolium.* Feuilles linéaires, lancéolées, très longues, aigues, roides ; la marge convexe ; fructifications éparses ; rejet rampant. Swarts. nov. pl. gen. et spec. p. 130.

16. Serpentant. *Serpens.* Feuilles lancéolées, linéaires, comme ondulées, glabres ; fructifications solitaires ; rejet hérissé, radicant. Plum. fil. t. 124.

17. *Marginellum.* Feuilles cunéiformes, linéaires, obtuses, marginées, glabres ; fructifications solitaires, sériales ; rejet très court, nud. Swarts. nov. pl. gen. et spec. p. 130.

18. Acrostic. *Acrosticoides.* Feuilles linéaires, obtuses ; fructifications serrées. Forst. flor. aust. p. 81.

19. Stolonifère. *Stoloniferum.* Feuilles linéaires, obtuses, pubescentes, fructifications sériales ; stolones rampans. Forst. flor. austr. p. 81.

20. POLYPODE de Surinam. *Surinamense.* Feuille linéaire, à dentelures éloignées, glabre ; fructifications solitaires. Jacq. col. 4. p. 285. t. 21. f. 4.

** *Feuille divisée, lobée.*

21. *Pica.* Feuille cordiforme, trilobée ; lobes lancéolés, en alène, oreillés à la base ; l'intermédiaire alongé. Suppl. p. 445.

22. *Phymatodus.* Feuilles trifides, ou à cinq lobes, lancéolées ; fructifications en verrues. Mant. p. 306. brum. zeyl. t. 26.

23. Hasté. *Hastatum.* Feuille trifide, hastée. Thumb. flor. jap. p. 335.

*** *Feuille pinnatifide, segmens souvent coadunés.*

24. Grimpant. *Scandens.* Feuilles lisses ; segmens linéaires, obtus, ondulés, distans ; stolones radicans, grimpans. Forst. flor. austr. p. 81.

25. Pustulé. *Pustulatum.* Feuilles lisses, segmens oblongs, entiers, aigus. Forst. flor. austr. p. 81.

26. Doré. *Aureum* Feuilles lisses ; segmens oblongs, distans ; les derniers étalés ; le terminal très grand ; fructifications sériales. Plum. fil. t. 76.

27. Elliptique. *Ellipticum.* Feuilles lisses ; segmens elliptiques, entiers ; rejet rampant. Thumb. flor. jap. p. 335.

28. Cuiracé. *Loriceum.* Feuilles lisses ; segmens lancéolés, distans, horizontals, goudronés. Pet. fil. t. 7, f. 10, 12.

29. Ailé. *Alatum.* Feuilles lisses ; segmens oblongs, distans, dentés. Pet. fil. t. 7, f. 13.

30. Écailleux. *Squamatum.* Feuilles rudes ; segmens lancéolés, distans, horizontals, très entiers. Plum. fil. t. 79.

31. A feuille du cétérac. *Aspleniifolium.* Feuilles poilues ; segmens demi-ovales, aigus. Pet. fil. t. 7, f. 16.

32. Polytric. *Trichomanoides.* Feuilles comme poilues ; segmens demi-ovales, obtus. Swarts. nov. pl. gen. et spec. p. 131.

33. Suspendu. *Suspensum.* Feuilles glabres ; segmens demi-orbiculés, crénelés. Plum. fil. t. 87.

34. Crispé. *Crispatum.* Feuilles glabres ; segmens demi-orbiculés, crénelés. Pet. fil. t. 13. f. 12.

35. Queue-de-rat. *Myosuroides.* Feuilles glabres ; segmens lancéolés au sommet, coadunés ; fructifications inférieures, éloignées. Swarts. nov. pl. gen. et spec. p. 131.

36. Pendant. *Pendulum.* Feuilles comme sessiles, glabres, pendantes ; segmens oblongs, un peu obtus. Swarts. nov. pl. gen. et spec. t. 131.

37. POLYPODE incisé. *Incisum.* Feuilles lancéolées; segmens arrondis; les derniers plus petits, coadunés Plum. fil. t. 91.

38. Scolopendre. *Scolopendroides.* Feuilles lancéolées; segmens un peu obtus; les derniers éloignés. Pet. fil. 2. t. 1.

39. Pectiné. *Pectinatum.* Feuilles lancéolées; segmens rapprochés, ensiformes, parallèles, aigus, horizontals; racine nue. Pet. fil. t. 7. f. 14.

40. A Feuilles d'if *Taxifolium.* Racine hérissée; segmens rapprochés, ensiformes, parallèles, aigus, montans. Plum. fil t. 89.

41. *Struthionis.* Segmens rapprochés, ensiformes, goudronés, horizontals. Plum. fil. t. 82.

42. *Otiter.* Segmens lancéolés, obtus, alternes, distans. Pet. fil. t. f. 16.

43. De Virginie. *Virginianum.* Racine lisse; segmens oblongs, comme dentés, obtus. Plum. fil. t. 77.

44. Vulgaire. *Vulgare.* Racine écailleuse; segmens oblongs, comme dentés, obtus. Zorn. pl. offic. ic. 1. t. 46. (1)

45. A feuilles de chêne. *Quercifolium.* Feuilles stériles, sessiles, obtuses, plus courtes, sinuées; les stériles pinnées, lancéolées. Rheed. hort. malab. 12. t. 11.

* * * * *Feuille bipinnatifide.*

46. Cambrique. *Cambricum.* Segmens lancéolés, lacérés, pinnatifides, dentés en scie. Pluckn. alm. t. 30. f. 1.

47. Oblittéré. *Oblitteratum.* Petits segmens alternes, larges, lancéolés, atténués, crénés; crénelures oblittérées des deux côtés, a la base et au sommet. Swarts. nov. pl. gen. et spec. p. 132.

58. Scie. *Serra.* Segmens linéaires, très longs, atténués en scie; dentelures demi-ovales, aigues, striées. Swarts. nov. pl. gen. et spec. p. 132.

49. Tetragône. *Tetragonum.* Petits segmens ovales, un peu obtus; segmens lancéolés, aigus, opposés, distans, horizontals; souche tetragône. Swarts. nov. pl. gen. et spec. p. 133.

50. Deltoïde. *Deltoideum.* Segmens inférieurs, racourcis, entiers, oblongs, deltoïdes, réfléchis. Sw. nov. pl. gen. et sp. p. 133.

51. Non vu. *Invisum.* Feuille glabre; segmens linéaires, lancéolés, aigus, très longs; petits segmens ovales, en faux; les derniers égaux. Sloan. hist. jam. 1. p. 90. t. 51.

---

(1) Racine alongée, épaisse, couverte d'écailles brunes, garnie de fibres nirâtres. Feuilles longues de 6 à 10 pouces; semences grossés comme celles du pavot; environnées d'un à mera couleur de safran.

(37)

52. POLYPODE ouvert. *Patens*. Feuille un peu velue en dessous; segmens linéaires, lancéolés, alongés; petits segmens
oblongs, aigus; les derniers plus longs. Sloan. hist. jam. 1. p.
91. t. 52. f. 1.

***** *Feuille Tripinnatifide.*

53. Hérissé. *Hirtum*. Feuille inférieurement tripinnatifide,
supérieurement bipinnée, et enfin bipinnatifide; segmens
ovales, obtus, comme entiers; souches et rameaux hérissés.
Swarts. nov. pl. gen. et spec. p. 133.

54. Ponctué. *Punctuatum*. Petits segmens lancéolés, obtus, pinnatifides; souche velue. Thunb. flor. jam. p. 337.

55. Coriace. *Coriaceum*. Feuille coriace, inférieurement tripinnatifide, supérieurement bipinnée; pinnures et pinnules aigues. Swarts. nov. pl. gen. et spec. p. 133.

****** *Feuille quadripinnatifide.*

56. Disséqué. *Dissectum*. Feuille un peu glabre; segmens ovales,
obtus, incisés, dentés en scie; fructifications solitaires sur le
sinus; rameaux et petits rameaux pubescens. Sloan. hist. jam. 1.
p. 96. t. 37. f. 1. 2.

57. Émule. *Emulum*. Feuille glabre; pinnures oblongues, linéaires incisées; pinnules denticulées au sommet. Ait. hort.
Kew. 3. p. 466.

******* *Feuille Quinquepinnatifide,*

58. Répandu. *Effusum*. Feuille comme glabre, membraneuse,
petits segmens aigus, à dents aigues; rejets et rameaux marginés. Sloan. hist. jam. 1. t. 67. f. 3.

******** *Feuille composée, ternée.*

59. Trifollié. *Trifoliatum*. Feuilles sinuées, lobées; l'intermédiaire plus grande. Plum. fil. t. 148.

60. Cicutaire. *Cicutarium*. Folioles bipinnées, linéaires à la
base, incisées, dentées, aigues; les dernières plus gibbeuses.

61. Triphylle. *Triphyllum*. Feuilles pinnées; trois pinnures
alternes, linéaires. Jacq. col. 3. p. 284. t. 22. f. 1.

********* *Feuille pinnée.*

62. Denté. *Dentatum*. Feuille dentée, pinnatifide supérieurement; pinnures crénelées; les dernières courbées. Forsk. flor.
æg. arab. p. 185.

63. Des fontaines. *Fontanum*. Feuilles lancéolées; pinnures
comme rondes, incisées; souche lisse. Bolton. fi. brit. 1. t. 2. (1)

____

(1) Feuilles longues de 5 pouces; pinnules alternes, fort courtes,
incisées, obtures à leur sommet.

64. POLYPODE apre. *Polypodium lonchitis*. Pinnures lunulées, ciliées, dentées en scie , déclinées; pédoncules ridés. Flor. dan. 1. 497. (1)

65. Rhyzophylle. *Rhyzophyllum*. Feuilles couchées, en queue à leur sommet ; les folioles radicantes; pinnures ovales, deltoïdes, Swarts. nov. pl. gen. et spec. p. 132.

66. Rampant. *Reptans*. Feuilles rampantes, radicantes au sommet ; pinnures comme cordiformes , ovales, obtuses, crénelées, comme oreillées à la base. Sloan. hist. jam. 1. t. 30. f. 4.

67. A feuilles en cœur. *Cordifolia*. Pinnures cordiformes, obtuses, très entières, goudronées. Pet. fil. t. 1. f. 11.

68. En faux. *Fulcatum*. Pinnures cordiformes, en faux, aigues, entières; fructifications rapprochées , éparses, Suppl. p. 446. Thumb flor. jap. p. 336. t. 35.

69. Échiné. *Echinatum*. Pinnures en faux, lancéolés, comme dentées , oreillées en dessus, épineuses à la base et antérieurement. ; souche écailleuse. Sloan hist. jam. 1. p. 82. t. 36. f. 4. 5.

70. Oreillé. *Auriculatum*. Pinnures en faux, lancéolées , dentées en scie , tronquées à la base , oreillées en dessus. Burm. zeyl. t. 44. f. 2.

71. Crénelé. *Crenatum*. Pinnures oblongues, lancéolées , crénelées , glabres ; fructifications sur 2 séries. Sloan. hist. jam. 1. t. 32.

72. Semblable. *Simile*. Pinnures lancéolées, très entières, distantes; les supérieures plus petites; série de points. Sl. jam. 1. t. 32.

73. Dissemblable. *Dissimile*. Pinnules lancéolées, comme pubescentes , confluentes ; les inférieures distinctes ; points épars. Plukn. almag. t. 288. f. 1.

74. En demi-cœur. *Semi-cordatum*. Pinnures lancéolées, parallèles, très glabres, cordiformes obliquement à la base ; lobe inférieure plus gibbeux; fructifications sur 4 séries. Plum. fil. t. 113.

75. Sagitté *Sagittatum*. Pinnures lancéolées, obtuses, entières , dentées de deux côtés à la base, aigues ; les inférieures mutilées, triangulaires, ramincies. Swarts. nov. pl. gen. et spec. p. 132.

76. Triangulaire. *Triangulare*. Pinnures triangulaires, dentées. Pet fil. t. 1. f. 10.

77. Exalté. *Exaltatum*. Pinnures ensiformes , entières; la base inférieure gibbeuse en dedans, la supérieure gibbeuse en dessus. Sloan. hist. jam. 1. t. 31.

---

(1) Feuilles longues d'un pied , un peu dures, ailées dans presque toute leur largeur ; pinnules très rapprochées, assez petites, rudes ; à appendice ou oreillette.

78. **POLYPODE** uni. *Unitum*. Pinnures ensiformes, dentées en scie ; dentelures demi-ovales, nerveuses. Burm. zeyl. t. 44. f. 1.

79. Marginal. *Marginale*. Pinnures supérieures coalisées ; les inférieures ensiformes, oreillées en dessus, incisées ; souche velue. Thumb. flor. jap. p. 337.

80. Rehaussé. *Evectum*. Pinnures opposées, oblongues, aiguisées à leur sommet, qui est linéaire ; série des fructifications comme marginale, continue. Forst. flor. austr. p. 81.

81. Velu. *Hirsutulum*. Pinnures oblongues, à dents obtuses, oreillées en dessus, à la base ; souche velue. Forst. flor. austr. p. 81.

82. Reticulé. *Reticulatum*. Pinnures oblongues, très entières ; anastomoses à angle droit ; ponctuations à angle droit, rapprochées. Forst. flor. austr. p. 81. Plum. fil. t. 92.

83. Tendre. *Tenellum*. Pinnures alternes, éloignées, linéaires, aigues, ondulées. Forst. flor. austr. p. 81.

84. Très mou. *Mollissimum*. Pinnures pinnatifides, linéaires, aigues, velues des deux côtés. Jacq. collect. 3, p. 188.

85. De la Guyanne. *Guyanense*. Pinnures larges, crénelées, comme opposées. Sloan. hist. jam. 1. p. 86, t. 43, f. 1. 2.

86. Capillaire. *Adiantoides*. Pinnures oriculées. Plum. fil. f. 7 (1).

87. Denté en scie. *Serratum*. Pinnures alternes, dentées en scie. Sloan. hist. jam. 1, p. 78, t. 33, f. 1.

88. *Hippocrepis*. Pinnures oblongues, aigues, incisées obtusément, poilues en dessus, glabres en dessous, Jacq. coll. 3, p. 186.

89. A feuilles du frêne, *Fraxinifolium*. Pinnures lancéolées, aigues, ondulées, marquées de lignes transversales. Jacq. coll. 3. p. 187.

* * * * * * * * * * *Feuilles comme bipinnées.*

90. Phlegoptère. *Phlegopteris*. Pinnures opposées ; les supérieures réunies par une pinnule trapéziforme ; la dernière paire inclinée ; pinnules obtuses ; des glomérations de capsules occupant à moitié les marges. Bolton. fil. brit. 1, f. 20.

91. Des montagnes. *Montanum*. Pinnures alternes ; pinnules très entières, lancéolées, un peu obtuses ; glomérations marginales. Wilden. prodr. flor. berol. N°. 883.

92. Fléchi en arrière. *Retroflexum*. Dernières pinnures réfléchies ; pinnules lacérées. Ret. fil. t. 1, f. 9.

93. *Fragrans*. Feuilles lancéolées ; pinnures serrées ; segmens obtus, dentelés ; souche paléacée.

---

(1) Cette plante ne paraît pas former une espèce.

94. **POLYPODE** parasite. *Parasiticum*. Feuilles lancéolées ; pinnures pinnatifides vers le milieu ; segmens arrondis, très-entiers, stri s. Rheed. hist. malab. 12, t. 17.

95. Mou. *Molle*. Pinnures lancéolées, obtuses, crénelées au sommet. Schreb, spic. fl. lips. p. 70.

96. Calliptère. *Callipteris*. Pinnures ovales, oblongues, profondément pinnatifides ; segmens ovales, doublement dentés ; dentures un peu mucronées. Ehrh. hannov. mag. 1784. 9. (1)

97. A Crête. *Cristatum*. Pinnures oblongues, obtus s, dentées en scie ; dentelures ciliées ; glomerations des capsules disposées sur double série. Ad. afrelius n. act. Stockh. 1787, t. 9, f. 1, 2, Bolton. fil. brit. 1, t. 23. (2)

98. Theliptère. *Thelypteris*. Pinnures pinnatifides, très-entières ; glomérations des capsules de toute part en dessous. Mant. p. 505, syst. nat. XII. 3. p. 687. (3)

99. Nymphal. *Nymphale*. Feuilles pubescentes ; pinnures linéaries, aigues, dentelées, pinnatifides à la base ; segmens oblongs, obtus, un peu en faux dans le devant. Forst. flor. austr. p. 81.

100. Lacinié. *Laciniatum*. Pinnures pinnatifides ; segmens oblongs, à dents obtuses ; les inférieures plus longues, à peine coalisées. Forst. flor. austr. p. 81.

101. Hodieux. *Exosum*. Feuilles glabres ; pinnures linéaires, très aigues, dentées, pinnées ; pinnules lancéolées, en faux, aigues, connées à la base. Forst. flor. austr. p. 81.

102. Porte-plume. *Pennigerum*. Feuilles glabres ; pinnures linéaires, très aigues, comme pinnées ; pinnules ovales, oblongues, obtuses, connées. Forst. flor. austr. p. 82.

103. Vêtu. *Vestitum*. Pinnures Rhomboïdes, ovales, aigues, incisées à dents ; les dernières lobées, comme pinnées ; souche couverte d'écailles scarieuses. Forst. flor. austr. p. 82.

104. Soyeux. *Setosum*. Pinnures comme pinnées ; pinnules linéaires. incisées à dents ; dentelures sétacées ; souche velue. Forst. flor. austr. p. 82.

105. Adiantiforme. *Adiantiforme*. Pinnures ovales, incisées profondément ; segmens ovales, obtus, crénelés, dentés ; les derniers séparés, souche un peu écailleuse, rude. Forst. flor. austr. pag. 82.

---

(1) Cette espèce paraît ne faire qu'une avec la suivante.

(2) Les pétioles chargés de paillettes ou écailles roussâtres ; les pinnules inférieures steriles ; les folioles écartées.

(3) C'est l'Acrostic theliptère. *Acrosticum thelypteris*. Flor. dan. t. 760.

106. POLYPODE

106. POLYPODE à larges feuilles. *Latifolium.* Pinnures ovales, aigues, pinnatifides et lobées ; lobes goudronés, créuelés ; souche très glabre, luisante. Forst. flor. austr. p. 83.

107. Varié. *Varium.* Feuilles latérales bipinnées ; dernière pinnule pinnatifide.

* * * * * * * * * * * *Feuilles bipinnées.*

108. A arêtes. *Aristatum.* Pinnures inférieures pinnées ; pinnules rhomboïdes, oblongues, incisées ; segmens à dentelures mucronées ; souche un peu velue. Forst. flor. austr. p. 82.

109. Fragile. *Fragile.* Pinnures éloignées ; pinnules comme rondes, incisées. Flor. dan. t. 401.

110. Velu. *Villosum.* Feuilles hérissées ; pinnules obtuses, oblongues ; les terminales aigues. Plum. fil. t. 27.

111. En santoir. *Decussatum.* Pinnules obtuses, horizontales, très entières ; les terminales lancéolées. Pet. fil. t. 2, f. 5, 6.

112. Fougère mâle. *Filix mas.* Pinnules obtuses, crénelées ; souche paléacée. Blackw. herb. t. 325 (1).

113. Fougère femelle. *Felix femina.* Pinnules lancéolées, pinnatifides, aigues. Blackw. herb. t. 325 (2).

114. Baromète. *Barometis.* Pinnules lancéolées, pinnatifides, dentées en scie ; racines laineuses.

115. Rhætique. *Rhæticum.* Pinnures et pinnules lancéolées, éloignées ; dentelures aigues. (3)

116. A soies. *Setigerum.* Pinnules lancéolées, incisées, entières, souche soyeuse. Thumb. fl. jap. p. 337.

117. Oriental. *Orientale* Pinnules lancéolées, connivantes, entières, ouvertes. Forsk. flor. æg. arab. p. 185.

118. Pubescent. *Pubescens.* Feuilles poilues ; pinnules lancéolées, ovales, comme incisées, aigues ; les dernières confluentes.

119. Marginé. *Marginatum.* Pinnules ovales, denticulées, épineuses. Pet. fil. t. f. 6.

120. Setifère. *Setiferum.* Pinnules ensiformes ; dents à scie ; souche laineuse. Forsk. flor. æg. arab. p. 185.

121. Nu. *Nudum.* Pinnules rhomboïdes, incisées en crénelures ; souche rude, nue. Forst. flor. austr. p. 82.

---

(1) Feuilles longues d'un pied et demi ; les paquets de fructifications réniformes. Vus à la loupe, ils sont pâles, environnés par un anneau couleur de safran.

(2) Pinnules nombreuses, peu écartées, ailées, pointues, longues de 4 à 5 pouces, composées de 30 à 40 folioles.

(3) Fructification brune, couvrant presqu'entièrement le dos des feuilles ; pinnules demi-ailées, pointues, dentées.

122. POLYPODE aiguilloné. *Aculeatum.* Pinnules lunulées ciliées ; souche ridée. Mill. illustr. ic. bolton. brit. 1. t. 26. (1)

123. *Noveboracense.* Pinnules oblongues , très entières , parallèles ; souche lisse.

124. Bulbifère. *Bulbiferum.* Pinnures éloignées ; pinnules oblongues , obtuses , dentées en scie , bulbifères en dessous. Moris. list. pl. 3. t. 3. f. 10.

125. *Medulla.* Pinnures très aigues; pinnules oblongues , comme en faux , aigues , crénelées ; souche rude ; tige arborée , hérissée. Forst. flor. austr. p. 82.

126. Étendu. *Extensum.* Pinnures aigues, dentées au sommet; pinnules oblongues , dentées en scie; souche raboteuse par ses ponctuations; tige arborée. Forts. flor. austr. p. 83.

127. Arboré. *Arboreum.* Feuilles dentelées en scie; tige arborée , sans épines. Plum. fil. t. 1.

128. Épineux. *Spinosum.* Feuilles dentées en scie; tige arborée , épineuse. Plum. fil. l. 3. (2)

129. Blanchi. *Dealbatum.* Pinnures aigues , blanches en dessous ; pinnules oblongues , comme en faux , dentées en scie; souche raboteuse; tige arborée. Forst. flor. austr. p. 83.

130. Lacéré. *Lacerum.* Pinnules sessiles , les dernières confluentes , en faux , dentées en scie ; souche écailleuse. Thumb. flor. jap. p. 337.

131. Lunulé. *Lunulatum.* Pinnures dentées au sommet, sétacées; pinnules linéaires , oblongues , en faux , dentées au sommet; souche rude. Forst. flor. austr. p. 83.

132. Alongé. *Elongatum.* Pinnures glabres, obtuses , à dents aigues ; les supérieures ovales , celles du milieu oblongues ; les inférieures lancéolées , pinnatifides , un peu aigues. Ait. hort kew. 3. p. 465.

133. *Affine.* Pinnures aigues; pinnules linéaires , oblongues , crénelées; souche glabre. Forst. flor. austr. p. 83.

134. Dichotome. *Dichotomum.* Feuilles dichotomes; pinnules linéaires , entières , parallèles. Thumb. flor. jap. p. 338. t. 37.

135. Glauque. *Glaucum.* Feuille bipartie , glauque en dessous; pinnules incisées , entières. Thumb. flor. jap. p. 338.

---

(1) Pétioles secs, couverts d'écailles, roussâtres ; feuilles longues de 6 à 12 pouces; oreillette située à l'angle supérieur de leur base.

(2) Cette espèce paraît être une variété dans le genre des ptérides.

136. POLYPODE royal. *Regium*. Pinnures comme opposées ; pinnules alternes, laciniées. Vaill. fl. paris. t. 9. f. 1. (1)

137. Marginé. *Marginatum*. Pinnules sinuées à la base ; fructifications marginales.

* * * * * * * * * * *   *Feuille sur-décomposée.*

138. De la caverne. *Spelunca*. Feuilles poilues ; folioles lancéolées, pinnées ; pinnures opposées, pinnatifides. Pluckn. aim. t. 244. f. 2.

139. Crénelé. *Crenulatum*. Folioles alternes, bipinnées ; pinnules pinnatifides, crénelées, ciliées. Forst. flor. æg. arab. p. 185.

140. Dryoptère. *Dryopteris*. Folioles ternées, bipinnées. Fior. dan. t. 759. (2)

141. Du Cap. *Capense*. Folioles bipinnées ; pinnules uniflores à la base. Supl. p. 445.

142. Pyramidal. *Pyramidale*. Pinnules terminales, lancéolées, très longues, dentées en scie ; souche épineuse inférieurement. Pet. fil. t. 4. f. 2.

143. Des Alpes. *Alpinum*. Feuilles alternativement tripinnées ; pinnules oblongues, incisées vaguement ; petits segmens obtus, comme bifides. Wulf. ufl. jacq. coll. 2. p. 171. scg. pl. var. suppl. t. 1. f. 3.

144. Multifide. *Multifidum*. Feuille tripinnée, glabre ; triangulaire ; pinnures oblongues, incisées, pinnatifides. Jac. col. 3. p. 187.

145. Axillaire. *Axillare*. Feuille tripinnée, glabre ; pinnures oblongues, dentées en scie au sommet, adhérentes, pauciflores. Ait. hort. kew. 3. p. 466.

146. Ombragé. *Umbrosum*. Feuilles tripinnées, glabres ; pinnures lancéolées, linéaires, dentées en scie, adhérentes, multiflores. Ait. hort. kew. 3. p. 466.

147. Hérissé. *Horridum*. Pinnules demi-sagittées, conniventes à la base, dentées en scie au sommet ; tige aiguillonée. Pet. fil. t. 5. f. 1.

148. Rude. *Asperum*. Pinnures obtuses, dentées en scie au sommet, les terminales aigues ; tige arborée, aiguillonée. Pet. fil. t. 4. fig. 7.

149. Des montagnes. *Montium*. Feuille triangulaire ; pinnures

---

(1) La fructification est comme entassée sur le dos des feuilles. Cette espèce paraît à peine différer du polypode fragile.

(2) Pétioles lisses, très grêles, chargés vers le sommet de plusieurs pinnules. la plupart opposes ; folioles ovales, obtuses, grossièrement dentées.

pinnatifides; derniers segmens oblongs, obtus, bifides et trifides.
Pluckn. alm. t. 89. f. 4.

* * * * * * * * * * * * * *Feuille quadripinnée.*

15o. Denticulée. *Denticulatum.* Feuille glabre, quadripinnée
inférieurement, tripinnée en dessus.; pinnules cunéiformes,
ovales, incisées, denticulées; fructifications solitaires. Swarts.
nov. pl. gen. et spec. p. 134.

151. Quadripinné. *Quadripinnatum.* Pinnules lancéolées, pinnatifides; segmens ovales, aigus, glauques en dessus; rameaux
et petits rameaux rudes. Swarts. nov. pl. gen. et spec. p. 134.

152. Armé *Armatum.* Pinnules lancéolées, crénelées, glabres
en dessus, hérissées en dessous; fructifications serrées; rameaux
et petits rameaux rudes; tige arborée, aiguillonée. Swarts. nov.
pl. gen. et spec. p. 134.

D I K S O N I A.

Fructifications comme rondes, soumises à la marge
rétournée de la feuille.

1. DICKSONIA arborescente. *Arborescens.* Feuilles sur-décomposées, velues; folioles comme entières. Herst. sert. angl.
pag. 31. t. 43.

2. *Culcita.* Feuilles sur-décomposées, glabres; folioles dentées
en scie. Herst. sert. angl. p. 31. (1)

C A P I L L A I R E. *Adiantum.*

Fructifications dans des macules ovales, terminales,
sous la marge répliée de la feuille.

* *Feuille simple.*

1. ADIANTUM réniforme. *Reniforme.* Feuilles réniformes,
pédiculées, multiflores. Pluckn. alm. t. 287. f. 5.

2. Sagitté. *Sagittatum.* Feuilles sagittées, pédiculées. Aub pl.
jug. 2. p. 954. t. 366.

3. *Philippense.* Feuilles réniformes, alternes, pétiolées, lobées,
multiflores. Pet. gaz. t. 4. f. 5.

4. Rampant. *Repens.* Feuilles trapéziformes, cordiformes, pinnatifides; segmens lancéolés, dentés au sommet, florifères; les
derniers incisés. Suppl. p. 446.

5. Décurrent. *Decurrens.* Feuille bipinnatifide. Jacq. coll. 2.
p. 103. t. 2. f. 1. 2.

____

(1) Cette plante pourrait être la même que le Polypode
Rhizophilus.

(45)

6. ADIANTUM à trois lobes. *Trilobum.* Pinnures triparties, obtuses, incisées, multiflores. Pet. fil. t. 11. f. 9.

7. Radié. *Radiatum.* Feuille digittée, folioles pinnées ; pinnures multiflores. Plum. fil. t. 100.

8. Pédiforme. *Pedatum* Feuilles pédiformes ; folioles pinnées ; pinnures gibbeuses antérieurement, incisées ; fructifiantes. Pluck. alm. t. 124. f. 2.

9. Basané. *Fuscum.* Feuilles pédiformes ; folioles pinnées ; pinnules rhomboïdes, arrondies, comme quadriflores. Retz. obs. bot. 2. p. 28. t. 5.

10. A queue. *Caudatum.* Feuilles pinnées, en faux, à queue au sommet. Mant. p. 308. brum. zeyl. t. 5. f. 1.

11. Dentelé. *Serrulatum.* Feuilles pinnées ; pinnules deltoïdes, oblongues, dentées en scie ; fructifications solitaires, supérieures. Pluckn. phyt. t. 253. f. 1.

12. Hasté. *Hastatum.* Feuilles pinnées ; pinnures hastées, à trois lobes, droites. Suppl p. 447.

13. Lance. *Lancea.* Feuilles pinnées ; pinnures opposées, oblongues ; les terminales triangulaires, hastées. Seb. mus. 2. t. 64. f. 7. 8.

14. Macrophylle. *Macrophyllum.* Feuilles pinnées ; pinnures opposées, rhomboïdes, aigües ; la dernière plus grande ; l'intérieure comme hastée, réfléchie ; fructifications réfléchies antérieurement et inférieurement. Brum. jam. p. 87. t. 38. f. 1.

15. Deltoïde. *Deltoideum.* Feuilles pinnées ; pinnures alternes, deltoïdes, obtuses, celles du sommet triangulaires ; fructifications supérieurement et antérieurement continuées. Swarts. nov. pl. gen. et spec. p. 134.

16. Nain. *Pumilum.* Feuille pinnée ; pinnures alternes, comme rondes, dentelées, celle du sommet plus grande, en trapèze ; fructifications interrompues ; souche capillaire. Pluckn. alm. t. 251. f. 4.

17. Cunéiforme. *Cuneatum.* Feuilles pinnées ; pinnures opposées ; pinnules cunéiformes, rongées, alternes. Forst. flor. austr. p. 84.

18. Denticulé. *Denticulatum.* Folioles alternes, en trapèze, crénelées, denticulées ; fructifications interrompues. Pet. fil. t. 52.

19. Flambellé. *Flambellatum.* Folioles alternes, rhomboïdes, arrondies, multiflores pubescentes en dessus. Pluck. alm. t. 4, f. 2.

20. Trifolié. *Trifoliatum.* Folioles alternes, ternées, linéaires, multiflores. Pet. fil. t. 11, f. 4.

21. ADIANTUM cheveux de Vénus. *Capillus veneris*. Folioles alternes, cunéiformes, lobées, pédiculées. Jacq. misc. austr. 2 , t. 7. (1)

22. *Chusanum*. Folioles alternes, pinnatifides segmens inégaux.

23. Tronqué, *Truncatum*. Folioles pinnées ; pinnures alternes, comme en faux, tronquées, très entières. Burm. ind. t. 66, f. 4.

24. De la Guyane. *Guyanense*. Feuille bipinnée ; pinnures opposées ; pinnules réniformes. Aub. pl. guian. 2 , p. 963 , t. 383.

25 En crête, *Cristatum*. Feuilles bipinnées ; dernières pinnures biparties ; pinnules lunées, multiflores en dessus.

26. Fourchu, *Furcatum*. Feuille bipinnée ; pinnules souvent biparties, linéaires ; une seule pinnule à fructification. Suppl'. p. 447, pluckn. mant. t. 250, f. 4.

27. Roide. *Strictum*. Feuille bipinnée ; pinnures tétragônes, fastigiées, redressées ; pinnules alternes, lunées, entières, fructifications supérieures continuées. Swarts. nov. pl. gen. et spec. p. 135. Plum. fil. t. 97.

28. Denté en scie. *Serratum*. Feuille bipinnée ; pinnules deltoïdes, oblongues, dentées en scie ; fructifications solitaires, supérieures. Pluckn. alm. t. 253, f. 1.

29. Velu. *Villosum*. Feuilles bipinnées ; pinnules rhomboïdes, fructifiantes antérieurement et extérieurement ; souche velue. Mant. p. 303, sloan. hist. jam. 1, t. 55, f. 1.

30. Pulvérulent. *Pulverulentum*. Feuilles bipinnées ; pinnules ovales, antérieurement tronquées, uniflores; souche hérissée. Plum. fil. t. 55.

31. Des caffres. *Caffrorum*. Feuilles bipinnées ; pinnules ovales, incisées, denticulées, paléacées en dessous. Suppl. p. 447, mant. p. 307. (2)

32. *Fragrans*. Feuilles bipinnées ; pinnules ovales, comme lobées, obtuses, nues en dessous. Suppl. p. 447. mant. p. 307. (3)

33. Strié. *Striatum*. Feuilles bipinnées ; pinnules roides, en faux, ovales, striées ; fructifications interrompues supérieurement ; souche arrondie, rude. Swarts. nov. pl. gen. et spec. p. 135.

34. Mycrophylle. *Mycrophyllum*. Feuille bipinnée ; pinnules

---

(1) Pétioles très grêles, luisans, lisses, d'un rouge noirâtre ; folioles lisses, minces, incisées et découpées ; sommet de chaque découpure replié en-dessous et recouvrant les paquets de la fructification.

(2) Cette plante est la même que le polypode *caffrorum*.

(3) Cette plante est la même que le polypode *fragrans*.

alternes, oblongues, obtuses, courbées, pinnatifides inférieurement. Sloan. hist. jam. 1, p. 98, t. 13, f. 2.

35. De bourbon. *Borbonicum.* Feuille bipinnée, glabre; pinnules
oblongues ; la dernière bipartie en dessus ; les autres très entières. Jacq. coll. 3, p. 286, t. 21, f. 1.

36. Tendre. *Tenellum.* Feuilles bipinnées; pinnules lobées ;
lobes oblongs. Jacq. coll, 3, p. 287, t. 21, f. 3.

***** *Feuille sur-décomposée.*

37. Fragile. *Fragile.* Feuille sur-décomposée, bipinnée en
dessus. ; pinnules comme ovales, cunéiformes, entières ; fructifications interrompues. Swarts. nov. pl. gen. et spec. p. 135.

38. Tendre. *Tenerum.* Folioles secondaires alternes, rhomboïdes, cunéiformes, obtuses, incisées; fructifications interrompues. Pluckn. phyt. t. 254, f. 1.

39. En massue. *Clavatum.* Folioles alternes, secondaires, cunéiformes, très entières ; les alternes uniformes. Plum. fil.
t. 101, f. B.

40. Trapéziforme. *Trapeziforme.* Folioles alternes; les secondaires rhomboïdes, incisées, fructifiantes des deux côtés.

41. Aiguilloné. *Aculeatum.* Folioles secondaires palmées, multiflores; souche aiguillonnée. Plum. fil. t. 94.

42. Hexagone. *Hexagonum.* Folioles secondaires à six angles,
émarginées, très entières, uniflores des deux côtés Pet. fil. t. 10,
f. 2. (1)

43. Pteroïde. *Pteroides.* Folioles secondaires, ovales, entières,
crénelées ; souche lisse. Mant. p. 130.

44. D'Éthiopie. *Ethiopicum.* Folioles secondaires, arrondies,
entières, granulées ; pétioles capillaires. Pluckn. alm. t. 253, f. 2.

FILICULE. *Trichomanes.*

Fructifications solitaires, dans des capsules distinctes, turbinées, marginales sur la feuille, terminées
par un filet sétacé.

* *Feuille simple sans division.*

1. TRICHOMANES réniforme. *Reniforme.* Feuilles réniformes, pédiculées, multiflores ; capsules saillantes. Forst. flor.
austr. p. 84.

2. Nain. *Pusillum.* Feuilles linéaires, incisées; rejet rampant.
Swarts. nov. pl. gen. et spec. p. 136.

3. Membraneux. *Manbranaceum.* Feuilles oblongues, lacérées.
Pet. fil. t. 13. f. 5.

---

(1) Cette espèce paraît être la même que la ptéride hétérophylle.

* * *Feuille pinnatifide.*

4. TRICHOMANES rampant. *Reptans.* Feuilles cunéiformes, ovales, incisées, pinnatifides; rejet rampant. Sw. nov. pl. gen. et sp. p. 136.

5. Crépu. *Crispum.* Feuilles lancéolées; segmens parallèles comme dentés. Plum. fil. t. 86.

6. Polypode. *Polypodicides.* Feuilles lancéolées, goudronées; fructification solitaires, terminales.

7. *Asplenoides.* Feuilles pendantes, lancéolées, très glabres, seg mens à deux lobes; lobes obtus; fructifications bivalves. Swarts. nov. pl. gen. et spec. p. 136.

8. Petit. *Humile.* Feuilles dichotomes; segmens alternes, décurrents, linéaires, obtus entiers; fructifications turbinées, infundibuliformes; styles sétacés, saillans; souche à peine existante. Forst. flor. austr. p. 84.

* * * *Feuille bipinnatifide.*

9. Soyeux. *Sericeum.* Feuilles pendantes, lancéolées, duvetées; segmens alternes; petits segmens linéaires, obtus, entiers; les inférieures bifides; fructifications terminales, hérissées. Swarts, nov. pl. gen. et spec. 136.

10. Cilié. *Ciliatum.* Feuilles relevées, deltoïdes; segmens ovales; petits segmens linéaires, obtus, ciliés; fructifications terminales, bivalves, hérissées; souche marginée. Swarts. nov. pl. gen. et spec. p. 136.

11. Luisant. *Lucens.* Feuilles pendantes, lancéolées, hérissées, luisantes; segmens parallèles; petits segmens comme ronds, comme dentelés; souche très-hérissée. Swarts. nov. pl. gen. et spec. p. 136.

12. Varec. *Fucoides.* Feuilles ovales, glabres, segmens ovales; petits segmens bipartis; les uns et les autres dentelés obtus; fructifications bivalves, insérées sur la base des pinnures. Swarts. nov. pl. gen. et spec. p. 136.

* * * * *Feuille tripinnatifide.*

13. Ondulé. *Undulatum* Feuilles tripinnatifides ou bipinnées, pendantes, lancéolées; segmens et petits segmens alternes, décurrens; les secondaires linéaires, rongés, crénelés; fructifications terminales, bivalves. Swarts. nov. pl. gen. et spec. p. 137.

* * * * * *Feuilles quadripinnatifides.*

14. Roide. *Rigidum.* Feuilles relevées, deltoïdes; segmens ouverts; petits segmens lancéolés; les secondaires linéaires, incisés au sommet; syphons fructifians pédiculés, axillaires. Swarts. nov. pl. gen. et spec. p. 137.

15. TRICHOMANES

15. TRICHOMANES *Polyanthon*. Feuilles deltoïdes, relevées ; segmens et petits segmens décurrens ; les secondaires linéaires , obtus ; fructifications bivalves , nombreuses ; souche marginée. Swarts. nov. pl. gen. et spec. p. 137.

16. En massue. *Clavatum*. Feuilles oblongues , lancéolées , lâches ; segmens ou petits segmens décurrens ; les secondaires linéaires , émarginés ; fructifications terminales , bivalves, comme rondes ; souche un peu arrondie. Swarts. nov. pl. gen. et spec. p. 137.

****** *Feuille composée, pinnée.*

17. Continu. *Continuum*. Pinnures linéaires , alternes , rapprochées , entières ; fructifications incisées au sommet. Forst. flor. austr. p. 84.

18. *Adiantoides.* Pinnures ensiformes , aiguës , incisées , dentées en scie ; dentelures bifides. Burm. zeyl. t. 43.

19. *Umbrigense.* Pinnures oblongues , dichotomes, décurrentes, dentées. Bolton. fil. brit. t. 31.

******* *Feuille comme bipinnée.*

20. Dilaté. *Dilatatum*. Pinnures alternes , décurrentes , dichotomes, cunéiformes, incisées ; fructifications bivalves, orbiculaires, enflées. Forst. flor. austr. p. 85.

21. Bivalve. *Bivalve* Pinnures alternes , décurrentes , dichotômes ; segmens linéaires , dentés en scie ; fructifications comme rondes, bivalves. Forst. flor. austr. p. 84.

22. Pyxidifère. *Pyxidiferum*. Pinnures alternes , serrées, lobées, linéaires. Bolton. fil. brit. t. 30.

23. Hérissé. *Hirsutum*. Pinnures alternes , pinnatifides , poilues. Pet. fil. t. 15. f. 5.

24. Sanguinolent. *Sanguinolentum*. Pinnures alternes , pinnatifidés ; segmens dichotomes, linéaires , obtus , entiers décurrens , fructifications ovales, comme rondes , ouvertes. Forst. flor. austr. p. 84.

25. A crins. *Crinitum*. Feuilles poilues ; pinnures ovales, pinnatifides ; segmens bifides ; petits segmens obtus ; souche relevée, hérissée. Swarts. nov. pl. gen. et spec. p. 137.

26. Linéaire. *Lineare*. Feuilles pendantes , lancéolées , glabres ; pinnules eloignées , linéaires , biparties ; fructifications terminales , bivalves ; souche capillaire. Swarts. nov. pl. gen. et spec. p. 137.

27. Squarreux. *Squarrosum*. Pinnures oblongues , aiguës , comme pinnées , dentées en scie ; dentelures mucronées ; fructifications des sinus globuleuses, ouvertes, comme bivalves ; souche hérissée , barbue ; tige arborée. Forst. flor. austr. p. 86.

F

(50)

28. **TRICHOMANES** décharné. *Strigosum.* Pinnules rhomboïdes, poilues, dentées en scie; fructifications solitaires, en dessous des dentelures. Thunb. flor. p. 339.

29. Épiphylle. *Epiphyllum.* Pinnures aigues; pinnules linéaires, incisées; fructifications écailleuses sur la page supérieure, en dessous du sommet des dentelures. Forst. flor. austr. p. 85.

30. Cunéiforme. *Cuneiforme.* Pinnures dichotomes, et pinnules alternes; celles-ci uniformes, incisées; fructifications tronquées, lacérées. Forst. flor. austr. p. 85.

31. Gibbereux. *Gibberosum.* Pinnules oblongues, pinnatifides, incisées; segmens linéaires, entiers; fructifications à la marge intérieure sous le sommet. Forst. flor. austr. p. 83.

32. Couché. *Demissum.* Pinnures alternes, roides; pinnules pinnatifides, dichotomes; segmens linéaires, obtus, entiers; les fructifians globuleux, terminals. Forst. flor. austr. p. 85.

33. Tamarisc. *Tamarisciforme.* Pinnules pinnatifides, lobées; côte poilue. Jacq. coll. 3. 285. t. 21. f. 3.

34. Multifide *Multifidum.* Folioles alternes, pinnées; pinnures dichotomes, linéaires, décurentes, à dents aigues; fructifications ovales, ouvertes. Forst. flor. austr. p. 85.

35. Élevé. *Elatum.* Folioles pinnées; pinnures oblongues roides, pinnatifides, incisées; segmens oblongs, dentés en scie au sommet; fructifications terminales, ovales. Forst. flor. austr. pag. 85.

36. Flasque. *Flaccidum.* Folioles rhomboïdes, comme pinnées; pinnures cunéiformes, incisées au sommet; fructifications à la marge intérieure en dessous du sommet. Forst. flor. austr. pag. 85.

37. Solide. *Solidum.* Folioles aigues, les secondaires ovales, oblongues, incisées, crénelées; fructifications filiformes, tubulées. Forst. flor. austr. p. 86.

38. De la Chine. *Sinense.* Folioles et pinnures alternes, lancéolées; segmens cunéiformes. Osb. it. t. 6.

39. Grimpant. *Scandens.* Folioles et pinnures alternes, celles-ci oblongues, dentées en scie. Plum. fil. t. 93.

40. Capillacé. *Capillaceum.* Pinnures filiformes, linéaires, uniflores. Plum. fil. 99.

41. Du Japon. *Japonicum.* Pinnures incisées, trifides, aigues. Thunb. flor. jap. p. 340.

42. TRICHOMANES des canaries. *Canariense.* Feuilles tripartics ; folioles et pinnures alternes , celles-ci pinnatifides. Plucku. alm. t. 291. f. 2. (1)

C Æ N O P T E R I S.

Fructifications dans des petites lignes comme marginales, latérales , couvertes par une membrane qui s'ouvre extérieurement.

1. CÆNOPTERIS à feuilles de la rue. *Rutæfolia.* Feuilles pinnatifides; segmens linéaires, planes, obtus. Berg. act. Petrop. pr. 1782. 2. p. 249. t. 7. f. 2.

2. Fourchu. *Furcata.* Feuille bipinnée; dernières pinnures fourchues; raffe comprimé , marginé. Berg. act. petrop. 248. t. 7. f. 1.

3. Rizopylle. *Rhizophylla.* Feuille bipinnée, radicante au sommet ; pinnules comme ovales, comme en faux , pétiolées; les primordiales lobées. Smith. pl. ic. ined. fasc. 2. t. 80.

4. Vivipare. *Vivipara.* Feuilles comme tripinnées ; segmens en alène , rélevés. Berg. act. petrop. pr. 1782. 2. p. 250. t. 7. f. 3. Suppl. p. 444. (2)

M A R S I L E. *Marsilea.*

Involucre ou calice commun, pédiculé , coriace? ovale, multiloculaire transversalement; corolle nulle? filets nuls. Plusieurs anthères ; plusieurs pistils ? styles nuls.

1. MARSILE flottante. *Marsilea patens.* Folioles opposées , simples. Mant. p. 506. act. palat. 3. phys. t. 21. (3)

2. A quatre feuilles. *Quadrifolia.* Feuilles quaternées , très entières. Moris. hist. pl. 3. t. 4. f. 5. (4

P I L U L A I R E. *Pilularia.*

Involucre ou calice commun , globuleux , de la for-

---

(1) C'est le polypode de Lusitanie. *Lusitanicum.* Sp. pl. 2. p. 1556. magnol. hort. monsp. p. 79. ic.

(2) C'est l'acrostic Vivipare. *Viviparum.*

(3) Tiges menues , flottantes, garnies de feuilles dans toute leur longueur , poussant des racines à leurs articulations.

(4) Pour tige une souche assez longue , rampante , qui pousse à divers intervalles des paquets de racines fibreuses.

me d'un poids, souvent sur 4 rangées, à 4 loges.
Plusieurs anthères sessiles; plusieurs pystils; styles nuls.

1. PILULAIRE globulifère. *Pilularia globulifera*. Flor. dau. t. 223. (1)

I S O E T E. *Isœtes.*

Fleur mâle, anthère sessile entre la base et la feuille.

Fructification femelle; capsules à 2 loges entre la base et la feuille.

1. ISOETE des étangs. *Lacustris*. Feuilles en alêne, demi-arrondies, recourbées. Suppl. p. 448. flor. dan. t. 191. (2)

2. De Coromandel. *Coromandella*. Feuilles filiformes, rélevées, glabres. Suppl. p. 447.

ORDRE IIe.

L E S   M O U S S E S.   *M U S C I.*

Principale partie de la fructification dans une urne ou petite tête aussi nommée anthère, remplie d'un polen abondant. Cette urne opercule, ou sans opercule, quelquefois non ouverte, et alors le polen s'échappant par des valvules ou pores ouverts. Autre organe moins sensible, caché dans l'aissele des feuilles, sans style, sans stigmate visible; embryon nu, avec un calice propre.

P O R E L L A.

Anthère axillaire, sessile, oblongue, non opercule, sans coiffe, s'ouvrant par plusieurs pores latéraux, entourés de petites écailles à sa base.

---

(1) Souche grêle, rampante, longue de 2 ou 3 pouces, fortement attachée à la terre par des fibres chevelues qui naissent comme par paquets de distance en distance. Feuille très menues, cylindriques, presque filiformes, longues de 3 pouces, naissant 2 à 2, quelquefois 3 de chaque nœud de la souche.

(2) On trouve cette plante dans les eaux de la ci-devant province de Hesse.

(53)

1. PORELLA pinnée. *Pinnata*. Rameuse, à feuilles pinnées, distiques, Dill. musc. t. 63. f. 1.

S P H A I G N E.   *Sphagnum.*

Fleur mâle en massue, à anthères planes; capsules sur la même plante operculées, sessiles, sans coiffe entiére, à bouche lisse.

1. SPHAIGNE des marais. *Palustre.* Rameaux renversés. Flor. dan. 1. 447. hedw. fund. hist. musc. rond. 1. t. 3. f. 13. 15. (1)

2. Des alpes. *Alpinum.* Comme rameux, relevé. Dill. musc. t. 32. f. 2. (2)

P·H A S Q U E.   *Phascum.*

Capsule ovale, terminale, munie d'une coiffe très mince, avec le rudiment d'un opercule, persistant.

1. PHASCUM pédonculé. *Pedunculatum.* Sans tige; capsule pédonculée. Hedw. crypt. II. 2. t. II.

2. Penché. *Cernuum.* Sans tige; feuilles florales relevées; pédoncule courbé. Hedw. crypt. 2. p. 31. t. 11. Schreb. de phasc. p. 8. t. 1. f. 6. 7.

3. Denté. *Serratum.* Sans tige; feuilles ovales, lancéolées, dentées en scie, planes, redressées. Schreb de phasc. p. 8. f. 2.

4. Sans poils. *Muticum.* Sans tiges; feuilles ovales, sans poils, concaves conniventes. Schreb. de phasc. p. 8. t. 1. f. 11. 12.

5. Cuspidé. *Cuspidatum.* A tige; feuilles ovales, cuspidées, étalées; celles du sommet relevées, conniventes. Flor. dan. t. 249. f. (3)

6. Tubulé. *Tubulatum.* A tige; feuilles lancéolées, linéaires, étalées. Flor. dan. t. 249. f. 1. hedw. cryp. 4. t. 35.

7. Poilu. *Piliferum.* A tige; feuilles oblongues, chargées de poils au sommet. Schreb. de phasc. t. 1. f. 6. 10.

8. Crépu. *Crispum.* Blanchâtre; feuilles petites, lâches, entourant la capsule, larges a la base, concaves, ondulées au sommet qui est cuspidé. Hedw. cryptog. 1. p. 25. t. 9.

---

(1) Tiges longues de 3 à 4 pouces, assez droites; rameaux nombreux, courts, mous, réfléchis. Feuilles très petites, lancéolées, molles, d'un vert glauque, devenant presque blanches; urnes globuleuses au sommet des tiges.

(2) Tiges d'un pouce, ramassées en petits gazons d'un vert foncé. Feuilles très petites, pointues; urnes sessiles, le long de chaque rameau.

(3) C'est le Phascum acaulon. Syst. nat. XII. 3. p. 699.

9. PHASCUM ouvert. *Patens.* A tige ; feuilles lancéolées, dentées, étalées ; capsule diaphane au sommet. Hedw. crypt. t. p. 28. t. 10.

10. Luisant. *Nitidum.* A tige basse ; feuilles en alène, carinées, comme en faisceau ; capsules pédiculées, subéreuses. Hedw. cryptog. 4. p. 91. t. 34.

11. A tige. *Caulescens.* Tige redressée ; feuilles lancéolées, alternes. Dill. musc. t. 85. f. 15.

12. Rampant. *Repens.* Tige rampante ; capsules latérales, sessiles. Dill. musc. t. 85. f. 16.

13. A feuilles alternes. *Alternifolium.* Tiges capsulifères, naines ; les stériles plus élevées, droites ; feuilles alternes, en alène. Discks. crypt. brit. fasc. 1. p. 2. t. f. 2.

FONTINALE. *Fontinalis.*

Bourgeon sur la même plante avec une capsule comme sessile enveloppée d'un périchétie imbriqué, et munie d'une coiffe.

1. FONTINALE petite. *Minor.* Feuilles ovales, concaves sur 3 rangées, aigues, géminées çà et là ; capsules terminales. Dill. musc. t. 33. f. 2.

2. Incombustible. *Antiphyretica.* Feuilles condoublées, carinées, sur 3 rangs, aigues ; capsules latérales. Dill. musc. t. 33. fig. 1. (1)

3. Crépue. *Crispa.* Surgeons rameux, pennés ; feuilles sur 2 rangs, arrondies, ouvertes, imbriquées, ondulées ; capsules latérales, postérieures. Dill. musc. t. 32. f. 78.

4. Distique. *Distica* Surgeons simples ; feuiles sur 2 rangs, ouvertes, rangées, imbriquées. planes ; capsules latérales, postérieures. Swarts. nov. pl. gen. et spec. p. 138.

5. Écailleuse. *Squamosa.* Feuilles imbriquées, ovales, lancéolées en alène ; capsules latérales. Hedw. cryptog. III. 2. p. 32. f. 12. (2)

6. Blanchâtre. *Albicans.* Feuilles imbriquées, ovales, lancéolées, terminées par un poil ; capsules latérales. Dill. musc. t. 32. f. 5.

7. Capillacé. *Capillacea.* Feuilles unilatérales, linéaires, sétacées ; celles du périchétie très longues, roulées, en alène. Dill. musc. p. 260. t. 33. f. 5.

---

(1) Tige rameuse, longue d'un pied et demi, flottante ; feuilles vertes, transparentes.

(2) Plusieurs tiges en faisceau, longues d'un pied et demi ; uilles étroites, lancéolées, d'un vert noirâtre.

8. FONTINALE des Alpes. *Alpina*. Feuilles presqu'unilatérales., elliptiques, un peu obtuses; celles du périchétie lancéolées, aigues. Dicks. crypt. brit. fasc. 2. p. 2. t. 4. f. 1.

B U X B A U M I A.

Bourgeon orbiculaire, terminal; capsule pédonculée; le péristoma extérieur à 16 dents; le péristoma
interne membraneux, plissé.

1. BUXBAUMIA sans feuilles. *Aphylla*. Pédoncule alongé.
Flor. dan. t. 44. hedw. fund. hist. mus. frond. 2. t. 3. f. 1. et t. 9.
fig. 51. (1)

2. *Foliacea* Sans tige; capsule comme sessile, entouré de
feuilles. Linné. fils de musc. p. 33. t. 1. f. 4. hedw. fund. hist.
musc. frond. 2. t. 9 f. 52.

S P L A N C. *Splachnum.*

Petite étoile ou bourgeon orbiculaire terminal; capsule sur une autre plante, cylindrique, avec une coiffe
ou apophyse très grande; le péristoma ou couverture
à 8 dents, c'est-à-dire 8 valves.

1. SPLANC jaune. *Luteum*. Ombrage de feuilles, orbiculaire
plane. Hedw. crypt. II. 2. t. 17.

2. Ampullacé. *Ampullaceum*. Ombrage de feuilles, ampullacé,
comme conique. Flor. dan. t. 822. hedw. fund. hist. musc. frond.
2. t. 7. f. 33. 34. et crypt. II. 2. t. 14. (2)

3. Vasculeux. *Vasculosum*. Ombrage de feuilles, ampullacé,
comme globuleux. Flor. dan. t. 192. Hedw. crypt. II. 2. t. 15,

4. Rouge. *Rubrum*. Ombrage de feuilles, orbiculaire, hémisphérique, Hedw. crypt. II. 2. t. 18. (3)

5. Rétréci. *Angustatum*. A tige; feuilles chargées de poils;
pédoncule très court. Linné fils. musc. p. 33. hedw. crypt. II.
2. t. 12.

6. Urcéolé. *Urceolatum*. Tronc relevé, biflore; feuilles en
cuillier, imbriquées, apiculées; apophyse un peu renflé, comme
conique. Hedw. crypt. II. 2. t. 13.

---

(1) Les feuilles sont radicales ou nulles.

(2) Tige courte, en gazon, d'un vert foncé. Les filamens
rougeâtres soutiennent des urnes droites, cylindriques à leur
sommet.

(3) Le genre des splancs pourrait bien n'être qu'un jeu de la
nature, et purement composé des variétes des *mnies*.

7. SPLANC sphérique. *Sphericum*. Réceptacle globuleux. Linné fils. musc. t. 1. f. 1. hedw. crypt. 11. 2. t. 16.

8. *Breveri*. Feuilles lancéolées, très entières. Hedw. crypt. 114. p. 120. t. 38.

9. A longue soie, *Longisetum*. Feuilles ovales, cuspidées; ombrage comme globuleux. Schranck. bav. 2. p. 441.

10. Tendre. *Tenue*. A tige; feuilles ovales, oblongues, aigues; réceptacle comme conique, atténué. Dicks. crypt. brit. f. 2. t. 4. f. 2.

11. Ovale. *Ovatum*. Sans tige; feuilles lancéolées, ovales, aigues; réceptacle comme ovale. Dill. musc. p. 344. t. 44. f. 4.

P O L Y T R I C. *Politricum*.

Bourgeons ou petites étoiles orbiculaires, terminales; capsule sur une autre plante, munie d'une coiffe; 32 dents externes sur le peristoma.

* *Capsule munie d'une apophyse.*

1. POLYTRIC perce mousse. *Commune* Surgeon simple, prolifère; feuilles linéaires, lancéolées, dentelées; capsules oblongues, quarrées; chevelues. Blanckw. herb. t. 375. Hedw. hist. musc. frond. 1. t. 9. f. 62. 64. et 2. t. 7. f. 87. (1)

2. Du magellan. *Magellanicum*. Surgeon simple, prolifère; feuilles en alène, canaliculées, dentées en cartilage; capsules oblongues, quarrées; coiffes velues. Suppl. p. 449.

3. Du genévrier. *Juniperinum*. Surgeon simple, prolifère; feuilles linéaires, lancéolées, très entières, mucronées; capsules oblongues, quarrées; coiffes velues. Flor. dan. t. 295.

4. Poilu. *Piliferum*. Surgeon simple; feuilles lancéolées, très entières, chargées de poils à leur sommet; capsules oblongues, quarrées; coiffes velues. Dill. musc. t. 54. f. 3.

5. Pulvérulent. *Pulverulentum*. Surgeon comme simple, feuillu; feuilles lancéolées, aigues, horizontales, couvertes de rosée. Rainar. act. lausann. 11. 1. p. 11. t. 2. f. 2.

6. Denté. *Serratum*. Surgeon simple; capsules quarrées; feuilles lancéolées, linéaires dentées en scie. Scranck. flor. bav. 2. p. 446.

* * *Capsules sans apophyse.*

7. Nain. *Nanum*. Surgeon simple; feuilles lancéolées, comme

---

(1) Tiges simples, droites, hautes d'un pouce; feuilles très étroites, aigues, d'un vert brun, denticulées. Les feuilles plus ou moins roides et terminées par un poil en constituent les variétés.

dentées

dentées au sommet ; capsules comme rondes ; coiffes velues.
Syst. nat. 12. 3. p. 700. (1)

8. POLYTRIC *Aloïdes*. Capsules cylindriques ; surgeon simple ; feuilles lancéolées, dentelées au sommet ; coiffes velues.
Hedw. cryptog. 2. p. 40. t. 14.

9. Ondulé. *Undulatum*. Capsules cylindriques ; surgeon simple ; feuilles lancéolées, dentées en scie, ondulées ; le sommet de l'opercule prolongé ; coiffes à moitié, et glabres. Syst. nat. 12. 3. p. 701. (2)

10. Bouquin. *Hyrcinicum*. Capsules relevées, urcéolées ; surgeon comme simple ; feuilles lancéolées, charnues; coiffes velues par interruption. hedw. crypt. 2. p. 43. t. 15.

11. Des Alpes. *Alpinum*. Capsules ovales ; surgeon très rameux ; feuilles lancéolées, denticulées ; pédoncules terminals. Flor. dan. 296.

12. Urnigère. *Urnigerum*. Capsules cylindriques. Dill. musc. t. 55. f. 5. (3)

13. Roulé. *Convolutum*. Feuilles roulées en-dedans, en alène, glabres ; tige feuillue ; pédoncule filiforme, court ; coiffe velue. Suppl. p. 449. Linné fils. musc. t. 1. f. 3.

M N I E. *Mnium.*

Bourgeon orbiculaire, rarement en tête. Capsules le plus souvent sur une autre plante, munies de coiffes ; dents du peristoma au nombre de 16, rarement de 4.

* *Bourgeons et capsules sur la même plante. Peristoma intérieur, à 16 cils membraneux, planes.* — Funaria. S. Kœheutera.

1. MNIE higromètre. *Hygrometricum*. Capsules ovales, penchées ; surgeon comme simple ; feuilles oblongues, aigues ; opercules planes. Flor. dan. t. 648. f. 2. hedw. musc. frond. 1. t. 5. f. 21. 26. et 2. t. 3. f. 11. t. 5. f. 25. 26. t. 6. f. 27. t. 10. f. 58. 61. (4)

* * *Peristoma intérieur, sillonné, lacinié.* Timmia.

2. *Megapolitanum*. Relevé ; feuilles linéaires, lancéolées, den-

---

(1) C'est le *Mnium polytrichoides*. Hedw. crypt. 2. p. 37. t. 1. 3.

(2) C'est le *Bryum undulatum*. Hedw. crypt. 2. p. 46. t. 16.

(3) Tige haute d'un pouce ; feuilles aigues, dentées ; les filamens à l'aisselle des feuilles ; urnes ovales, cylindriques.

(4) On trouve cette espèce sur les murs où elle forme un gazon très bas à tiges hautes d'une ligne ou de deux au plus. Les filamens longs d'un pouce et demi, rougeâtres, courbes à leur sommet ; les urnes cylindriques à peine inclinées ; les opercules coniques.

1

(58)

lées en scie, étalées ; capsules penchées ; opercule convexe, et
déprimé dans le milieu. Hedw. cryp. 4. p. 83. t. 31.

* * * *Bourgeons et capsules sur des plantes distinctes ; les unes
en tête et le peristoma simple. Le peristoma dans les autres à 4
dents.* Tetraphis, ou Georgia.

3. MNIE transparent. *Pellucidum.* Surgeon simple ; feuilles
ovales , capsules cylindriques. Flor. dan. t. 300. Hedw. fund. hist.
musc. frond. 2. t. 7. f. 2. (I)

* * * *Seize dents au peristoma.* Dicranum.

4. Pourpré. *Purpureum* Surgeon rameux ; feuilles oblongues,
aigues , carinées ; capsules comme cylindriques ; soies axillaires.
Dill. musc. t. 49. f. 51. Hedw. fund. hist. musc. frond. 2. t. 4.
f. 17.

5. Roide. *Strictum.* Surgeon en tige ; feuilles capillacées, pédoncules alongés, terminals ; capsules obliques. Swarts. nov. pl.
gen. et spec. p. 139. (2)

6. A longues feuilles. *Latifolium.* Relevé. feuilles oblongues,
dilatées, concaves, terminées par un poil court ; capsule cylindrique , droite. Hed. crypt. 4. p. 89. t. 33.

7. *Scoparium.* Surgeon rameux ; feuilles linéaires, lancéolées,
recourbées, tournées d'un seul côté ; capsules droites, oblongues,
cylindriques ; opercules coniques , aigus. Syst. nat. XII. pag.
701. (3)

8. Hétérophylle. *Heterophyllum.* Feuilles sétacées, recourbées ;
surgeon comme simple ; capsules ovales ; opercules aigus, recourbés. Syst. nat. XII. p. 702. (4)

9. Tortillé. *Tortile.* Fuilles en alène, carinées, réfléchies , se
tortillant par la siccité ; surgeon comme divisé ; boites oblongues ;
opercule en bec. Schrader.

10. Glauque. *Glaucum* Feuilles ovales , aigus, imbriquées ;
surgeon rameux ; capsules oblongues ; opercules aigus, recourbés. Syst. nat. XII. 3. p. 701. (5)

11. Transparent. *Pellucens.* Feuilles recourbées , aigues ; cap-

---

(I) Tiges longues de 4 à 6 lignes , droites , ramassées par faisceaux ou petits gazons ; feuilles transparentes , d'un vert pâle ;
urnes ovales, filament terminal plus long que la tige.

(2) Cette espèce ne paraît pas appartenir à cette série.

( ) C'est le *Bryum Scoparium.* Curt. flor. Lond. t. 8. Hedw.
fund. hist. musc. frond. 2. t. 8. f. 41. 42.

(4) C'est le *Bryum heteromallum.* Hedw. crypt. 3. p. 72. t. 26.
et fund. hist. musc. frond. 1. t. 9. f. 55. 61.

(5) C'est le *Bryum glaucum.* Dill. musc. t. 49. f. 20.

sules relevées. Dill. musc. t. 46. f. 23. 24. Syst. nat. XII. 3. p. 702. (1)

12. MNIE aiguille. *Acicularc.* Feuilles relevées , tournées comme du même côté ; capsule relevée ; opercule en forme d'aiguille. Syst. nat. XII. 3. 702. (2)

13. Simple. *Simplex.* Feuilles en alène ; surgeon très-simple ; le milieu portant un pédicule ; capsule penchée , oblongue. Syst. nat. XII. 3. p, 703. (3)

14. Nain. *Pusillum.* Feuilles capillaires , un peu roides , relevées ; celles du sommet égales. Hedw. crypt. II. 3. p. 96. t. 29. f. B.

15. Spurique. *Spuricum.* Feuilles luisantes, cuspidées, concaves ; Surgeon relevé ; celles du sommet serrées , étalées. Hedw. crypt. 2. 3. p. 96. t. 30.

* * * * *   *Bourgeons orbiculaires , péristoma double ; l'interne réticulé. Mœsia.*

16. Triquètre. *Triquctrum.* Feuilles lancéolées, aigues, cariées, étalées ; surgeon rameux ; capsules obliques, oblongues, cylindriques ; opercules coniques. Hedw. crypt, 3. t. 21. 22. (4)

17. Des boues. *Uliginosum.* Feuilles oblongues , lancéolées , obtuses ; capsules obliques, pyriformes ; opercules coniques, ombiliqués. Syst. nat. XII. 3. p. 702. (5)

* * * * *   *Péristoma interne , d'une membrane à cils difformes.*

18. Mnie duveté. *Tomentosum.* Feuilles en alène ; surgeon dichotome, relevé , duveté ; capsules sphériques. Swarts. nov. pl. gen. et spec. p. 139.

19. *Sphærocarpon.* Feuilles capillaires ; surgeons relevés, duvetés, filiformes ; rameaux simples et fasciculés, terminals ; capsules sphériques. Swarts. nov. pl. gen. et spec. p. 139.

20. Rameux. *Ramosum.* Pédoncules axillaires ; surgeon rameux, relevé. Dill. musc. t. 31. f. 4. (6)

----

(1). C'est le *Bryum pellucidum.*

(2). C'est le *Bryum acicularc.* Dill. musc. t. 46. f. 25.

(3). C'est le *Bryum simplex.* Dill. musc. t. 50. f. 9. Hedw. cryp.

(4) Tiges longues de 3 à 4 pouces , droites , ramassées en gazon dense. Feuilles lisses , à nervure saillante et rougeâtre ; pédicules longs de 2 pouces , d'un rouge noirâtre ; urnes rougeâtres , ventrues.

(5) C'est le *Bryum trichodes.* Hedw. crypt. t. t. 12. et Fund. hist. musc. frond. 1. f. 16. musc. t. 6. f. 24. et f. 9.

(6) Cette espèce , ainsi que les deux précédentes , ne paraît pas appartenir à cette série.

21. MNIE des fontaines. *Fontanum*. Feuilles lancéolées, sétacées au sommet, recourbées; surgeon comme rameux, relevé; capsules comme rondes, obliques; opercule conique, ombiliqué, obtus. Flor. dan. t. 299. (1)

22. Marchique. *Marchicum*. Feuilles ovales, aigues; surgeon rameux, relevé; capsules comme rondes, obliques; opercule à pointe épaisse et crochue. Roth. flor. germ. 1. p. 474. hedw. crypt. 2. 4. t. 39.

23. Des marais *Palustre*. Feuilles en alène, aigues, carinées; surgeon rameux, dichotome; capsules oblongues; opercules coniques Dill. musc. t. 31. f. 3. (2)

24. Annotin. *Annotinum*. Feuilles ovales, aigues, transparentes; pédoncules comme radicals; capsules penchées. Dill. musc. t. 50. f. 68.

25. Etoilé. *Hornum*. Capsules pendantes; pédoncule courbe; surgeon simple; feuilles rudes sur les marges. Curt. flor. lond. t. 48. hedw. fund. hist. musc. frond. 1. t. 1. f. 2. 3. 10. et 12. t. 1. f. 4. et t. 4. f. 22. 23. (3)

26. Capillaire. *Capillare*. Capsules pendantes; feuilles ovales, garnies de soies; pédoncules très longs. Dill. musc. t. 50. fig. 67. (4)

27. Cru. *Crudum*. Feuilles lancéolées, aigues; surgeon simple; capsules penchées, ovales; opercules coniques; coiffes recourbées Hedw. crypt. 4. t. 37.

28. Ponctué. *Ponctuatum*. Capsules penchées; pédoncules aggrégés; feuilles comme ovales, très entières, obtuses, ponctuées. Dill. musc. t. 53. f. 81. hedw. fund. hist. musc. frond. 1. t. 10. f. 66. 69.

29. Cuspidé. *Cuspidatum*. Capsules penchées; pédoncules aggrégés; feuilles ovales, aigues, dentées en scie. Dill. musc. t. 53. f. 79.

30. Denté *Serratum*. Feuilles ovales, aigues; surgeon simple; celles du sommet plus étroites, dentées en scie; boîtes ovales, penchées; bec de l'opercule recourbé. Schrader.

31. A bec. *Rostratum*. Feuilles ovales, lingulées, comme den-

---

(1) Tiges de deux pouces, droites, grêles, cylindriques, ramassées en gazon dense.

(2) Tiges hautes de trois à cinq pouces, unes ou plusieurs fois fourchues, de couleur de rouille.

(3) Tiges de 2 à 3 pouces, droites.

(4) Tiges ou petits gazons serrés; pédoncules à la base des tiges ou à leurs divisions.

tées ; surgeon simple ; boîtes ovales , penchées ; petit bec à l'o-
percule, recourbé. (1)

32. MNIE ondulé. *Undulatum.* Capsules penchées ; pédoncules aggrégés ; feuilles oblongues, ondulées, dentelées. Dill. musc.
t. 51. f. 74.

33. Penché. *Nutans.* Feuilles ovales , aigues ; surgeon comme
rameux ; capsules pyriformes , penchées. Dill. musc. t. 51. f. 74.

34. Gazon. *Cespiticium.* Capsules pendantes; feuilles lancéolées ,
aiguisées par une soie ; pédoncules très longs. Syst. nat. 12. 3.
p. 702. (2)

B R I S. *Bryum.*

Bourgeons souvent axillaires , tantôt sur une plante
séparée , tantôt sur la même plante avec les capsules
qui sont pourvues de coiffe et assises sur un pédoncule
terminal , lequel sort d'un tubercule.

* *Bourgeons visibles ou nuds.* Werbera.

1. BRIS pomiforme, *Pomiforme.* Feuilles linéaires, lancéolées,
terminées par une soie , imbriquées, étalées ; surgeon rameux ;
capsules sphériques ; opercule plane. Dill. musc. t. 44. f. 1. (3)

2. Mnie. *Mnioides.* Feuilles linéaires ; surgeon comme simple ;
capsules pyriformes , penchées ; opercules coniques. Syst. nat.
12. 3. p. 700. (4)

3. Penché. *Nutans.* Feuilles ovales , lancéolées , conniventes ;
capsules cylindriques ; opercules coniques , mucronés. Hedw.
crypt. 1. p. 9. t. 4.

4. Rouge. *Rubrum.* Capsule oblongue , penchée ; feuilles en
alêne ; tige très simple , portant le pédoncule dans son milieu.
Mant. p. 39. (5)

* * *Bourgeons renfermans les capsules.*

5. Capillacé. *Capillaccum.* Feuilles distiques , demi-engaînantes
à la base ; capsules droites. Hedw. cryp .2. 3. p. 88. t. 26.

---

(1) Cette espèce ne paraît pas assez différenciée de la précédente.

(2) C'est le *Bryum cespiticium.* Cuet. fl r. Lond. 166. Hedw.
Fund. hist. musc. frond. 2. t. 3. f. 12. et t. 10. f. 6.

(3) Gazon très fin , d'un vert un peu jaunâtre , tiges de 6 à 8
lignes.

(4) C'est le *mnium pyriforme.* Hedw. crypt. 1. t. 7. et Fund.
hist. musc. frond. 1. t. 7. f. 12.

(5) Cette espèce est bien incertaine , et ne paraît pas tenir à
cette série.

6. BRIS incliné. *Inclinatum.* Feuilles demi-engaînantes à la base comme sétacées ; capsules inclinées ; dents du péristoma, perforées. Hedw. crypt. 2. 3. p. 90. t. 27.

7. *Trifarium.* Feuilles sur 3 rangées ; les supérieures lancéolées ; les inférieures en alène ; capsules ovales, relevées. Hedw. crypt. 2. 3. p. 92. t. 28.

* * *   *Bourgeons sur la même plante avec les capsules, peristoma nud. hedvigia.*

8. Cilié. *Ciliatum.* Capsules sessiles, terminales ; coiffe très petite. hedw. crypt. 4. p. 107. t. 40.

9. Aquatique. *Aquaticum.* Capsules oblongues ; tronc fin, décliné ; le sommet et les feuilles linéaires, aigus, recourbés. hed. crypt. 2. 3. p. 29. t. 12. Jacq. flor. austr. t. 290.

* * * *   *Peristoma à 8 dents.*

10. *Octoblepharis.* he   cryp. 3. p. 15. t. 6.

* * * * *   *Peristoma à 16 dents, ou simple. Bourgeons axillaires. Leersia.*

11. Coussinet. *Pulvinatum.* Feuilles oblongues, munies de poils ; surgeon rameux ; capsules comme rondes, penchées ; coiffes petites. Dill. musc. t. 50. f. 65. hed. fund. hist. musc. frond. 1. t. 10. f. 65. (1).

12. Vrillé. *Syrratum.* Feuilles lancéolées, aigues ; surgeon rameux ; capsules oblongues ; opercule aigu ; coiffe à moitié. syst. nat. 12. 3. p. 700. (2)

13. Éteignoir. *Extinctorium.* Feuilles lancéolées ; surgeon simple ; capsules cylindriques ; coiffes campanulées, entières sur les marges, surpassant les capsules. hed. crypt. 2. p. 49. t. 18. fund. hist. musc. frond. 2. t. 4. f. 19. et 24. A.

14. Cuspidé. *Cuspidatum.* Feuilles lancéolées, linéaires, aigues ; surgeon simple ; capsules ovales ; opercules coniques, en bec, comme recourbés. Sckranch. flor. bav. 2. p. 442.

15. Ciliaire. *Ciliare.* Coiffe ample, conique, ciliée ; surgeon comme rameux. hed. crypt. 2. p. 53. t. 19.

* * * * *   *Bourgeons épars. Trichosma.*

16. Hypne. *Hypnoides.* Feuilles oblongues, munies de poil au sommet ; surgeon rameux, couché ; capsules oblongues ; coiffes entières. Flor. dan. t. 476. hed. fund. hist. musc. frond. 2. t. 8. f. 43. 44. (3)

---

(1). Gazons laineux, pelouides très courte ; urnes pendantes.

(2) Cette espèce ne paraît pas appartenir à ce genre.

(3) Les poils blancs des feuilles donnent au gazon un aspect laineux.

(63)

17. BRIS *Mycrocarpon*. Feuilles étalées ; surgeon rameux ; soies terminales ; capsules comme rondes. Dill. musc. t. 46. fig. 29.

18. Des Indes. *Indicum*. Feuilles lancéolées, roulées ; surgeon rameux, relevé ; soies épaisses en dessus, axillaires ; capsules oblongues ; opercules en bec. Wildelinav. bot. mag. 4. p. 7. t. 1. fig. 4.

19. Fasciculaire. *Fasciculare*. Surgeon couché, rameaux serrés, courts ; feuilles lancéolées, étalées, à marge roulée ; capsules ovales, oblongues. Schrader.

20. Bruyère. *Ericoides*. Rameaux serrés, courts ; surgeon relevé ; feuilles lancéolées, aigues, recourbées à leur sommet, qui est diaphane ; capsules ovales. Schrader.

21. Rétréci. *Angustatum*. Feuilles lancéolées, en alène, se tortillant par la siccité ; surgeon rameux, capsules oblongues. Schrader.

22. Lancéolé. *Lanceolatum*. Feuilles lancéolées, mucronées ; surgeon comme simple, relevé ; capsules ovales. hed. crypt. 2. 3. p. 81. t. 23.

23. Pâle. *Pallidum*. Feuilles capillacées, en alène, engaînantes ; surgeon simple, très court ; capsules cylindriques ; opercules coniques ; coiffes à moitié. hed. crypt. 3. p. 75. t. 27.

24. Fleurs à la base. *Basiflorum*. Feuilles lancéolées, relevées ; surgeon rameux ; pédoncules des capsules sortis de la base des rameaux, et munis de bractées ; opercule conique, comme oblique. Sckranch. flor. bav. 2. p. 448.

25. Tortu. *Tortum*. Capsule comme cylindrique, tortueuse ; dents du Peristoma articulées ; opercule conique ; pédoncules tordus en dedans. Sckranch. flor. bav. 2. p. 449. (1)

26. Rampant. *Repens*. Capsule droite, recourbée dans sa vieillesse ; surgeon rampant ; rameaux filiformes, relevés ; feuilles sans nervures, lancéolées, étalées. Sckranch. flor. bav. 2, pag. 450.

27. *Fontinolioides*. Tronc long, rameux ; feuilles lancéolées ; étalées ; capsules latérales. hed. crypt. 3. p. 36. t. 14.

28. Nain. *Pusillum*. Feuilles en alène, engaînantes ; surgeon simple, très court ; capsules oblongues ; opercules coniques ; coiffes à moitié. hed. crypt. 2. 3. p. 78. t. 28.

29. Unilatéral. *Secundum*. Feuilles lancéolées, dentées, cuspidées ; capsules oblongues, relevées. hed. crypt. 2. 3. p. 86 t. 23.

----

(1) Cette espèce ne paraît pas en être une.

* * * * * * *Peristoma muni, outre les dents, de cils tournés en spirale.* **Tortula.**

3o. BRIS des murs. *Murale.* Feuilles ovales, aigues, poilues au sommet; surgeon très court, comme divisé; capsules oblongues; opercules coniques, aigus. Dill. musc. t. 45. fig. 14.

31. Tortueux. *Tortuosum.* Feuilles lancéolées, linéaires, dentées en scie, ondulées crépues par la siccité; surgeon rameux; capsules cylindriques; opercule en bec. Dill. musc. t. 48. fig. 40. (1)

32. Agraire. *Agrarium* Sans tige; feuilles lancéolées, aigues; capsules cylindriques, relevées, en alène. Swarts. nov. pl. gen. et spec. p. 139. (2)

33. Aigu. *Acuminatum.* Capsules cylindriques, relevées, en alène; surgeons caulescens, en gazon; feuilles linéaires. Swarts. nov. pl. gen. et spec. p. 139.

34. En alène. *Subulatum.* Feuilles ovales, obtuses; surgeon très court, simple; capsules cylindriques; opercule conique, aigu. Curt. flor. lond. t. 214. hed. fond. musc. frond. 2. t. 8. fig. 38. 40. (3)

* * * * * * * * *Peristoma à 32 dents.*

35. *Didymodon.* hed. crypt. 3. p. 8.

* * * * * * * * * *Bourgeons sur une plante, capsule sur l'autre.* Gymnostomum.

36. Pyriforme. *Pyriforme.* Feuilles dépliées, oblongues, aigues; capsules pyriformes. Flor. dan. t. 537. fig. 1. hed. fund. hist. musc. frond. 2. t. 1. fig. 2. 3. t. 2. fig. 6.

37. *Heimii.* Tronc relevé et feuilles en alène, aigues, denticulées au sommet; capsules oblongues, relevées. hed. crypt. p. 80. t. 3o.

38. Ovale. *Ovatum.* Feuilles ovales, concaves, à poils; capsules ovales. hed. crypt. 1. p. 16. t. 6.

39. Obtus. *Obtusum.* Feuilles lancéolées, ovales; capsules relevées, comme ovales, tronquées; opercule concave. Dicks. crypt. brit. 2. p. 5. t. 4. f. 7.

49. Tronqué. *Truncatulum.* Feuilles aplanies, mucronées; capsules tronquées. hed. crypt. 1. p. 13. t. 5. (4)

41. Enpenné. *Pennatum.* Pinnures distiques, lancéolées, très entières. hed. crypt. 3. p. 81. t. 29.

---

(1) Cette espèce pourrait être la même que le Bry tétu.

(2) Cette plante ne parait pas appartenir à cette série.

(3) Tiges très courtes, feuilles lancéolées; gazons fort bas, d'un vert gai.

(4) Tige à peine d'une ligne; feuilles très petites, disposées en rosette. La capsule grosse, comparée à la plante.

42. BRIS

42. BRIS à bec courbé. *Curvirostrum*. Feuilles linéaires, réflé-chies; surgeon pâle, débile, droit. hed. crypt. 11. 3. p. 84. t. 24.

43. Porte-étoile. *Stelligerum*. Capsules relevées, demi-globu-leuses, nues; feuilles linéaires, verticillées en étoile. Dicks. crypt. brit. fasc. 2. p. 3. t. 4. fig. 4.

*********** *Peristoma à seize dents. Bourgeons épars.* Grimmia.

44. *Apocarpon*. Capsules sessiles, terminales; coiffe très petite. hed. crypt. 1. 4. p. 104. t. 39. (1)

45. Sessile. *Sessile*. Capsules sessiles; feuilles droites, carinées: Dill. musc. t. 55. fig. 10.

46. Des Forêts. *Sylvaticum*. Feuilles lancéolées; surgeon ra-meux; capsules oblongues, pédonculées, axillaires et termi-nales; opercule à pointe obtuse; coiffes velues. Flor. dan. t. 648. fig. 1.

47. Sétacé. *Setaceum*. Feuillles sétacées; capsules pyriformes; pédoncules recourbés. hed. crypt. 4. p. 102. t. 38.

* * * * * * * * * * *Bourgeons terminals en tête.* Weisia.

48. Verdoyant. *Viridulum*. Capsules ovales, relevées; feuilles lancéolées, aigues, imbriquées, étalées. Curt. flor. lond. t. 132. a. (2)

49 *Dicksonii*. Feuilles linéaires, lancéolées; capsules oblon-gues; opercule aigu; coiffe à moitié. Dicks. crypt. brit. fasc. 1. p. 3. t. 1. f 5.

50. A bec recourbé. *Recurvirostrum* Feuilles lancéolées, im-briquées, étalées; capsule mince; petit bec de l'opercule, re-courbé. hed. crypt. 1. p. 13. t. 7.

51. Unilatéral. *Unilaterale*. Tronc relevé; feuilles plus larges à la base; pointe en alène, roide, unilatérale; opercule des capsules conique, annulé. hed. crypt. 1. p. 22. t. 8.

52. Petit. *Minutum*. Feuilles capillaires; surgeon simple, nain, relevé ainsi que la capsule, qui est ovale. hed. crypt. 2. 3. p. 94. t. 29. f. a.

************ *Peristoma double; l'interne semblable.* Orthothricum.

53. Crépu. *Crispum*. Feuilles imbriquées, cuspidées, crépues par la siccité; capsules ovales. hed. crypt. 2. 4. p. 3. t. 35.

54. Strié. *Striatum*. Feuilles lancéolées, aigues; surgeons ra-meux; capsules oblongues, sessiles axillaires et terminales;

---

(1) Tiges rameuses; feuilles terminées par un poil, ce qui fait paraître le gazon hérissé.

(2) Tiges depuis une jusqu'à 3 ligues, formant des gazons fins très bas. Feuilles très vertes; opercule jaune, pointu.

opercule aigu ; coiffes poilues. Dill. musc. t. 55. fig. 8. hed. fund. hist. musc. frond. 1. t. 8. et 2. t. 2. fig. 7. 8. et t. 7. fig. 36. crypt. 2. 4. t. 36. (1)

55. BRIS des toits. *Tectorum.* Capsules comme sessiles ; coiffes velues, coniques ; soies très courtes, axillaires. Dill. musc. 1. 55. fig. 9. hed. fund. hist. musc. frond. 2. 7. fig. 35. crypt. 2. 4. t. 37.

56. Diaphane. *Diaphanum.* Feuilles lancéolées, aigues, diaphanes au sommet ; capsule oblongue, striée ; dents du péristoma internes, capillacées. schrader.

57. *Affine.* Feuilles lancéolées, roulées sur la marge, étalées ; capsule oblongue, striée ; dents du péristoma à cils internes, capillacés. schrader.

* * * * * * * * * * * * * * *Peristoma interne ; membrane interne à 16 dents.* Pohlia.

58. Alongé. *Elongatum.* Tronc relevé ; feuilles linéaires, lancéolées ; base des capsules alongée. hed. crypt. 1. 4, p. 96, t. 36.

* * * * * * * * * * * * * * * *Peristoma interne ; membrane plissée, canaliculée.* Bartramia.

59. *Bartramia.* Feuilles en alène au sommet ; capsules ovales, latérales. hed. crypt. 2. 4, p. 126, t. 40.

* * * * * * * * * * * * * * * *Peristoma interne, cilié ; cils tournés en spirale.* Barbula.

60. Rustique *Rurale.* Feuilles réfléchies, comme ovales, obtuses, munies de poils aux sommets ; surgeon rameux ; capsules cylindriques ; opercules coniques, aigus. Dill. musc. t. 45, fig. 12. hed. fund. hist. musc. frond. 1, t. 6, fig. 28. 32. (2)

61. *Hercynicum.* Feuilles lancéolées, lingulées, obtuses, poilues ; surgeon comme divisé ; capsules oblongues ; opercule en alène. schrader.

62. Poilu. *Pilosum.* Feuilles lancéolées, carinées, poilues ; surgeon rameux ; capsules ovales, oblongues ; opercule en alène. schrader.

63. Onguiculé. *Unguiculatum.* Feuilles linéaires, lancéolées, carinées ; surgeon comme rameux ; capsules comme cylindriques ; opercule conique. hed. crypt. 3, p. 65, t. 26.

---

(1) Tiges rameuses, assez droites, en gazon ; feuilles lancéolées, lisses ; urnes axillaires.

(2) Tiges droites, hautes d'un pouce, en gazon dense. Pédoncules au sommet des tiges ou à l'origine des rameaux.

64. BRIS sans barbe. *Imberbe.* Feuilles étalées, recourbées ; capsules oblongues ; petit bec de l'opercule oblique. hed. crypt. 3, p. 66, 24.

65. Barbu. *Barbatum.* Feuilles lancéolées, aigues, celles du sommet étalées ; capsules relevées, oblongues ; opercule aigu, oblique ; pédoncule latéral. Curt. flor. lond. t. 274.

66. Roide. *Rigidum.* Tronc très bas ; feuilles courbées sur la marge ; capsules oblongues, relevées. hed. crypt. 1. 3, p. 69, t. 25.

67. Roulé. *Convolutum.* Feuilles communes lancéolées ; les périgoniales obtuses, roulées en cylindre. syst. nat. 12. 3, pag. 700. (1)

***************** *Cils difformes ; membrane carinée.*

68. Androgyne. *Androgynum.* Feuilles lancéolées, étalées ; surgeon rameux, relevé ; capsules cylindriques ; opercules aigus ; soie terminale. syst. nat. 12. 3, p. 700. (2)

69. Lycopode. *Lycopodioides.* Capsules relevées ; pédoncules abrégés, solitaires ; surgeons alongés, comme rameux ; feuilles étalées, linéaires, aigues, dentelées, comme ondulées, sw. nov. pl. gen. et spec. p. 139.

70. Blanchâtre. *Albidum.* Capsules relevées ; feuilles lingulées. obtuses, étalées, Dill. musc. tit. 46. fig. 21. swarts. obs. bot. tit. 11, fig. 1.

71. Parasite. *Parasyticum.* Capsules relevées, pédoncules très courts ; surgeons serrés, rameux, courts ; feuilles étalées, linéaires. swarts. nov. pl. et spec. p. 139.

72. Calicinal. *Calicinum.* Capsules relevées ; périchétie très long, égalant le pédoncule ; surgeons relevés ; feuilles linéaires, vrillées. swarts. nov. pl. et spec. p. 139.

73. Tortueux. *Flexuosum.* Capsules relevées ; pédoncules tortueux ; feuilles sétacées. Dill. musc. t. 47. f. 33. (3)

74. D'été. *Œstivum.* Capsules relevées, comme rondes, axillaires ; feuilles en alène, distantes. Dill. musc. t. 47. f. 36. (4)

75. Calcaire. *Calcarium.* Sans tige ; capsules relevées, comme coniques, dentées ; feuilles relevées, arrondies, obtuses, discks. crypt. brit. 2. p. 3. t. 4, f. 3.

---

(1) C'est le *mnyum setaceum.* Hedw. crypt. 1. 4. p 86. t. 32.

(2) C'est le *mnyum androgynum.* flor. dan. t. 299. Hedw. fund. Hist. musc. frond. 1. t. 6. f. 33. 36.

(3) Feuilles très étroites ; urnes cylindriques à opercules en arête.

(4) Tige rameuse, presque nue ; croissant dans les marais.

K 2

76. BRIS des marais. *Paludosum.* Feuilles sétacées ; sans tige ; capsules très obtuses , étalees. Dill. musc. t. 49. f. 53. (1)

77. Verticillé. *Verticillatum.* Capsules relevées ; pédoncules serrés par la sécheresse ; feuilles à poils ; surgeons fastigiés , Dill. musc. t. 47, f. 35. (2)

78. De Celsius. *Celsii.* Capsules relevées ; pédoncules très longs ; feuilles sétacées ; surgeons égaux. dill. musc. t. 49, f. 54.

79. Raboteux. *Squarrosum.* Capsules obliques ; feuilles imbriquées sur 5 rangées, recourbées ; tige ferrugineuse , duvetée. Bux. cent. 4. t. 65 , f. 1.

80. Argenté. *Argenteum.* Capsules pendantes ; surgeons cylindriques, imbriqués , lisses. Flor. dan. t. 480. f. 2. hed. fund hist, musc. frond. t. 6 , f. 29. (3)

81. Ventru. *Ventricosum.* Capsules pendantes , ventrues oblongues ; feuilles sur trois rangées , étalées , lancéolées en alène , carinées ; surgeons rameux. Dill. musc. t. 51 , f. 72.

82. Carné. *carneum.* Capsules pendantes , comme globuleuses ; feuilles aigues , alternes. hed. cr. 2. p. 56. t. 20. (4)

83. Des alpes. *Alpinum.* Capsule pendante , oblongue ; feuilles ovales , aigues , carinées ; surgeons rameux ; aisselles pédonculifères. dill. musc. t. 50, f. 64.

84. *Dendroides.* Capsules penchées ; surgeon relevé ; rameaux verticillés , terminals ; petits rameaux alternes ; feuilles dentées en scie. Linn. fils. musc. p. 34. t. 1. f. 2.

**************** *Plantes d'un tribu douteuse ; peristoma denté , ou en anneau , ou cilié.*

85. Réticulé. *Reticulatum.* Capsules relevées, pyriformes, feuilles ovales, dentées en scie, réticulées. Dicks. crypt. brit. 2 , p. 4. t. 4 , f. 6.

86. Splanc. *Splacnoides.* Capsules relevées , comme ovales , apophyse comme ronde , feuilles linéaires , sétacées. Flor. dan. t. 538 , fig. 2.

87. Biparti. *Bipartitum.* Capsules relevées , comme obliques ,

---

(1) Cette espèce se rapproche beaucoup du Bry verdoyant.

(2) Cette espèce ne paraît pas différer du Bry d'été.

(3) Tiges grêles longues de cinq lignes , en petits gazons serrés , luisans, d'une couleur argentee ; feuilles très petites serrées eu recouvrement. On trouve cette jolie espèce sur les murs et sur les rochers.

(4) Feuilles lancéolées , peu serrées ; pédoncules couleur de chair. On le trouve sur les terrains humides.

rejets bifides, feuilles lancéolées, aigues, carinées, imbriquées, étalées. Dill. musc. p. 385, t. 49, fig. 5o.

88. BRIS de Zierius. *Zierii*. Capsules pendantes, en massue, alongées, rejets arrondis, feuilles radicales ouvertes, plus longues. Dicks. cr. brit. 2, p. 8, t. 4, fig. 10.

89. Cubital. *Cubitale*. Capsules pendantes, en massue, oblongues, surgeons et soies recourbées, feuilles sagittées, aigues, marginées. Dicks. cr. brit. 2, p. 9, t. 5, fig 2.

90. Marginé. *Marginatum*. Capsules penchées; opercule en bec, feuilles ovales, lancéolées, aigues, denticulées, marginées. Dicks. cr. brit. 2, p. 3, t. 5, f. 1.

91. Blanchi. *Dealbatum*. Capsules relevées, comme rondes, comme recourbées, dentées, ciliées; feuilles lancéolées, aigues, ouvertes. dicks. cr. brit. 2, p. 8, t. 5, fig. 3.

92. A feuilles courtes. *Brevifolium*. Capsules droites. oblongues, atténuées, ciliées, feuilles serrées, linéaires, carinées. dill. musc. p. 377, t. 47, f. 39.

93. Jaunâtre. *Flavescens*. Capsules relevées, cylindriques, surgeons comme simples, feuilles lancéolées, linéaires, carinées. dicks. cr. brit. 2, p. 4, t. 4, fig. 5.

94. Des friches. *Ericetorum*. Capsules relevées, ovales, oblongues, annulées, feuilles linéaires lancéolées, se contournant par la dissécation. dill. musc. p. 354, t. 45, fig. 13.

95. Ouvert. *Patens*. Capsules relevées, comme pyriformes, soies très courtes, surgeons relevés, rameaux ouverts. dicks. cr. brit. 2, p. 6, t. 4, fig. 8.

96. Tétragône. *Tetragonum*. Capsules relevées, comme globuleuses, surgeons tétragónes, les plus jeunes grimpans, tortueux, feuilles appliquées, en alène. dicks. cr. brit. 2, p. 8, t. 4, fig. 9.

H Y P N E. *Hypnum*.

Bourgeons le plus souvent sur une plante séparée. Capsules à pédoncule latéral, sorti du perichætia, Peristoma extérieur à 16 dents.

Bourgeons et capsules sur la même plante; peristoma simple; feuille pinnée. fissidens.

1. HYPNE spiniforme. *Spiniforme*. Feuille très simple; pinnules ouvertes, en alène; pédoncules radicals. dill. musc. t. 43, fig. 68. swarts. obs. bot. t. 11. fig. 2.

2. A feuilles d'if. *Taxifolium*. Feuille simple; soie à sa base;

pinnures oblongues , aigues ; capsules oblongues ; opercule aigu. Flor. dan t. 473. f. 2. (1)

3. HYPNE denticulé. *Denticulatum* Feuille comme simple ; soie à sa base ; pinnures cunéiformes , aigues , conjuguées ; capsules cylindriques ; opercule obtus. Dill. musc. t. 34. f. 5. (2)

4. Bry. *Bryoides.* Feuille simple ; soie à son sommet ; pinnures oblongu s, aigues ; capsules oblongues ; opercules aigus. Flor. dan. t. 473. f. 1.

5. Demi-complet. *Semi-completum.* Tronc filiforme , rameux ; feuilles alternes ; les inférieures bractéolées ; les supérieures lancéolées , demi-engaînantes , pinnées ; capsules comme sessiles , très petites. hed. crypt. 3. 2, p. 34, t. 13.

6. Acacia. *Acacioides.* Feuille rameuse , pédoncule à son sommet. Dill. musc. t. 34. f. 4. (3)

7. Adiantin. *Adiantoides* Feuille comme rameuse, soie dans son milieu ; pinnures oblongues , aigues ; capsules comme cylindriques ; opercules à pointe courte. Dill. musc. t. 34. f. 3.

8. Pied d'oiseau. *Ornithopodioides.* Feuille rameuse ; pinnures très ouvertes, ovales , carinées , mucronées. Dill. musc. t. 34. f. 9.

9. Palmé. *Palmatum.* Feuille très simple , comme palmée ; pédoncule à son sommet ; pinnures distantes, ouvertes. Swarts. nov. pl. gen. et spec. p. 140.

10. Polypode. *Polypodioides.* Feuille très simple, lancéolée , relevée ; pédoncule vers son sommet ; pinnures obtuses ; pédoncules et capsules recourbés. Swarts. nov. pl. gen. et spec. p. 140.

11. Célérac. *Asplenioides.* Feuille comme rameuse, relevée , linéaire ; pédoncule à son sommet ; capsules recourbées. Swarts. nov. pl. gen. et spec. p. 140. Dicks. crypt. brit. 2. t. 5. f. 2. (4)

* * *Rejets serrés.*

12. Queue d'écureuil. *Sciuroides.* Rejet comme rameux ; feuilles imbriquées, ovales , lancéolées ; poils à leurs sommets ; capsules oblongues ; opercule conique. Dill. musc. t. 41, f. 54, fund. hist. musc. frond. 2, t. 8, f. 45. 46. (5)

13. *Polycarpon.* Feuilles linéaires , crépues dans la siccité ;

---

(1) Tige de quatre à sept lignes ; feuilles transparentes ; pédoncules rougeâtres. Dans les terrains humides.

(2) Feuilles aigues , recourbees , si serrées qu'elles paraissent former double rang.

(3) Elle ne paraît pas être de cette tribu.

(4) Cette plante et les trois précédentes ne sont peut-être pas de cette serie.

(5) Feuilles très serrées entre elles , et terminées par un poil. On la trouve sur le tronc des arbres.

capsules serrées vers le sommet. hed. cryptog. 2. 4, p. 99, t. 31.

14. HYPNE gonflé. *Strumosum.* Feuilles linéaires, lancéolées; capsules recourbées, se gonflant vers la base. hed. crypt. 2. 4, p. 102, f. 32.

15. Crispé. *Crispatum.* Relevé; feuilles comme distiques, demi engainantes à la base, capillaires au sommet; capsules ovales, droites. hed. crypt. 2. 4, p. 105, t. 133.

*** *Bourgeons sur une plante, capsules sur l'autre. Peristoma interne. Cils libres au sommet.* Neckera.

16. Crépu. *Crispum.* Rejets rameux, relevés; feuilles distiques, oblongues, obtuses, ridees; capsules oblongues; opercule en bec; bec réfléchi. Dill. musc. t. 36, f. 12, hed. fund. hist. musc. fronд 2, t. 8, f. 47. 48.

17. Sarmenteux. *Viticulosum.* Rejets rameux, couchés; feuilles oblongues, aigues, étalées; capsules oblongues; opercules coniques. Dill. musc. t. 39, f. 43. hed. fund. hist. musc. frond. 1. t. 3, f. 11. et 2, t. 8, f. 49. 50.

18. Arboré. *Dendroides.* Rejet relevé, nud dans le bas, en faisceau au dessus, rameux, feuillu; feuilles linéaires, lancéolées, imbriquées; capsules comme cylindriques, relevées; opercule à petit bec recourbé. Flor. dan. t. 825, f. 2. (1)

19. Curtipen. *Curtipendulum.* Rejets relevés, rameux, arrondis, feuillus; feuilles oblongues, ovales, aigues, imbriquées; capsules penchées, ovales; opercules aigus. Dill. musc. t. 43, f. 69.

20. Crochu. *Aduncum.* Rejet rameux, relevé; feuilles linéaires, lancéolées, en faux, carinées, sétacees au sommet, unilatérales; capsules obliques, oblongues; opercules coniques, oblongs. Dill. musc. 1. 37, f. 26.

21. Soyeux. *Sericeum.* Rejet rameux, rampant; feuilles oblongues, terminées par une soie, imbriquées avant; capsules relevées, cylindriques; opercules aigus, recourbés. Curt. flor. lond. t. 128. (2)

22. Hétéromalle. *Heteromallum.* Tronc rameux inférieurement, florissant en dessus; capsules hétéromalles; feuilles ovales, aigues, concaves. hed. crypt. 3. 2, p. 38, t. 15.

23. Filiforme. *Filiforme.* Tronc comme rameux, filiforme, pendant; feuilles ovales, aigues, concaves, étalees; capsules courtement pédiculées, un poil à leur base. hed. crypt. 3. 2, p. 41, t. 16.

---

(1) Tige ou souche rampante à jets assez droits et nuds; les rameaux ramassés en faisceaux dans la partie supérieure.

(2) Les feuilles en recouvrement etroites, terminées par une pointe donnant des gazons luisans et soyeux.

24. HYPNE fougère. *Filicoides.* Tronc relevé, rameux sur deux rangs ; rameaux rapprochés ; feuilles ovales, aigues, concaves ; capsules axillaires ; opercule à petites rides. hed. cryptog. 3. 2 , p. 45. t. 18.

25. Empenné. *Pennatum.* Tronc fin, couché, rameux; rameaux comme rameux ; feuilles lancéolées, serrées, divergentes sur deux rangs; capsule ovale dans le perichœtia. hed. cryptog. 3. 2 , p. 47 , t. 19.

26. De la Jamaïque. *Jamaïcense.* Tronc débile, comme rameux; rameaux étalés, sur deux rangées, portant les capsules; feuilles oblongues, ovales; faisceau des vases profondément silloné. hed. crypt. 3. 2 , p. 49 , t. 20.

27. Nain. *Pumilum.* Tronc rameux : feuilles lancéolées, aigues, serrees alternativement , divergentes sur deux rangées ; capsule ovale et pédoncule saillans. hed. crypt. 3. 2 , p. 49 , t. 20.

28. Blanchâtre. *Albicans.* Rejet rameux, montant; feuilles oblongues, lancéolées, sétacées au sommet ; capsules oblongues, obliques ; opercules coniques, obtus. Dill. musc. t. 42 , f. 63.

******** *Cils uniformes du peristoma qui est interne ; ces cils réunis à la base par une membrane.* Leskea.

29. *Trichomanes.* Rejet rameux; feuilles distiques, oblongues, comme lunées, obtuses; capsules comme cylindriques ; bec de l'opercule, réfléchi. Vill. de now. prodr. flor. berol. n°. 491.

30. A feuilles en fil. *Filifolium.* Rejets rameux ; rameaux très courts, feuilles en alène, aigues ; capsules oblongues ; opercules coniques , obtus. Dill. musc. t. 42 , f. 62.

31. Flagellaire. *Flagellare.* Rejets rampans: rameaux relevés , comme simples; feuilles lancéolées, aigues, réfléchies au sommet. schrandr. flor. bav. 2 , p. 462.

32. Queue de rat. *Myosuroides.* Feuilles rampantes, très rameuses; rameaux arrondis; feuilles ovales, lancéolées , imbriquées , terminées par un poil; capsules cylindriques. Dill. musc. t. 41 , f. 51. (1)

33. Atténué. *Attenuatum.* Surgeons très rameux ; rameaux recourbés, fléchissant au sommet ; feuilles unilatérales, ovales , carinées ; obtuses, capsules relevées, cuspidées. Schreb. spic. flor. lips. p. 160 , hed. crypt. 2 , p. 34 , t. 12.

34. Aplani. *Complanatum.* Feuilles aplanies , très rameuses, feuilles distiques , imbriquées, ovales, obtuses, plissées , capsules

---

(1) Feuilles très serrées , terminées par un fil ; les fils très nombreux rendent la plante soyeuse.

ovales

ovales, opercule conique. Dill. musc. t. 34, f. 7. hed. fund. hist. musc. frond 2, t. 10, f. 62. 64. (1)

35. HYPNE traînant. *Serpens*. Rejets rampans, filiformes; feuilles sétacées; capsules cylindriques, courbées, opercule conique. Dill. musc. t. 42, f. 64, a. (2)

36. Sétacé. *Setaceum*. Rejets rampans, rameaux très fins, filiformes; feuilles sétacées; capsules relevées; opercules aigus. schrader.

37. Jaunâtre. *Lutescens*. Rejets couchés; feuilles ovales, lancéolées, en alène, striées; capsules obliques. schreb. spic. flor. lips. p. 98.

**** *Cils du peristoma qui est interne, difformes de la membrane.*
Feuilles pinnées.

38. *Diksoni*. Feuille rameuse; pinnures imbriquées, aigues, distiques, comprimées, ondulées; périchétie égal au pédoncule. dicks. cr. brit. fasc. 1, p. 5, t. 1, fig. 8.

39. Des bois. *Sylvaticum*. Feuille rameuse, couchée, pédoncule à son milieu; pinnures aigues. dill. musc. t. 34, fig. 6.

* * * * * *Surgeons vagues.*

40. Luisant. *Lucens*. Rejets rameux, feuilles comme pinnées, pinnures ponctuées. dill. musc. t. 34. (3)

41. Ondulé. *Undulatum*. Rejets rameux; feuilles comme pinnées, feuilles ondulées, plissées. dill. musc. tit. 36, fig. 11. (4)

42. Straminé. *Stramineum*. Rejets comme rameux, relevés, filiformes; feuilles ovales, lancéolées, sans nervures, imbriquées. dicks. cr. brit. fasc. 1, p. 6, t. 1, fig. 9.

43. Brillant. *Fulgens*. Rejets très longs, pendans; feuilles comprimées; folioles distiques, plissées, carinées, luisantes. Swarts. nov. pl. gen. et spec. p. 140.

44. Diaphane. *Diaphanum*. Rejets relevés, comme divisés; feuilles sur 2 rangées, ovales, aigues, transparentes, planes. Svarts. nov. pl. gen. et spec. p. 140.

---

(1) Les urnes sont ovales, à coiffes d'un blanc sale et très aigues. On ne la trouve que sur le tronc des arbres.

(2) Les feuilles sont extrêmement petites et lâches. On trouve aussi cette mousse sur le tronc des arbres.

(3) Les feuilles à la loupe paraissent chagrinées; elles sont luisantes, imbriquées d'une manière lâche.

(4) Pédoncule à la base, et au sommet des rameaux.

45. HYPNE Ridé. *Rugosum.* Feuilles unilatérales, recourbées, ridées à la base; surgeons relevés. Mant. p. 131. dill. musc. t. 37. fig. 24.

46. Flottant. *Fluitans.* Rejets rameux; feuilles ovales, aigues, étalées; capsules oblongues, obliques; opercules coniques. Wilden. prodr. flor. berol. n.° 957.

47. A feuilles du Houx. *Ruscifolium.* Rejets rameux; feuilles imbriquées, larges, lancéolées; capsules comme rondes; opercule en bec. Roth. flor germ. 1. p. 466.

48. Triangulaire. *Triquetrum.* Rameaux recourbés; feuilles ovales, recourbées, étalées. Dill. musc. t. 38. fig. 28. hed. fund. hist. musc. frond. 1. t. 7. (1)

49. Strié. *Striatum.* Rameaux recourbés; feuilles ovales, liniées, aigues, ouvertes de toutes parts; opercules mucronés. Schreb. spic. flor. lips. p. 91. hed. fund. musc. frond. 2. t. 1. fig. 1.

50. A poils. *Piliferum.* Rameaux droits; feuilles ovales, concaves, obtuses, poil à leur sommet; opercules cuspidés. Schreb. spic. flor. lips. p. 91.

51. Entortillé. *Intricatum* Rejets rampans; rameaux courts; feuilles lâches, lancéolées, aigues; capsules obliques, penchées; pointe oblique. Schreb. spic. flor. lips. p. 39. vaill. flor paris. t. 28. fig. 2.

52. Blanc. *Albens.* Rejets rampans; petits rameaux comprimés; feuilles sur 2 rangées, ovales, aigues, pâles; capsules comme penchées. Swarts. nov. pl. gen. et spec. p. 140.

****** *Rejets pinnés.*

53. Fougère. *Filicinum.* Rejet simplement pinné; feuilles oblongues, aigues, réfléchies, unilatérales; capsules comme cylindriques; opercules convexes. Dill. musc. t. 36. fig. 19. (2)

54. Glabre. *Glabellum* Surgeons relevés, rameux; feuilles sur 2 rangées, imbriquées, oblongues, obtuses, planes, comme denticulées. Swarts. nov. pl. gen. et spec. p. 140.

55. Prolifère. *Proliferum* Rejets prolifères, planes, pinnés; pédoncules aggrégés, Curt. flor. lond. t. 9. (3)

56. Délicat. *Delicatulum.* Rejets comme prolifères, planes, pinnés, cuspidés; pédoncules aggrégés. Dill. musc. t. 83. f. 6.

57. Des murs. *Parietinum.* Rejets planes, pinnés, continués;

---

(1) Feuilles lancéolées, pointues en recouvrement lâche; pédoncules rougeâtres.

(2) Cette mousse, d'un vert jaunâtre, imite par la disposition de ses rameaux une petite fougère.

(3) Tige tortueuse; feuilles petites; aigues, un peu jaunâtres. Pédoncules par faisceaux à l'origine des rameaux.

pédoncules aggrégés. Dill. musc. t. 35. fig. 14. hed. fund. hist. frond. 2. t. 4. fig. 4. (1)

58. HYPNE alongé. *Prælongum*. Rejets comme pinnés, couchés; petits rameaux éloignés; feuilles ovales; capsules penchées. Dill. musc. t. 35. fig. 15. (2)

59. Crête. *Crista castrensis*. Rameaux rapprochés; sommet recourbé. Dill. musc. t. 36. fig. 20. (3)

60. Sapiné. *Abictinum*. Rejets arrondis, éloignés, inégaux, Dill. musc. t. 35. fig. 17. (4)

61. Plumeux. *Plumosum*. Rejets rampans; rameaux serrés; feuilles imbriquées, en alène; capsules relevées. Dill. musc. t. 35. fig. 16.

62. Cyprès. *Cupressiforme*. Feuilles unilatérales, recourbées, en alène au sommet; rejets comme pinnés. Dill. musc. t. 37. fig. 23. (5)

63. Comprimé. *Compresum*. Feuilles en faux, aigues, recourbées; rejets comprimés, pinnés, rameux; capsules ovales; opercule court, conique. Dill. musc. t. 36. fig. 22.

64. De Schreber. *Schreberi*. Feuilles aigues, oblongues, lâchement imbriquées; rejets pinnés, rameux, en alène au sommet; capsules oblongues; opercules coniques. Wilden. prodr. berol. n.° 955.

65. Scorpion. *Scorpioïdes*. Feuilles unilatérales, aigues; rameaux vagues, couchés, recourbés. Dill. musc. t. 37. f. 25. (6)

66. Étalé *Patulum*. Feuilles lancéolées, réfléchies, étalées; rejets filiformes, rampans; rameaux vagues, très courts. Swarts. nov. pl. gen. et spec. p. 140.

67. Rude. *Squarrosum*. Feuilles lancéolées, aigues; rejets rameux; capsules oblongues; opercules aigus. Flor. dan. t. 335. fig. 2. (7)

68. A courroie. *Loreum*. Feuilles unilatérales, comme réfléchies; rejets rampans; rameaux vagues, relevés; capsules comme rondes. Dill. musc. t. 39. f. 40 (8)

---

(1) Tige rampante; rameaux doublement ailés.

(2) Ramifications lâches, très menues; sur le tronc des arbres.

(3) Feuilles ovales, alongées, terminées par un poil.

(4) Urnes arrondies, obliques.

(5) Urnes presque droites, opercules pointus.

(6) Feuilles serrées, un peu crochues.

(7) Tiges rampantes; feuilles transparentes, striées, en alène

(8) Feuilles étroites, aigues, un peu recourbées; rejets long et grêles.

69. HYPNE rampant. *Reptans*. Feuilles capillaires, étalées ; rejets rampans ; rameaux vagues et en faisceaux, radicans, filiformes ; capsules penchées. Swarts. nov. pl. gen. et spec. p. 140.

* * * * * * *Rejets en faisceaux.*

70. Fasciculé. *Fasciculatum*. Feuilles oblongues, en sautoir, éparses ; surgeon relevé ; rameaux terminals, serrés, comme divisés ; petits rameaux comprimés. Swarts. nov. pl. gen. et spec. p. 140.

71. Tamarisc. *Tamarisci*. Feuilles sur 2 rangées, oreillées au dessous du milieu ; surgeon relevé ; rameaux en faisceaux terminals, comme divisés ; folioles comme rondes, aigues, carinées. Swarts. nov. pl. gen. et spec. p. 141.

72. Queue-de-renard. *Alopecurum* Surgeon relevé ; rameaux en faisceau terminal, comme divisés ; capsules comme penchées. Dill. musc. t. 41, f. 49. (1)

* * * * * * * *Rejets arrondis.*

73. Flexible. *Flexile*. Feuilles serrées, ovales, étalées ; surgeons rampans et pendans, très longs, tortueux ; rameaux vagues, racourcis, arrondis, recourbés. Swarts. nov. pl. gen. et spec. p. 141.

74. Noirâtre. *Nigrescens*. Feuilles égales, en alène, étalées ; rejets filiformes et pendans ; rameaux courts, arrondis, épars. Swarts. nov. pl. gen. et spec. p. 141.

75. Épais *Densum*. Feuilles rapprochées, lancéolées, aigues, carinées, étalées. Swarts. nov. pl. gen. et spec. p. 181.

76. Composé. *Compositum*. Capsules relevées ; rejets et rameaux pinnés, épars ; petits rameaux serrés ; pédoncules très courts ; coiffes poilues. Swarts. nov. pl. gen. et spec. p. 141.

77. Pur. *Purum*. Feuilles ovales, obtuses, en alène ; rejets pinnés, épars, en alène. Curt. flor. lond. t. 207. (2)

78. Vermiculé. *Illecebrum*. Surgeons et rameaux vagues, arrondis, relevés, obtus. Flor. dan. t. 706. f. 1. (3)

79. Polytric. *Polytrichioides*. Rejets arrondis, relevés, simples ; feuilles étalées ; pédoncules courts ; capsule relevée ; coiffe poilue. Swarts. nov. pl. gen. et spec. p. 141.

---

(1) Rameaux nus à la base ; feuilles ovales, lancéolées, pointues.

(2) Feuilles en recouvrement, ovales, lancéolées ; pédoncules longs.

(3) Feuilles ovales, lancéolées, concaves, en recouvrement, très rapprochées.

80. HYPNE des rives. *Riparium*. Rejets arrondis, rameux; feuilles aigues, étalées, distantes. Flor. dan. t. 649. f. 1. (1)

81. Pointu. *Cuspidatum*. Rejets pinnés, rameux, longuement cuspidés au sommet; feuilles oblongues, aigues; capsules cylindriques; opercules coniques. Dill. musc. t. 39. f. 34. (2)

******** *Rejets serrés.*

82. Capillaire. *Capillare*. Rejets rampans, filiformes, rameux; rameaux serrés, capillaires; feuilles appliquées, en alène; capsules ovales, relevées. Swarts. nov. pl. gen. et spec. p. 141.

83. Duveté. *Tomentosum*. Rejets rampans, duvetés; rameaux vagues, serrés, un peu relevés; feuilles aigues, ouvertes, distantes; capsules cylindriques, penchées; opercules recourbés. Swarts. nov. pl. gen. et spec. p. 141.

84. Déprimé. *Depressum*. Rejets rampans, rameux; petits rameaux déprimés; feuilles linéaires, lancéolées, étalées; les sèches crépues; capsules penchées. Swarts. nov. pl. gen. et spec. p. 142.

85. Trichophylle. *Trichophyllum*. Rejet rampant; rameaux disjans, relevés; feuilles capillaires, ouvertes; capsules relevées. Sloan. hist. jam. I, t. I, t. 25, fig. I.

86. Velouté. *Velutinum*. Rejet rampant; rameaux distans relevés; feuilles en alène; capsules comme penchées. Flor. dan. t. 475. (3)

87. Mycrophylle. *Mycrophyllum*. Rejets rampans, rameux; petits rameaux filiformes, ronds, relevés; feuilles couchées, en alène; capsules obliques. Swarts. nov. pl. gen. et spec. p. 142.

88. Gazon. *Cespitosum*. Surgeons simples, relevés, arrondis, comprimés; feuilles ovales, lancéolées, pédoncules plus courts que le rejet; capsules relevées. Swarts nov. pl. gen. et spec. p. 142.

89. Piquant. *Pungens*. Rejets arrondis, rameux, atténués au sommet, aigus; feuilles lancéolées, en alène, étalées, un peu roides; pédoncules capillaires, courts. Swarts. nov. pl. gen. et spec. p. 142.

90. Ramassé. *Congestum*. Rejets rameux, inclinés; rameaux relevés, courbés au sommet; feuilles unilatérales, comme capillaires; pédoncules courts. Swarts. nov. pl. gen. et spec. p. 142.

91. Tétragône. *Tetragonum*. Rejets rampans; rameaux vagues,

---

(1) Feuilles ovales, lancéolées, terminées par un poil.

(2) Feuilles ovales, lancéolées; pédicules axillaires, très longs; urnes légèrement inclinées.

(3) Feuilles terminées par un poil; capsules ovales. On trouve cette mousse sur les racines des arbres.

relevés , tétragônes ; feuilles sur quatre rangs , imbriquées , concaves. Swarts. nov. pl. gen. et spec. p. 142.

92. HYPNE tordu. *Torquatum*. Rejets rampans ; rameaux relevés arrondis ; feuilles spirales , appliquées par la siccité ; coiffe coriace ; base en cinq parties. Swarts. nov. plant. gen. et spec. p. 142.

93. Vrillé. *Cirrhosum*. Rejets rampans ; rameaux comme divisés ; feuilles roulées par la siccité ; capsules globuleuses ; capsules multiparties à la base. swarts. nov. pl. gen. et spec. p. 142.

94. Frèle. *Fragile*. Rejets rampans ; rameaux en faisceaux , arrondis , relevés ; capsules relevées , ovales. Dill. musc. t. 41. fig. 55.

95. *Myosuron*. Rejets très rameux , en alène , recourbés , atténués des deux côtés , arrondis. Dill. musc. t. 41 , fig. 50.

96. *Clavellatum*. Rampant ; rameaux droits , très serrés ; capsules recourbées , opercules réfléchis. Pollich. flor. pala. n°. 1055. ic.

97. *Julaceum*. Rameaux relevés , arrondis , imbriqués , obtus ; périchétie presque de la longueur des pédoncules. Dill. musc. t. 41 , fig. 56.

98. D'haller. *Halleri*. Petits rameaux rapproches , courts ; feuilles planes, recourbées. Hall. hist. stirp. helv. n°. 1734.

99. Brillant. *Nitens*. Feuilles lancéolées , en alène , luisantes ; rameaux très courts. Dill. musc. t. 59 , fig. 37.

* * * * * * * * * *Hypnes d'une tribu incertaine.*

100. A feuilles rondes. *Rotundifolium*. Feuilles ovales , ouvertes , distiques ; rejets rampans , rameux ; capsules ovales , dentées , ciliées , penchées. Scop. flor. carn. p. 339 , n°. 1333, t. 62.

101. D'un vert noir. *Atrovirens*. Feuilles ovales , lancéolées , lâches ; rejets rampans , rameux , filiformes ; capsules comme ovales , ciliées , penchées. Dill. musc. p. 332, t. 43, f. 68.

102. Flagellé. *Flagellatum*. Feuilles réfléchies ; rejets renversés , alongés inférieurement , très fins , nuds , rameux en dessus , courbés , étoilés ; capsules ciliées , comme cylindriques. Dill. musc. p. 306 , t. 39 , f. 62.

103. Moyen. *Medium*. Feuilles larges , lancéolées , aigues , imbriquées , étalées ; rejets rampans , rameux ; capsules relevées , cylindriques , ciliées. Dill. musc. p. 331 , t. 42, fig. 65.

104. Prolixe. *Prolixum*. Capsules ovales , ciliées ; rejets rameux , alongés , nuds inférieurement ; soies montantes , racourcies. Dill. musc. p. 338 , t. 38 , f. 32. et t. 85. f. 20.

105. Beau. *Pulchellum*. Rejets serrés, relevés ; rameaux comme fasciculés, linéaires ; soies alongées ; capsules relevées, comme obliques. dicks. crypt. brit 2 , p. 13 , t. 5 , fig. 6.

106. Filamenteux. *Filamentosum*. Capsules ovales, ciliées ; rejets serrés , filiformes , rameux ; périchétie en forme de bulbe. dill. musc. p. 282 , t. 36 , f. 18.

107. Mou. *Molle*. Feuilles imbriquées , ovales , aigues ; rejets pendans , filiformes , très rameux ; capsules penchées , comme rondes. dicks crypt. brit. 2 , p. 11 , t. 5 , f. 8.

108. De Smith. *Smithii*. Feuilles comme orbiculées , comme concaves ; rejets pinnés , rameux de toutes parts ; capsules ovales , cylindriques ; coiffe poilue en dessus. dicks. crypt. brit. 2 , p. 10 , t. 5 , fig. 4. coll. off. driad. pl. n°. 19.

109. Cylindrique. *Cylindricum*. Feuilles imbriquées , ovales , aigues ; rejets rampans ; rameaux et capsules cylindriques. Dill. musc. p. 302 , t. 39 , fig. 36.

110. Crysocome. *Chrysocomum*. Feuilles oblongues , loncéolées, aigues, à plusieurs nervures ; comme réfléchies , étalées ; rejets relevés , rameux . dill. musc. p. 302 , t. 39 , fig. 36.

111. Fourgon. *Ratabulum*. Feuilles ovales , aigues , mucronées, étalées ; rameaux vagues , relevés ; opercules coniques. Flor. dan. t. 824 , fig. 2. (1)

J U N G E R M A N N E. *Jungermannia*.

Petits scyphons qui portent des vessies ; petites écailles chargées de bourgeons latéraux , ou têtes pulvérulentes. Capsules pédonculées , nues , à quatre valves ; semences presque rondes.

* *A tiges , à feuilles composées , pinnées.*

1. JUNGERMANNE. *Asplenoides*. Pinnures ovales , comme ciliées. dill. musc. t. 69 , fig. 5. 6. (2)

2. Jungermanne. *Adiantoides*. Feuilles relevées , comme divisées ; pinnures ovales , obliques , ciliées ; capsules terminales. Swarts. nov. pl. gen. et spec. p. 142.

3. A crête. *Cristata*. Feuilles rameuses , relevées ; rejets rampans ; pinnures lancéolées , aigues , ouvertes , assises , dentées , lobées en dessous , conniventes , en crête. Swarts nov. pl. gen. et spec. p. 143.

4. Renversée. *Prostrata*. Feuilles filiformes , rampantes , ren-

---

(1) Feuilles striées , ovales , ouvertes ; urnes ovales , inclinées.
(2) Pédoncules blanchâtres ; sachets bruns.

versées , simples ; pinnures alternes , ovales , entières. Swarts. nov. pl. gen. et spec. p. 143.

5. JUNGERMANNE sphaigne. *Sphagni*. Feuilles rampantes, chargées de capsules sur les flancs ; pinnures comme rondes, très entières, imbriquées, unilatérales. dickson. cryptog. brit. fasc. 1 , t. 6 , t. 1 fig. 60.

6. De java. *Javanensis*. Pinnures ovales , imbriquées , convexes ; rejets très rameux. dill. musc. t. 71 , fig. 22. c. d.

7. Sarmenteuse. *Viticulosa*. Pinnures planes , nues, linéaires. dill. musc. t. 69 , fig. 7. (1)

8. *Polyanthos.* Pinnures très entières , imbriquées , convexes. dill. musc. t. 70, fig. 9.

9. Echelle. *Scalaris*. Pinnures très entières ; ovales, distiques, l'extrêmité de la tige portant des soies. Syst. nat. 12. 3. p. 701. (2)

10. Lancéolée. *Lanceolata*. Feuilles lancéolées , portant les pédoncules à leur sommet ; pinnures très entières. dill. musc. t. 70, fig. 10. (3)

11. Perfeuillée. *Perfoliata*. Feuilles serrées , relevées sans divisions; pinnures perfoliées, assises , unilatérales, ovales, entières. Swarts nov. pl. gen. et spec. p. 143.

12. Double dent. *Bidentata* Rejets couchés , rameux , portant les pédoncules à leur sommet ; pinnules ovales bicuspidées ; stipules lancéolées , à quatre dents. dill. musc. 15, t. 70 , f. 11. (4)

13. Bicorne. *Bicornis*. Pinnures alternes , bicuspidées ; pointes chargées de polen. Flor. dan. t. 888.

14. A globules *Globulifera*. Pinnures émarginées , bidentées ; dents chargées de globules au sommet. Roth. flor. germ. 1. pag. 481.

15. Émarginée. *Emarginata*. Pinnures comme rondes ; obtuses, émarginées , très entières, ouvertes, sans stipules ; rejets simples , relevés. Chrh. hannov. mag. 1784. n.º 9.

16. Sétiforme. *Setiformis*. Pinnures en 4 parties ; rejets simples, arrondis , filiformes, relevés ; segmens larges, lancéolés, canaliculés , égaux ; stipules nulles. Chrh. hannov. mag. 1784. n.º 9.

17. Bicuspidé. *Bicuspidata*. Feuilles portant le pédoncule dans leur milieu ; pinnures distiques, incisées, bifides. dill. musc. t. 70. fig. 13.

---

(1) Pédoncules sortis de la base et du milieu de la tige; feuilles très entières.

(2) C'est le *mnyum trichomanes.* Dill. musc. t 31. f. 5.

(3) Feuilles obtuses ; tige de 8 à 10 lignes de longueur.

(4) Les folioles terminées par deux dents.

18. JUNGERMANNE

18. JUNGERMANNE à tête ronde. *Spherocephala.* Feuilles chargées de globules au sommet ; pinnures distiques, incisées, bidentées. syst natur. 12. 2. p. 701. (1)

19. Connné. *Connata.* Feuilles vagues ; pinnures opposées, assises, tronquées au sommet, comme émarginées, connées postérieurement et bidentées ; capsules terminales, perichéties denticulés. Swarts. nov. pl. gen. et spec. p. 143.

20. A 4 dents. *Quadridentata.* Feuilles prosternées, rameuses, vagues, florissantes au sommet ; pinnures quarrées, comme à 4 dents. Wulf. schr. berol. naturf. 8. 1. p. 154.

21. A 5 dents. *Quinquedentata.* Feuilles rameuses, à pédoncules à leur sommet ; pinnures à 5 dents. dill. musc. t. 71. f. 23.

22. Tendre. *Tenera.* Feuilles ramassées, rampantes ; pinnures alternes, distantes, comme rondes, entières ; oreillettes très petites au dessous de leur milieu, bifides. Swarts. nov. pl. gen. et spec. p. 143.

23. Aquatique. *Aquatica.* Feuilles arrondies ; feuilles sèches, creusées en dessous. schranck. flor. bav. 2. p. 496. dill. musc. t. 69. fig. 8.

24. Ramaincie. *Minuta.* Feuilles relevées, rameuses ; pinnures oriculées en dessous ; feuilles comme rondes. dill. musc. p. 431. t. 69. fig. 2.

25. Ventrue. *Ventricosa.* Feuilles florifères dans le milieu, à gaîne sphéroide ; folioles bifides. Dill. musc. p. 489. t. 70. f. 14.

26. Épineuse. *Spinulosa.* Feuilles relevées, rameuses ; folioles comme ovales, dentées, épineuses. Dill. musc. p. 489. t. 70 f. 15.

27. Pauciflore. *Pauciflora.* Feuilles recourbées, biparties ; rejets rampans, très rameux, filiformes, fleurissant au milieu ; gaines coniques, éloignées. Dicks. crypt. brit. 2. p. 15. t. 5. f. 9.

28. *Machroryza.* Folioles alternes, rongées, étalées ; surgeons relevés, rameux. Dicks. crypt. brit. 2, p. 16. t. 5. f. 10.

** *Feuilles comme pinnées.*

29. Palissante. *Pallens.* Feuilles relevées, rameuses ; pinnures pinnées, assises, comme rondes, entières, en demi-cœur à la base ; périchéties monophylles, rongés, infundibuliformes. swarts. nov. pl. gen. et spec. p. 143. (2)

30. Simple *Simplex.* Feuilles relevées, simples ; rejets filiformes, rampans ; pinnures pinnées, ovales, distantes, ciliées, dentées ; capsules terminales. Swarts. nov. pl. gen. et spec. p. 143.

---

(1) C'est peut-être le mnium. fissum. dill. musc. t. 31. f. 6.

(2) Feuilles d'un vert pair. On la trouve dans les lieux ombragés.

M

31. JUNGERMANNE ondulée. *Undulata.* Feuilles bipinnées en dessus, portant les pédoncules au sommet ; pinnules comme rondes, très entières. Vaill. flor. paris. t. 19. f. 6.

32. Des bois. *Nemorosa.* Feuilles bipinnées en dessus, portant les pédoncules au sommet ; pinnures ciliées. Dill. musc. t. 71. f. 18.

33. Retournée. *Resupinata.* Feuilles bipinnées en dessus, chargées des pédoncules au sommet ; pinnures crénelées, imbriquées, rondes. Dill. musc. t. 71. f. 19.

34. Dentelée. *Serrulata.* Rejets serrés, relevés, simples, obtus, bipinnés en dessus ; pinnules ovales, concaves, bifides, dentelées ; capsules terminales ; périchétie en alène. Swarts. nov. pl. gen. et spec. p. 143.

35. Du genevrier. *Juniperina.* Feuilles relevées, simples, roides, bipinnées en dessus, portant les pédoncules au sommet ; pinnules lancéolées, en faux, bifides, unilatérales. Swarts. nov. pl. gen. et spec. p. 144.

36. Blanchâtre. *Albicans.* Feuilles bipinnées en dessus, portant les pédoncules au sommet ; pinnules linéaires, recourbées. Dill. musc. t. 71. f. 20. (1)

37. Capillaire. *Capillaris.* Rejets rampans, rameux, capillaires, bipinnés en dessus ; pinnules comme imbriquées ; toutes triparties. swarts. nov. pl. et spec. p. 144.

38. Cyprès. *Cupressina.* Feuilles couchées, serrées, pinnées ; pinnules imbriquées, convexes, quadrifides, swarts. nov. pl. gen. spec. p. 144.

39. Trilobée. *Trilobata.* Feuilles bipinnée en dessous ; pinnules quarrées, à trois lobes. dill. musc. t. 71. f. 22. 23.

40. Rampante *Reptans.* Rejets décomposés, chargés du pédoncule au milieu ; feuilles quarrées, antérieurement incisées ; stipules quadrifides. dill. musc. t. 71. f. 24.

41. Multiflore. *Multiflora.* Feuille rampante, rameuse ; folioles alternes, à bourgeons sétacés, égales. Mant. p. 310. pol. flor. palat. n° 1063. ic.

42. En forme de cuiller. *Cochleariformis.* Feuilles comme rondes, relevées ; folioles concaves, arrondies. syst. nat. 12. 3. pag. 701. (2)

43. Barbue. *Barbata.* Feuilles antérieurement crénelées ; rejets alongés, chargés du pédoncule au milieu ; petite tige, velue en dessous. schreb. spic. flor. lips. p. 107.

---

(1) Feuilles d'un vert pâle, à oreilles. Cette plante croît dans les lieux ombragés.

(2) C'est le mnyum jungermannia. Dill. musc. t. 69. f. 1.

(83)

44. JUNGERMANNE aplanie. *Complanata.* Feuilles oreillées inférieurement, doublement imbriquées; rejets rampans; rameaux égaux. Curt. flor. lond. t. 271. (1)

45. Transversale. *Transversalis.* Feuilles transversales, rampantes, doublement imbriquees; folioles comme rondes, entières. swarts. nov. pl. gen. et spec. p. 144.

46. Jaune. *Flava* Feuilles rampantes, rameuses, doublement imbriquées; feuilles comme rondes; les inférieures petites, bifides; périchétie monophylle, rongé. swarts. nov. pl. gen. et pec. p. 144.

47. *Diufusa.* Feuilles dichotomes, relevées, doublement imbriquées; folioles ovales, convexes; les inférieures comme rondes, denticulées; rejets très rameux. sw. nov. pl. gen. et sp. p. 144.

48. Stolonifère. *Stolonifera.* Feuilles relevées, serrées, comme divisées, doublement imbriquees; stolones rampantes, filiformes; folioles lancéolées, tridentées, unilatérales; les inférieures très petites, comme rondes. swarts. nov. pl. geu. et spec. p. 144.

49. Branchue. *Brachiata.* Feuilles relevées, dichotomes, doublement imbriquées; feuilles ovales, planes; les inférieures comme rondes, convexes. swarts. nov. pl. gen. et spec. p. 144.

50. Dilatée. *Dilatata.* Feuilles inférieurement oriculées, dou. blement imbriquées; rejets rampans; rameaux plus éloignés au sommet. dill. musc. t. 72. f. 27.

51. A feuilles du tamaris. *Tamariscifolia.* Feuilles comme rondes, oreillées en dessous; rejets décomposés, chargés de pédoncules au sommet; stipules ovales, émarginées. dill. musc. t. 72, f. 27.

52. Noire. *Atrata.* Feuilles ovales, rongées; rejets très rameux, pendans, capillaires, doublement imbriqués; les inférieures plus petites, cordiformes, bifides. swarts. nov. pl. gen. et spec. pag. 144.

53. Filiforme. *Filiformis.* Feuilles relevées, simples, doublement imbriquées; folioles comme rondes, entières; les inférieures plus petites. swarts. nov. pl. gen. et spec. p. 144.

54. A feuilles plates. *Platiphylla.* Feuilles cordiformes, aigues; rejets couchés, imbriqués en dessous. dill. musc. t. 72. fig. 22. 23. (2)

------

(1) Tiges aplaties, pédicules très courts, le long des tiges; feuilles très petites, en recouvrement sur 2 raugs.

(2) Feuilles engagées les unes dans les autres comme des points de suture, aplaties en dessus, concaves en dessous.

M 2

55. JUNGERMANNE petite fougère. *Filicina.* Rejets relevés, rameux, pinnés, linéaires doublement imbriqués ; pinnures ovales, aigues, dentelées ; les inférieures comme émarginées, dentées. swarts. nov. pl. gen. et spec. p. 145.

56. Ciliée. *Ciliaris.* Rejets rampans, duvetés en dessus ; feuilles entières, très duvetées. Vaillant. flor. paris. t. 26 , fig. 11. (1)

57. A gaîne. *Vaginata.* Rejets rampans ; feuilles alternes , cunéiformes, rongées, plissées, amplexicaules. Linn. fils. musc. p. 35, t. 1 , f. 5.

58. Duvetée. *Tomentosa.* Rejets relevés, serrés, pinnés, doublement imbriqués ; pinnures laciniées, duvetées, ciliées ; capsules terminales, solitaires. Swarts. nov. pl. gen. et spec. p. 145.

59. Variée. *Varia.* Rejets relevés, imbriqués sur deux rangs ; feuilles biparties. Dill. musc. t. 73, f. 36.

60. Très belle. *Pulcherrima.* Feuilles doublement imbriquées ; inférieurement oreillées, ciliées. Linn. fils. musc. p. 35, t. 69 , fig. 3. (2)

61. Double. *Bifaria.* Feuilles comme unilatérales, ovales, aigues, denticulées ; capsules terminales ; rejets relevés, simples, très imbriqués sur 2 rangs. Swarts. nov. pl. gen. et spec. p. 145.

62. Pigmée. *Pigmæa.* Rejets comme rameux, rampans, portant les fleurs au sommet ; feuilles orbiculées, concaves, comme imbriquées, alternativement pinnées. Wülf. schr. bel. natur. f 8. I, p. 152.

63. Naine. *Pusilla.* Feuilles imbriquées , antérieurement crénées ; tige velue en dessous ; rejets très courts , fleurissant au sommet. Dill. musc. t. 74, f. 46.

64. *Julacea.* Feuilles imbriquées de toutes parts , bidentées ; têtes pédonculées ; rejets arrondis, relevés. Dill. musc. t. 73, f. 38.

65. Des rochers. *Rupestris.* Feuilles en alène , unilatérales ; rejets arrondis. Dill. musc. t. 73. fig. 40.

66. Trichophylle. *Trichophylla.* Feuilles capillacées, égales ; rejets arrondis. Dill. musc. t. 73 , f. 37. (3)

67. Des alpes. *Alpina.* Feuilles ovales , ouvertes ; rejets arrondis ; calices imbriqués. Dill. musc. t. 73, fig. 39.

68. *Sertularoides.* Feuilles capillacées , égales, articulées ; rejets rampans ; rameaux chargés de fleurs de toutes parts. Suppl. p. 449. linné fils. musc. p. 35, t. 1, fig. 6.

---

(1) Folioles sur 2 rangs , inférieurement ciliées , et à oreilles.
(2) Cette espèce ne paraît pas assez différenciée de la précedente.
(3) Cette espéce paraît se confondre avec la multiflore et la sertularoïde.

69. JUNGERMANNE à feuilles courbes. *Curvifolia.* Feuilles comme rondes, aigues, bifides ; rejets rampans, rameux, arrondis. Dick. crypt. brit. 2, p. 15, t. 5, f, 7.

70. Cendrée. *Cinerea.* Feuilles arrondies ; rejets rampans, bipinnés en dessus, fleurissant dans le milieu ; gaîne cylindrique ; Dill. musc. p. 498, t. 72. fig. 28.

* * * * * *Sans tiges.*

71. Foliacée. *Epiphylla.* Expansion, à pédoncule partant du milieu de la feuille. Flor. dan. t. 359. (1)

72. Sinuée. *Sinuata.* Feuille plane, entière, pinnatifide et sinuée ; segmens coadunés, obtus. Swarts. nov. pl. gen. et spec. p. 145.

73. Epaisse. *Pinguis.* Feuille oblongue, sinuée, grasse, Dill. musc. t. 74, f. 42. (2)

74. Fucoïde. *Fucoidea.* Feuille relevée, décomposée en dessus ; feuilles et folioles opposées, celles-ci linéaires. Swarts. nov. pl. gen. et spec. p. 145.

75. Multifide. *Multifida.* Feuille bipinnatifide. dil. m. t. 74. f. 43.

76. *Macrorhyza.* Feuille bipinnatifide, plane, sinuée, étalée ; sommet à deux lobes inégaux. Dill. musc. p. 511, t. 74, f. 44.

77. Bipinnée. *Bipinnata.* Feuille couchée, rameuse, bipinnée ; pinnures et pinnules linéaires, aigues. Swarts. nov. pl. gen. et spec. p. 145.

78. Fourchue. *Furcata.* Feuille linéaire, rameuse ; extrémités sillonées, obtuses. dill. musc. t. 74, f. 45. (3)

79. Dichotome. *Dichotoma.* Feuille linéaire, dichotome, relevée. Svarts. nov. pl. gen. et spec. p. 145.

80. Linéaire. *Linearis.* Feuille rampante, linéaire, dichotome, divergente. Svarts. nov. pl. gen. et spec. p. 145.

81. Polyphylle. *Polyphylla.* Feuilles ramassées, comme rampantes, laciniées et palmées ; capsules radicales. Svarts. nov. pl. gen. et spec. p. 145.

T A R G I O N E. *Targionia.*

Calice formé par deux valves, comprimé, renfermant une capsule comme globuleuse, polysperme.

1. TARGIONE hypophylle. *Hypophylla.* Calices ouverts ; fructifications solitaires. Dill. musc. t. 78, fig. 9. (4)

---

(1) Tiges composées d'expansions membraneuses, planes, ramifiees en lobes, à pédoncules partant du milieu de la feuille.

(2) Pédoncules naissant des bords des feuilles.

(3) Pédoncules naissant à la base des feuilles.

(4) Les tiges sont des expansions membraneuses, en spatule, rampantes, petites, ponctuees en dessus, et chargées de quelques boutous sans pédicules, rougeâtres

2. TARGIONE *Sphærocarpos.* Calices perforés au sommet ; fructifications aggrégées. dill. musc. t. 78, fig. 17.

MARCHANTE. *Marchantia.*

Capsule sessile, campanulée ; bourgeons en bouclier, pédonculés ; globules à une loge, formés par plusieurs valves, renfermant une poussière fine, attachée à des poils.

1. MARCHANTE polymorphe. *Polimorpha.* Rejets à lobes obtus ; capsules en dix parties séparées en étoile. Schmidel. ic. pl. et anal. part. t. 9. (1)

2. A ombelle. *Umbellata.* Capsules en plusieurs lobes ; pédoncule tetrædre. dill. musc. t. 76. fig. 6. c. D. et t. 77. fig. 7. D.

3. Trilobée. *Trilobata.* Capsules hémisphériques, à trois lobes. Schranck. flor. bav. 2, p. 502.

4. Hérissée. *Hirsuta.* Capsules hémisphériques, en sept parties, hérissées. Flor. dan. t. 762.

5. Hémisphérique. *Hemispherica.* Rejets crénelés ; capsules hémisphériques, en cinq parties. Flor. dan. t. 762.

6. *Chænopoda.* Capsule diminuée de moitié, palmée, en quatre parties. dill. musc. t. 77, f. 8.

7. Quarrée. *Quadrata.* Rejets dichotomes ; capsule tétragône, en quatre parties, à quatre loges. Roth. fl. germ. 1, p. 487.

8. Croisette. *Cruciata.* Capsule en quatre parties ; segmens tubulés. dill. musc. t. 73, f. 5. (2)

9. Conique. *Conica.* Rejets dichotomes, sinués ; capsule conique, à 5 loges, en dessous. Flor. dan. t. 274.

10. Triloculaire. *Trilocularis.* Capsule hémisphérique, très entiere, en dessous à trois loges ; rejets dichotomes, ondulés roth. flor. germ. 1, p. 487.

11. Tendre. *Tenella.* Capsule hémisphérique, apiculée ; la marge radiée en lames. dill. musc. t. 75, fig. 4.

12. Androgyne. *Androgyina.* Capsules hémisphériques, entières ; rejets dichotomes, linéaires. dill. musc. t. 75, f. 3.

---

(1) Il y a une variété à capsules en étoile, à 10 digitations.

(2) La fructification femelle est en croissant.

(3) Les capsules ramassées en forme de verraes arrondies.

ORDRE III.e

LES ALGUES. *Algæ.*

Substances filamenteuses ou gélatineuses, analogues, en quelque manière, aux champignons. Substances coriaces ou crustacées; quelques plantes herbacées, comme feuillues, rapprochées des autres herbes. Fleurs monoïques ou dioïques. Organes sexuels cachés, dans les uns, visibles dans les autres, très connus dans d'autres.

BLASIE. *Blasia.*

Fleur mâle sessile, comme globuleuse, plongée dans la feuille.

Fleur femelle; un pistil; capsule ovale, uniloculaire couronnée d'un tube par lequel les semences s'échappent.

1. BLASIE naine. *Blasia pusilla.* Flor. dan. t. 45. (1)

RICCIE. *Riccia.*

Capsules sessiles, globuleuses, uniloculaires, adhérentes vers le sommet de la feuille, et contenant vingt ou trente semences blanches ou basannées, hémisphériques. (2)

1. RICCIE crystaline. *Crystalina.* Feuilles mamelonées sur la superficie. dill. musc. t. 78, f. 12. (3)

2. Nageante. *Natans.* Feuilles comme en cœur, ciliées. dill. musc. t. 78, f. 18.

3. Très petite. *Minima.* Feuilles glabres, biparties, aigues, dill. musc. t. 78, f. 11.

---

(1) C'est une expansion membraneuse, très verte, à lobes arrondis, crénelés, à nervures.

(2) La fructification est éparse sur la surface des feuiles qui sont des expansions membraneuses, nullement distinctes des feuilles.

(3) Feuilles vertes, en rosette, parsemées de points crystallins, rétrécis à la base, découpées, ou lobées au sommet. Ce végétal se trouve dans les lieux humides.

4. RICCIE glauque. *Glauca.* Feuilles glabres, canaliculées, à 2 lobes, obtuses. Flor. dan. 898, f. 1. (1)

5. Réticulée. *Reticulata.* Feuille difforme, laciniée, glabre, réticulée. dill. musc. t. 79, f. 21.

6. Flottante. *Fluitans.* Feuilles dichotomes, linéaires, filiformes. dill. musc. t. 74, f. 47.

7. Arbrisseau. *Fruticulosa.* Feuilles comprimées, rameuses; rameaux relevés, fourchus, en alène. Flor. dan. t. 898. f. 3.

8. Sinuée. *Sinuata.* Feuilles rameuses; segmens sinués, dilatés au sommet, crénelés. dill. musc. t. 19, f. 29.

9. Araignée. *Arachnoides.* Feuilles capillacées, impliquées. Fl. dan. t. 898, f. 2.

10. Pyramidale. *Pyramidata.* Feuilles sans divisions, oblongues, épaissies triangulairement et inférieurement au sommet; capsules pyramidales. Will. bot. magaz. 4, p. 9. dill. musc. t. 78. f. 16.

A N T H O C È R E. *Anthoceros.*

Siphons sessiles, cylindriques présentant des petits corps granuleux et entiers; capsules en alène, comme bivalves, à semences adhérentes à la cloison. (2)

1. ANTHOCERE lisse. *Lævis.* Feuille plane, crénelée. dill. musc. t. 68, f. 2.

2. Crépue. *Crispus.* Feuille ciliée, laciniée, à marge crépue, non ponctuée. Svarts. nov. pl. gen. et spec. p. 146. (3)

3. Ponctuée. *Ponctatus.* Feuille crépue, sinuée, laciniée, ponctuée. Flor. dan. t. 396. (4)

4. Multifide. *Multifidus.* Feuilles bipinnatifides, linéaires. dill. musc. t. 88, f. 4.

L I C H E N S. *Lichen.*

Algues grisâtres en dehors, souvent noirâtres, ra-

---

(1) Les feuilles sont grasses et de couleur de mer. Aussi dans les lieux humides.

(2) La fructification est un calice demi-enfoncé dans la feuille, premièrement fermé, ensuite urcéolé, lacéré et ouvert, contenant des follicules sessiles, annullées sur les marges qui sont les semences, suivant Linné. La fructification femelle est un calice sessile, cylindrique (c'est le mâle, suivant Linne.) Il est fendu au sommet, ou denté, élançant une capsule longue, en forme de silique polysperme; les semences attachées par un petit crin.

(3) Ce végétal ne paraît pas constituer une espèce.

(4) Les feuilles forment une rosette étalée sur terre; elles sont imbriquées, membraneuses, élargies vers le sommet.

rement d'un beau vert. Fructifications mâles, suivant linné, en plaques lisses, brunes; en tubercules lisses, en globules, rarement en cavités. Fructifications femelles dans une poussière cendrée, rarement jaune ou verdâtre, placée sur le bord des feuilles, dans leur substance, ou sur des pédoncules, et des élévations particulières.

* Lichens pulvérulens.

1. LICHEN de l'antiquité. *Antiquitatis.* Noir, syst. nat. **12**, p. 721. (1)

2. Cendré. *Cinereus.* Cendré, couvrant les rochers. syst. nat. 12. 3, p. 721. (2)

3. Joli. *Jolythus.* Sanguin; naissant sur les pierres; sentant la violette. syst. nat. 12. 3, p. 721. (3)

4. Jaune. *Flavus.* Jaune; naissant sur les bois. syst. nat, 12. 3, p. 721. (4)

5. Safran. *Arcumatus.* Couleur de safran. schreb. spic. flor. lips. p. 139.

6. Blanc. *Incanus.* Blanc; à globules arrondis. syst. nat. 12. 3, p. 721. (5)

7. Botrys. *Botrioides.* Vert. syst. nat. 12. 3. p. 721.

8. Rouge. *Rubens.* Rouge. Hoffman. lichen. p. 4, n°. 5, t. 1. f. 5. schrank. flor. bav. 2, p. 550, n°. 1578.

9. Rose. *Roseus.* Congloméré, rose. schreb. spicil. flor. lips. p. 140. (6)

10. Odorant. *Odoratus.* Fugace, odorant, couleur de vermillon. roth. flor. germ. 1, p. 491. (7)

11. De la poussière. *Putredinis.* Très fin, pourpré. roth. flor. germ. 1, p. 491. (8)

12. Jaunâtre *Lutescens.* Verruceux, couleur de soufre. Hoffin. lichn. p. 3. n°. 3.

---

(1) Poudre noire, indélébile, noircissant les murs et les pierres.
(2) C'et une simple variété du précédent.
(3) Sa couleur est rouge ponceau : il est gris dans les herbiers, et conservant toujours une odeur suave de violette.
(4) C'est le *byssus candelaris.* Flor. dan. t. 840. f. 2.
(5) C'est le *byssus incana.* Dill. musc. 5. t. 1. f. 5.
(6) Il est douteux que ce soit un lichen.
(7) C'est une variété du rouge.
(8) C'est aussi une variété du rouge.

N

13. LICHEN bigaré. *Variegatus.* Croûte bigarée de couleur rouge, blanche. hagen. lich. p. 41, n.º 8, t. 1, f. 1.

14. Velu. *Villosus.* Noir, velu. hall. hist. stirp. helv. n.º 1082.

15. Blanc. *Albus.* Crustacé en poussière, très blanc. syst. nat. 12. 3. p. 721.

16. Gramen. *Gramineus.* Crustacé en poussière, d'un vert élégant. roth. flor. germ. 1, p. 491.

17. Ferrugineux. *Ferrugineus.* Crustacé en poussière; cendré. hoffm. lich. p. 9, n.º 12, t. 2, f. 3. (1)

18. Tuberculeux. *Tuberculosus.* Crustacé en poussière; verruceux, comme cendré. hoffm. lich. p. 9, n.º 11, t. 2, f. 1.

19. Farineux. *Farinosus.* Croûte pulvérulente, blanche. hoffm. lich. p. 8, n.º 10, t. 1, f. 1.

. Lépreux, tuberculés. Verucariæ.

20. Ecrit. *Scriptus.* Blanchâtre; formé de petites lignes noires, planes, divisées et simples. Hoffm. lich. t. 11, f. 2. (2)

21. Géographique. *Geographicus.* Jaunâtre; à petites lignes rameuses et points noirs, représentant une carte géographique. dill. musc. t. 18, f. 5. (3)

22. Ridé. *Rugosus.* Blanchâtre, à lignes simples, et ponctuations noires, serrées. dill. musc. t. 18, f. 2.

23. D'un vert noir. *Arrovirens.* Vert; à marge et à tubercules noirs. coll. 2, t. 14, f. 2.

24. Parasite. *Parasiticus.* Farineux, blanchâtre; à tubercules pédiculés, ramassés, noirs. hoffm. lich. p. 39, n.º 48, t. 8, fig. 5.

25. Basané. *Fuscus.* Vert; à tubercules, pédiculés, ramassés, basanés. hoffm. lich. p. 39, n.º 47, t. 8, f. 4.

26. Bysse. *Byssoides.* Farineux; écussons pédiculés, comme globuleux. Mant. p. 133. dill. musc. t. 14, f. 5. (4)

27. Fongiforme. *Fungiformis.* D'un vert glauque; tubercules planes, pédiculés, basanés. Werber. spic. flor. gœtt. p. 195. (5)

28. Fongoïde. *Fungoides.* Blanc; à tubercules pédiculés, en

---

(1) C'est une variété du suivant.

(2) C'est une croûte très mince, peinte comme en lettres hébraïques.

(3) Il est jaunâtre, à lignes noires, confluentes, représentant une carte de géographie enluminée.

(4) Cette espèce ne paraît être purement qu'une variété du suivant.

(5) Les pédicules longs d'une ligne; les tubercules gros comme des têtes d'épingles.

tête, difformes, comme carnées, plus longs que le pédicule. Swarts. nov. pl. gen. et spec. p. 146.

29. LICHEN œillé. *Oculatus.* Fongueux, mameloné, blanc ; tubercules sessiles ou pédiculés, noirs. dicks. crypt. brit. 2, p. 17, t. 6, f. 3.

30. Roux. *Rufus.* Roux, tubercules pédiculés, planes, comme roux. Dill. musc. t. 14, f. 4.

31. Des landes. *Ericetorum.* Blanc ; tubercules pédiculés, convexes, carnés. Hoffm. lich. t. 8, fig. 3. (1)

32. A tête. *Capitatus.* D'un jaune verdâtre ; tubercules pédiculés, sphériques, de même couleur. Syst. nat. 12. 3. p. 726. (2)

33. Bleu blanc. *Albo ceruleus.* Blanc ; tubercules bleuâtres ; entourés d'un anneau noir. Wulf. ap. jacq. coll. 2, p. 184, t. 15, fig. 1.

34. Des sables. *Sabuletorum.* Verdoyant ; tubercules comme pédiculés, planes, noirs. Schreb. spic. flor. lips. p. 134. Wul. ap. jacq. collect. 3, t. 2, f. 1.

35. Icmadophile. *Icmadophila.* Cendré ; tubercules sessiles, planes, carnés. Flor. dan. t. 472, f. 4.

36. Blanc. *Candidus.* Très blanc ; comme lobé sur la marge ; tubercules sessiles, d'un glauque bleuâtre. weber. spic. flor. gœtt. p. 193. hoffm. lich. t. 4, fig. 6.

37. *Elvoloides.* D'un glauque verdâtre ; tubercules sessiles, planes, ondulés par vieillesse. weber. spicil. flor. gœtt. p. 186.

38. Verdi. *Viridatus.* Crustacé, en forme de vernis ; tubercules sessiles, planes. weber. spic. flor. gœtt. p. 187.

39. Du chêne *Querneus.* D'un fauve jaunâtre ; tubercules presqu'enfoncés, noirs. dicks. crypt. brit. fasc. 1, p. 9, t. 2, f. 3.

40. Hémisphérique. *Hémisphericus.* Jaunâtre ; tubercules enfoncés, noirs, polis. hagen. lich. p. 48, n°. 15.

41. Ecarlate. *Coccineus.* Farineux ; d'un vert de souffre ; tubercules plongés, très rouges. dicks. crypt. brit. fasc. 1, p. 8, t. 2, fig. 1.

42. Laiteux. *Lacteus.* Blanc ; tubercules de même couleur, hémisphériques. Mant. p. 132. wuldf. app. jacq. coll. 3, t. 4. (3)

---

(1) Croûte tenace, chargée de verrues ; tubercules arrondis : couleur de chair, portées par un pédicule.

(2) C'est une moisissure *mucor fulfuraceus.*

(3) Très mince, presqu'invisible, portant des tubercules pâles, blancs, ou de couleur de chair.

43. LICHEN des rochers. *Rupicola.* Blanc ; tubercules planes, marginés de blanc. Mant. p. 132. hoffm. lich. t. 6, f. 3. (1)

44. Percé. *Pertusus.* Verrues comme tissues, ramincies, percées d'un ou de deux pores cylindriques. Mant. p. 131, flor. dan. t. 766. (2)

45. Des mousses. *Muscorum.* Farineux, blanc ; à tubercules noirs. Rhetan. flor. cant. p. 424. ic.

46. En forme de point. *Punctiformis.* Cendré ; tubercules en forme de points noirs, perforés, plongés en se relevant. schranck. flor. bav. 2, p. 573.

47. Des pierres. *Petræus.* Farineux, d'un vert cendré ; tubercules inégaux, convexes, noirs. wulfen. berl. naturforsck. schr. 8, pag. 89. (3)

48. Blanchissant. *Canescens.* Blanc ; tubercules noirs, serrés. Dill. musc. t. 18, f. 17. A.

49. Bleu foncé. *cru leo nigrescens.* Bleuâtre, à tubercules noirs. Ligh. flor. scot. 805. dill. musc. t. 82, fig. 2.

50. Esculent. *Esculentus.* Blanc, à tubercules ridés, grisâtres. Pall. it. 3, p. 760, t. 1, fig. 4.

51. Graniforme. *Graniformis.* Croûte blanchâtre, granulée, à tubercules noirs. hagen. lichen. p. 47, t. 1, f. 2.

52. Concentrique. *Concentricus.* Blanc ; à tubercules planes, noirs, ramassés en forme de spirale. Linck, ann. naturgesch. 1, pag. 36.

53. Confluent. *Confluens.* Comme cendré ; tubercules très grands, très noirs. confluens par l'âge. weber. spicil. flor. gœtt. p. 180, t. 2. (4)

54. Jaunâtre. *Lutescens.* Cendré ; tubercules épars, jaunâtres, arboré. schader.

55. Sphéroide. *Sphæroides.* Cendré verdâtre ; tubercules globuleux, incarnats. dicks. crypt. brit. fasc. 1, p. 9, t. 2, f. 2.

56. D'un jaune basané. *Flavo fuscus.* Crustacé, jaune ; tubercules charnus, irréguliers, d'une couleur basanée, pâle. Ad. arenarium. schrader.

---

(1) Croûte blanche, tendre, sans aréoles, et sans interruptions; points noirs ou pâles, etant humectés.

(2) Croûte d'un gris obscur, marqué de deux ou trois petits points noirs.

(3) Il paraît être le même que celui des sables *subuletorum.*

(4) Mince, polygoniforme, d'un gris noirâtre, séparé par des mailles, polygoniformes ; tubercules noirs, plus ou moins gros, hors le niveau de la croûte, et souvent par paquets; il a plusieurs variétés.

57. LICHEN sanguinaire. *Sanguinarius.* Cendré , verdâtre ; tubercules noirs. Mant. pag. 507. wulfen. ap. jacq. coll. 3 , t. 5 , fig. 3.

58. Calliculeux. *Calliculosus.* Cendré , verdâtre ; tubercules blancs. hoffm. lich. p. 17 , n°. 19 , t. 2 , fig. 2.

59. Verdoyant. *Viridulus.* Tubercules hémisphériques , verts; hoffm. lich. p. 18 , n°. 20 , t. 2 , fig. 6. (1)

60. Sulphuré. *Sulphureus.* Gercé , un peu gibbeux , soufré , tubercules noirs , irréguliers , petits. hoffm. lich. p. 32 , n°. 40, t. 4 , f. 1. pl. lich. 2 , t. 11 , f. 3. c.

61. Brun. *Fusco ater.* Basané ; tubercules noirs. wulf. ap. jacq. coll. 2 , t. 14 , f. 3. 4 , et 3 , t. 6 , f. 2. (2)

62. Vernal. *Vernalis.* Blanchâtre ; tubercules comme ronds , ferrugineux. hoffm. lichen. t. 5 , f. 1.

63. En forme de vernis. *Verniciformis.* Croûte en forme de vernis , d'un glauque verdâtre , entouré d'une double ligne grise ; tubercules planes , blanchâtres. Roth. flor. germ. 1 , p. 494.

64. Calcaire. *Carcarius.* Blanc ; tubercules noirs. Dill. musc. t. 28 , fig. 8. (3)

65. D'un blanc noir. *Albo ater.* Blanc ; tubercules noirâtres. hoffm. lich. p. 30 , n°. 35.

66. Cendreux. *Cinerascens.* Tubercules noirs , marginés de blanc. Mant. p. 132. wulf. ap. jacq. coll. 2 , t. 14 , f. 5. 6.

67. Noir blanc. *Atro albus.* Noir ; tubercules blancs , comme marginés. wulf. ap. jacq. coll. 2 , t. 14 , fig. 1.

68. Noir. *Niger.* Noir; tubercules comme ronds , de même couleur. Supl. p. 449. hoffm. lich. t. 3 , fig. 6. (4)

69. D'œder. *Œderi.* Crévassé , rouge ; tubercules noirs , ramassés , adhérens. Flor. dan. t. 470 , f. 1.

70. Du vent. *Ventosus.* Jaune , tubercules rouges. Flor. dan. t. 472 , f. 1.

---

(1) Croûte très mince , verdâtre , ayant des tubercules pâles, couleur de chair , rangés suivant la longueur des gerçures de l'écorce des arbres.

(2) Mélange de tubercules noirs et gris. On ne découvre qu'avec peine les fruits et la couleur de la plante.

(3) On trouve cette plante sur les pierres calcaires qu'elle indique par sa présence.

(4) C'est le *lichen terminalis.* Flor. dan. t. 879. f. 1.

71. LICHEN du hêtre. *Fagineus*. Blanc ; tubercules planes, farineux. hofim. lich. 12 , f. 4. (1)

72. Du bouleau. *Betulinus*. Blanc ; tubercule central de même couleur. Huds. fl. ang. ed. 2 , p. 525.

73 Ferruginé. *Ferruginosus*. Blanchâtre ; tubercules roux. Dill. musc. t. 18 , fig. 4. et t. 55. f. 8.

74. Rosacé. *Rosaceus*. Tubercules blanc de neige , ponctués de noir. Flor. dan. t. 825 , f. 1.

75. Cendré basanné. *Cinereo fuscus*. Mince , cendré ; tubercules basannés , planes , convexes par l'âge. weber. spic. flor. gœtt. p. 7 188.

76. D'un jaune verdâtre. *Flavo virescens*. Crustacé , tendre , adhérent , d'un blanc comme verdâtre ; tubercules en forme de lentilles , d'un jaune triste. wulfen. berl. naturf. schr. 8 , p. 122, ap. jacq. coll. 2, t. 13 , fig. 46.

77. D'un jaune rougeâtre. *Flavo rubescens*. Verdâtre ; tubercules d'un jaune rougeâtre. Huds. flor. angl. p. 443 , n.° 11.

78. Pierreux. *Petrosus*. Croûte comme nulle ; tubercules durs , convexes. weber. spic. flor. gœtt. p. 190.

79. Circonscript. *Circumscriptus*. Crustacé , blanc , à bordures noirâtres ; tubercules du disque de même couleur, et en forme de lentille. Wulfen. berl. naturf. schr. 8 , p. 123.

80. Ochrochlore. *Ochrochlorus*. Blanchâtre , Tubercules lisses, comme globuleux , couleur d'olive jaunâtre. Wulf. ap. jacq. coll. 3, p. 101 , 2, f. 1.

81. Brillant. *Rutilans*. Noirâtre ; tubercules globuleux , de couleur orangée. Wulf. ap. jacq. coll. 3, p. 101 , t. 6, f. 2 , lett. a.

82. Chauve. *Calvus*. Blanchâtre , percé de cavités noires ; tubercules en coussinet, épars , glabres , luisans , d'un basané obscur. dicks. cr. brit. 2 , p. 18 , t. 6 , fig. 4.

* * * *Tubercules en écusson.*

83. Du charme. *Carpineus*. Blanc ; tubercules sessiles , serrés , les plus jeunes en forme d'écussons , marginés , convexes et cendrés en vieillissant. (2)

---

(1) Ce lichen , macéré dans une dissolution d'alun , donne une teinture ferrugineuse rousse. Cette variété et la suivante sont aisées à connaître par leur croûte blanche et farineuse , par leur tubercule de même couleur , et par leur forme lenticulaire.

(2) Mince , cendré , chargé de rugosités assez semblables à celles d'une main endurcie par le travail , et sur lesquelles se trouvent des tubercules très petits de couleur de chair.

84. **LICHEN** à lentilles. *Lentiger*. Blanc, comme foliacé sur les bords; tubercules serrés, sessiles; les plus jeunes en forme d'écusson, marginés de blanc, convexes et jaunâtres en vieillissant. Weber. spic. flor. gœtt. p. 192, hoffm. lich. 2, t. 9, fig. 4.

85. Anguleux. *Angulosus*. Blanchâtre; écussons serrés, blanchâtres, finissant par être un tubercule. schreb. spic. flor. lips. n.º 1137.

86. D'un vert noir. *Viridi ater*. D'un vert jaune pâle; tubercules noirs et finissant comme en écusson. Wulf. ap. jacq. coll. 2, p. 186.

87. Fauve. *Candelarius*. Crustacé, jaune; le plus jeune pulvérulent; en écusson, comme foliacé et tuberculeux en vieillissant. hoffm. lich. 2, t. 9, fig. 3. (1)

88. Élégant. *Elegans*. Imbriqué; foliacé sur les bords; feuilles appliquées, dépliées, de couleur orangée; tubercules de même couleur. Linsch. ann. naturg. 1, p. 37.

89. De linkius. *Linkii*. Pulvérulent, jaune; écussons enfoncés, de couleur orangée. Linck. ann. naturg. 1, p. 37.

90. Glacé. *Gelidus*. Blanchâtre; écussons tuberculeux; ridés testacés. Mant. p. 112. Flor. dan. t. 170, fig. 2.

91. Charbonier. *Carbonarius*. Farineux, noir; turbercules et écussons de même couleur. Wulf. schr. berl. naturf. 8, p. 93, et ap. jacq. coll. 3, t.6, fig. 2, lett. BB.

92. Vitellin. *Vitellinus*. Jaunâtre; petites coupes de même couleur. hoffm. pl. II. 1, p. 5, t. 26, fig. 1, et t. 27, fig. 2.

93. Verdoyant. *Viridescens*. Vert; tubercules serrés, ridés, basanés. Ap. arenar. schraber.

94. Androgyne. *Androgynus*. Crustacé, blanchâtre; tubercules pulvérulents et écussons pâles; marge blanche, crénelée, pulvérulente. hoffm. lich. p. 56, n.º 70. t. 7. fig. 3.

95. Œil de paon. *Ocellatus*. Crustacé, rameux, couleur cendrée, foncée; écussons et tubercules noirs, à marge cendrée et entière. Wulf. schr. berl. naturf. 8, p. 96. (2)

96. Gris. *Griseus*. Noir, très fin; tubercules gris. Willden. botan. mg. 4, p. 12, t. 2, fig. 4.

97. *Hæmatomma*. Tartareux, blanchâtre; verrues marginées, tronquées, sanguines. hoffm. pl. lich. 2, p. 53. t. 11. fig. 1.

---

(1) Souvent à peine visible à cause de son extrême petitesse; les tubercules le plus souvent jaunes, entourés d'une bordure moins foncée.

(2) Croûte blanche, épaisse, souvent boursouflée et séparée du rocher. Ce lichen, qui vient sur les rochers durs et calcaires, teint aisément en violet.

98· LICHEN rosé. *Rosatus.* D'un vert rose pâle, crustacé, en motte, se répandant au loin. wulf. ap. jacq. coll. 3, p. 100 ; t. 1, fig. 1.

99. D'un blanc incarnat. *Albo incarnatus.* Tendre, glebuleux, blanc ; tubercules en forme de lentille, incarnats. wulf. ap. jacq. coll. 3, p. 106, t. 2, fig. 3.

100. *Elveliformis.* Glebules concaves, en forme de coupe, rougeâtres en dessus, blanches en dessous et sur les marges ; tubercules comme marginals, globuleux, noirs. wulf. ap. jacq. coll. 3, p. 108, t. 3, fig. 3.

101. Noir sanguin. *Nigro sanguineus.* D'un blanc verdâtre ; tubercules hémisphériques, convexes, émarginés, d'un rouge foncé, ensuite d'un rouge noir. wulf. ap. jacq. coll. 3, p. 117.

**** *Lichens à écussons.* Scutellariæ.

102. Drappé. *Pannosus.* Crustacé, duveté de noir en dessous, comme à trois lobes en dessus, multifide ; écussons convexes, roux. Swarts. nov. pl. gen. et spec. p. 146.

103. Cotonneux. *Gossypinus.* Crustacé, capillacé, mou, duveté, blanc ; écussons noirs, blanchâtres sur le bord. Swarts. nov. pl. gen. et spec. p. 146.

104. Des rives. *Scuposus.* Crustacé, cendré, granuleux ; écussons enfoncés, noirs, marges crénelées. Schreb. spicil. flor. lips. p. 133. hoffm. pl. lich. 2, p. 54, t. 11, fig. 2. (1)

105. Fermé. *Clausus.* Crustacé, blanchâtre ; écussons enfoncés, concaves ; fermés. hoffm. lich. p. 48, n.º 62.

106. Fauve. *Flavus.* D'un jaune vert ; écussons fauves. Schreb. spicil. fil. lips. n.º 11. 39.

107. Bai-brun. *Badius.* Crustacé, basané ; écussons bai-bruns. Swarts. nov. pl. gen. et spec. act. ups. 4.

108. Creusé. *Excavatus.* Crustacé, d'un vert obscur ; écussons enfoncés, creusés. hoffm. lich. p. 47, n.º 61, t. 7, f. 4. (2)

109. Rouillé. *Æruginosus.* Crustacé, rouillé ; écussons penchés. Jacq. flor. aust. 3, t. 275.

110. Doré. *Flaveolus.* Blanc verdâtre ; écussons rouges, aplanis. wulf. ap. jacq. coll. 2, t. 13, fig. 4.

---

(1) Croûte terrestre d'un gris obscur ; couleur de sableterreux avec lequel on le confond aisément. On la trouve le long des rivières.

(2) Cette espéce paraît être un *Sphæria.*

111. LICHEN

111. LICHEN tartareux. *Tartareus*. Crustacé, d'un vert blanchâtre ; écussons jaunâtres ; marge blanche. Dill. musc. t. 18, fig. 12 , 13. (1)

112. Jaune. *Luteus*, Cendré , verdâtre ; écussons jaunes ; marge de même couleur. Dill. crypt. brit. fasc. 1, p. 11, t. 2 , fig. 6.

113. Ensanglanté. *Cruentus*. Crustacé, crévassé, d'un jaune vert ; écussons rouge foncé, comme émarginés. weber. spicil. flor. gœtt. p. 148, fig. 1. (2)

114. Crévassé. *Rimosus*. Blanchâtre ; croûte crévassée ; écussons glauques , blancs sur les bords. Flor. dan. t. 468. fig. 3.

115. Jaune. *Flavescens*. Crustacé, verruceux, jaune ; écussons rouges ; marge blanche. wulf. ap. jacq. misc. austr. 2, pag. 79, t. 9 , fig. 1.

116. Gibbeux. *Gibbosus*. Crustacé, basané ; écussons comme enfoncés, noirs, marginés sous la croûte. dicks. cryp. brit. 2, p. 20, t. 6. f. 5.

117. *Dicksoni*. Ferrugineux. Jaune d'ochre, écussons élevés, d'un noir bleuâtre , marginés obtusément. dicks. crypt. brit, 2. p. 20. t. 6. fig. 5.

118. Jaune noir. *Fusco luteus*. Crustacé , granuleux, en motte, blanchâtre ; écussons planes, d'un jaune sale, marginés. dick. crypt. brit. 2, p. 18, t. 6, f. 2.

119. Pâle. *Pallidus*. Crustacé, comme velu , blanchâtre; écussons élevés, planes, rudes ; renbrunis; marge blanche, ondulée hoffm. lich. p. 50, n.º 66, t. 5, f. 2. (3)

120. Brun. *Subfuscus*. Crustacé , blanchâtre ; écussons noirâtres ; marge cendrée, comme crénelée. wilden. prodr. flor. berol. n.º 1005.

121. Saule. *Salicinis*. Jaune ; écussons un peu convexes, de couleur orangée , pâles sur la marge. Arboré. schrader.

122. Noir. *Ater*. Crustacé, blanchâtre , ridé ; écussons noirs, à marge blanche, comme crénelés. syst. nat. 12. p. 710. (4)

123. Pâlissant. *Pallescens* Crustacé , blanchâtre , verruceux ; écussons pâles. wulf. ap. jacq. coll. 3. t. 5.

----

(1) Croûte épaisse , à écussons roux et noirâtres ; macéré avec l'urine il fournit une teinture rouge; en ajoutant l'alun il teint la laine d'un violet pourpre, uni avec le vinaigre chalibé on en obtient la rose de chair.

(2) Croûte jaunâtre étant jeune , qui devient pâle avec le tems.

(3) Cette espèce n'est vraiment qu'une variété du suivant.

(4) C'est le *Lichen subfuscus*. Dill. musc. t. 18. fig. 16.

O

124. LICHEN cupullaire. *Cupullaris*. Crustacé, d'un blanc verdâtre, ponctué de noir, crevassé ; écussons hémisphériques ; lavés de jaune ; marge convexe, blanchâtre. hed. crypt. II. 2. t. 20. a.

125. Marmoré. *Marmoreus*. Comme cendré ; écussons comme concaves intérieurement, carnés extérieurement, comme hérissés, blancs sur la marge. hoffm. lich. t. 6. f. 4.

126. Roux. *Rufescens*. Crustacé, livide ; écussons très petits et roux. Flor. dan. t. 825. f. 2.

127. Bleuâtre. *Cœrulescens*. D'un bleu tendre ; écussons très copieux, de même couleur. hagen. lich. p. 50. n.° 26. t. 1. f. 5.

128. Blanc. *Canus*. Crustacé, répandu, d'un glauque blanchâtre ; écussons très noirs. dick. crypt. brit. fasc. 1, p. 10. t. 2. f. 5.

129. Orangé. *Aurantiacus*. Blanc cendré ; écussous de couleur orangée. wilden. prodr. flor. berol. n.° 1064. (1)

130. Parelle. *Parellus*. Crustacé blanc ; boucliers concaves de même couleur, obtus, renflés. hoffm. lich. p. 55. t. 6. f. 2. pl. lichen. 2. t. 12. f. 5. (2)

131. Bysse. *Byssinus*. Pulvérulent, noirâtre ; écussons planes, très petits, jaunes, marginés de blanc. hoffm. lich. p. 36. n.° 59. t. 4. f. 7.

132. Corallin. *Corallinus*. Rameux, arrondi, en faisceau fastigié, très serré, blanc ; écussons terminals, très petits, de même couleur. Mant. p. 131. wulf. ap. jacq. coll. 2. t. 13. f. 2.

133. Pezize. *Pezizoides*. Croûte fugace, glauque ; écussons d'un jaune foncé, serrés, dentés en scie. Weber. spic. flor. goett p. 206. dicks. crypt. brit. fasc. 1. t. 2. f. 4.

134. Urcéolaire. *Urceolaris*. Cendré, ouvert ; écussons pâles, hémisphériques. Schranck. flor. bav. 2 , p. 502. n.° 1510.

135. D'upsal. *Upsaliensis*. Crustacé ; feuilles en alène, striées. Dicks. crypt. brit. fasc. 1. t. 2. f. 7.

136. Cendré foncé. *Cinereo fuscus*. Crustacé ; cendré ; petites coupes aplanies, roussâtres, très finement marginées. Weber. spic. flor. goett. hoffm. pl. lich. t. 12. f. 1.

---

(1) Croûte peu sensible, et qui souvent ne s'apperçoit pas à œil nud, à moins que la pierre qui le porte ne soit très blanche. On le trouve plus communément sur le marbre gris.

(2) On trouve cette espèce sur les pierres, sur les hêtres, les pins, et autres arbres, même sur les gazons ; c'est l'orseille ou parelle d'Auvergne. En faisant macérer ce lichen dans l'urine avec l'eau de chaux et les cendres gravelées, il acquiert une couleur bleue et se change en pulpe molle. Alors on l'exprime à travers un tamis, et on le moule en forme parallélipipède.

137. LICHEN brillant. *Fulgens.* Crustacé, jaunâtre, comme lobé ; verrues carnées. Swarts. nov. act. ups. 4.

138. Blanchissant. *Albescens.* Crustacé, cendré ; écussons planes, blancs , farineux. Dill. musc. t. 18, f. 11. (1)

139. Verruceux. *Verrucosus.* Crustacé , cendré ; écussons verdâtres. Dill. musc. t. 18, f. 9.

140. *Melanostrictos.* Crustacé , blanchâtre ; écussons ridés , noirs. Dill. musc. t. 38, fig. 15.

141. Jaunissant. *Flavicans.* Crustacé , d'un jaune verdâtre ; écussons jaunes. Dill. musc. t. 18, f. 18.

142. Comme imbriqué. *Subimbricatus.* Crustacé, cendré, comme imbriqué ; écussons noirs, serrés , à marge blanche. Roth. flor. cantorb. p. 427. ic.

143. Très petit. *Minutissimus.* Jaunâtre ; écussons noirâtres , à peine saillans , blancs , épaissis sur la marge. Hagen. lich. p. 61· n.° 29 , t. 1 , f. 7.

144. Marbré. *Mamoratus.* D'un rose pâle ; le contour et les bords bigarés ; écussons pulvérulens, d'un rouge noir. wulf. ap. jacq. coll. 2, p. 178, t. B. f. 1.

* * * * * *Imbriqués , crustacés.* Psoræ.

145. Des murs. *Muralis.* D'un jaune verdâtre ; écussons de même couleur ; enfin jaunâtres, à marge pâle. Schreb. spic. flor. lips. p. 130. hoffm. lich. 2 , t. 9, f. 1. (2)

146. En grains. *Granosus.* Folioles oblongues , lobées , incisées, cendrées , lisses ; écussons noirs ; marge crénelée. Schreb. spic. flor. lips. p. 130.

147. Radieux. *Radiosus.* Folioles lobées, rayonnantes, cendrées ; écussons très petits , basanés. Hoffm. lich. pag. 62 , n.° 78 , t. 4 , fig. 5. (3)

148. Bleu. *Cæsius.* D'un bleu tendre ; écussons de même couleur, et tubercules pulvérulens , bleus. Hoffm. plant. lich. fasc, p. 27 , t. 8, f. 1.

149. Cinabre. *Cinabarinus.* Folioles très petites , linéaires , écarlates ; écussons de même couleur. Hoffm. lich. p. 62, n.° 79.

---

(1) Cette espèce ne paraît être qu'une variété du *Lichen* farragineux.

(2) *Lichen murorum.* Hoffm. lich. 2. p. 64. n.° 80. t. 3. fig. 1.

(3) Ce lichen qu'on trouve sur les marbres des montagnes calcaires forme de larges taches brunes vers le milieu. La circonférence qui est blanchâtre s'éloigne par des ondulations noirâtres, concentriques, coupées par des rides en rayons à angle droit.

150. LICHEN livide. *Luridus.* Folioles épaisses, petites, livides, sinuées, blanchâtres en dessous; écussons noirs. Svarts. nov. act. ups. 4. dill. musc. t, 30, f. 134.

151. *Menanoleucos.* Déprimé; feuille glabre, lobée obtusement, blanchâtre, noire intérieurement. wilden. bot. mag. 4, pag. 9, t. 1, fig. 2.

152. Blanc. *Candidus.* Blanchâtre, comme lobé; tubercules glauques, comme bleuâtres. web. spic. flor. gœtt. n.° 279.

153. Orbiculaire. *Orbicularis.* Folioles verruceuses sur les bords, pulvérulentes; écussons noirâtres. Hoffm. lich. 2, p. 63, n. 85, t. 9, f. 1. (1)

154. Obscur. *Obscurus.* Folioles linéaires, multifides, comme basanées; écussons noirâtres. huds. fl. angl. ed. 2, p. 533.

155. Épais. *Crassus.* Folioles arrondies, crénelées, verdoyantes; écussons planes, basanés. huds. fl. ed. 2, p. 530. hoffm. lich. 3, t. 19, fig. 1.

156. Acétabule. *Acetabulum.* Folioles obtuses, lisses; écussons dentelés, à marge doublée. hoffm. lich. 3. p. 92. n. 102. t. 18. fig. 2. (2)

157. Du tilleul. *Tiliaceus.* En lobe arrondit, pulvérulent, d'un blanc glauque. hoffm. lich. 3. p. 96. n. 104. s, 16. f. 2. (3)

158. Verrucaire. *Verrucarius.* Scrobiculé; feuilles comme rondes, sinuées; écussons roux. hoffm. pl. lich. fasc. 1. t. 1. f. 1.

* * * * * * *Foliacés, pulmonaires.*

159. Charnu. *Carnosus.* Folioles très serrées, un peu relevées, arrondies, lacérées; marge farineuse; écussons épais; élevés, planes, roux. dick. crypt. brit. 2. p. 21. t. 6. f. 7.

160. Écailleux. *Squamatus.* Folioles très serrées, relevées, arrondies, sinuées, anguleuses, d'un glauque verdâtre; écussons convexes, planes, rudes, noirs, marginés. dill. musc. p. 228. t. 30. f. 135.

161. Centrifuge. *Centrifugus.* Folioles multifides, lissés, blan-

---

(1) Feuilles étroites; adhérentes sur les racines; tubercules noirs et petits; commun sur le vieux saules.

(2) Fruits larges de 3, 4 ou 6 lignes; lisses en dedans avec quelques plis; sans tubercules pulvérulentes. On le trouve sur tous les arbres.

(3) Expansion cendrée, membraneuse; à lobes lisses et arrondis; écussons lisses, couleur de maron; quelques rugosités ou aspérités, ou points noirs dans sa décrepitude.

châtres, centrifuges ; écussons fauves, basanés. hoffm. lich. 2.
t. 10. 3. (1)

162. LICHEN faxicole. *Faxicola.* Folioles multifides, appliquées, d'un blanc verdoyant, centrifuges ; écussons petits, d'un jaune noirâtre, ramassés au centre ; marge blanchâtre, crénelée. Polich. fl. palat. n. 1098. (2)

163. Gris cendré. *Leucopheus.* Folioles très petites, crénelées, multifides, d'un vert basané, à sommet épaissis, très obtus, d'un blanc farineux ; écussons planes, noirs, marginés de blanc. Flor. dan. t. 955. f. 2.

164. Roide. *Rigidus.* Folioles arrondies, comprimées, rameuses, multifides, noires, centrifuges ; écussons sessiles, concaves, de même couleur. Jacq. misc. austr. 2. p. 87. t. 9. f. 6. et coll. 2. t. 13. f. 5.

165. Peint. *Pictus.* Folioles multifides, sinuées, adhérentes, centrifuges, blanchâtres ; écussons noirs, marginés de blanc. Swarts. nov. pl. gen. et spec. p. 146.

166. Spécieux. *Speciosus.* Centrifuge ; d'une verdeur blanchâtre en dessus, qui par la dessication devient d'un bleu clair ; folioles linéaires, feuillus ; feuilles pinnatifides, lobées, sinuées ; écussons d'un roux noir ; marge blanche, verdoyante, entière ou crénelée. Wulf. ap. jacq. coll. 3. p. 127. t. 9. f. 2.

167. A feuille de chêne. *Quercifolius.* Centrifuge, lavé de couleur glauque, feuillu, lobé ; feuilles sinuées, pinnatifides ; segmens arrondis, sinués ; écussons d'un rouge obscur, marginés de blanc. wulf. ap. jacq. coll. 3. p. 127. t. 9. f. 2.

168. En soucoupe. *Patellatus.* D'un vert foncé ; déprimé, plissé, lobé, sinué, ondulé ; écussons comme cutanés, comme sessiles, comme crénelés, de même couleur ; tubercules extérieurs, blancs, farineux, lépreux, inégaux. wulf. ap. jacq. coll. 3. p. 125. t. 9.

169. Lacinié. *Laciniatus.* Folioles à plusieurs lobes ; lignes élevées, réticulées, farineuses ; noir, hérissé en dessous. dill. musc. t. 20. f. 42. 43.

170. *Omphallodes.* Folioles multifides, glabres, obtuses ; blanches ; points vagues, éminents. hoffm. lich. 2, t. 12, fig. 2. dill. musc. t. 20, f. 32, 43.

171. Lanugineux. *Lanuginosus.* Folioles planes, multifides, pul-

---

(1) Ce lichen, qu'on trouve sur les troncs d'arbres, a les capsules assez grandes, ramassées au centre de la rosette des feuilles. Ce végétal, animé par la solution d'étain, donne une teinture tirant sur le jaune.

(2) Il paraît être le même que le *Lichen muralis.*

vérulentes sur la marge, laineuses en dessous. hoffm. lich. p. 82, n°. 97, t. 10, f. 4.

172. LICHEN cilié. *Ciliatus.* Folioles linéaires, multifides, d'un vert obsur ; écussons petits, ciliés. hoff. lich. p. 60, n°. 86, t. 14, fig. 1.

173. Diffus. *Diffusus.* Folioles très étroites, multifides, pulvérulentes dans le centre ; écussons comme basanés. hoffm. lich. t. 70, n°. 87.

174. Fahle. *Fahlunensis.* Folioles linéaires, dichotomes, planes, aigues, noirs ; écussons noires. Jacq. misc. austr. 2, t. 10, f. 2.

175. Stellaire. *Stellaris.* Folioles oblongues, laciniées, étroites, cendrées ; écussons petits. hoffm. lich. 2, t. 13, f. 1. 2. (1)

176. En forme d'étoile. *Stellariformis.* Folioles oblongues, planes, laciniées ; écussons basanés. hoffm. lich. p. 73, n°. 89 (2)

177. Nain. *Pullus.* Folioles lobées, olivâtres ; écussons très entiers. Schreb. spicill. flor. lips. p. 131. hoffm. lich. 3, t. 13, f. 4. (3)

178. Olivâtre. *Olivaceus.* Folioles lobées, luisantes, olivâtres ; écussons crénelés. hoffm. lich. 3, t. 13, f. 5 (4)

179. Joli. *Pulchellus.* Blanc ; folioles comme pinnées, lobées, centrifuges, ciliées ; écussons cendrés, marginés de blanc. wulf. ap. jacq. coll. 2, p. 199, t. 16, f. 2.

180. Pulvérulent. *Pulvérulentus.* Folioles lobées, crénées, obtuses, vertes, semées de polen ; écussons noirs, crénelés sur la marge. Schreb. spicil. fl. lips. p. 128. hoffm. pl. lich. 2, p. 39, t. 8, f. 2.

181. Du chêne. *Quercinus.* Feuilles lobées obtusément, glauques, glabres ; écussons bai-brun, crénelés sur la marge. wilden. prodr. fl. berol. n°. 118.

182. Du styx. *Stygius.* Folioles palmées, recourbées, noires. hoffm. lich. 2. t. 14, f. 2. plan. lich. 2. 1, p. 3, t. 25, f. 2.

183. Des rochers. *Saxatilis.* Folioles sinuées, rudes, lacu-

---

(1) Folioles noirâtres en dessous, disposées en rosette ; capsules au centre. Sur les arbres.

(2) Cette espèce n'est sans doute qu'une simple variété du précédent.

(3) C'est une variété du suivant, mais beaucoup plus petite.

(4) Folioles en rosette, olivâtres à la base, blanches, farineuses à leur sommet, disposées en rosette ; capsules au centre, grandes, roussâtres. Dans une solution d'étain, il donne la teinte rousse rouge ; avec l'alun, le vitriol de Mars, il donne la teinte cendrée, fauve, rougeâtre,

neuses ; écussons bai-brun. hoffm. lich. 3 , t. 15, f. 1. hoffm. lich. 3, t. 16, f. 1. (1)

184. LICHEN *Cocoes*. Folioles sinuées blanches , cohérentes ; écussons épars , noirs. Swarts. nov. pl. gen. et spec. p. 146.

185. Des murs. *Parietinus*. Folioles crépues , basanées ; boucliers de même couleur. hoffm. lich. 3 , t. 18, f. 1. (2)

186. Rétréci. *Angustatus*. Folioles linéaires , diffuses , crénelées ; points éminents, noirs, hoffm. lich. p. 77, n°. 94, t. 11, fig. 1.

187. Jaune. *Luteolus*. Vert cendré , centrifuge ; tubercules lentiformes , aggrégés , d'un jaune pâle. wulfen. schr. berl. naturf 8, p. 86.

188. Enflé. *Physodes*. Folioles étroites , enflées au sommet ; écussons pédiculés. wulf. ap. jacq. coll. 3, t. 8. (3)

189. Ecailleux. *Squamosus*. Ecussons crépus sur la marge , basanés. hoffm. lich. p. 100, n°. 107.

190. Noirci. *Atratus*. Ecusssons noircis, de même couleur. hedvig. crypt. 2, 3, t. 21, f. A.

191. De couleur de cire *Cerinus*. Crustacé, blanc ; écussons de même couleur, de cire dans le milieu. hedv. crypt. 2 , 3, t. 25, f. B.

192. Filet. *Laqueatus*. Vert en dessus, blanc en dessous et aux marges ; écussons jaunes , marginés de blanc , et finissant par un tubercule hémisphérique. wulf. ap. jacq. coll. 3, p. 109, t. 5, f. 2.

193. Jaune pâle. *Albo flavescens*. Blanc , noueux , verruceux ; écussons orangers ; marge renflée , blanche. wulf. ap. jacq. coll. 3, p. 111, t. 5, f. 1.

194. Rouge noir. *Fusco rubens*. Très tenace , d'un rouge basané ; écussons rougeâtres ; marge renflée , de même couleur , crénelée en dedans. wulf. ap. jacq. coll. 3 , p. 112, t. 2, f. 2.

195. Tenace. *Tenax*. Plombé , sinué lobé ; écussons épars , creusés, dorés. Swarts. nov. act. ups. 4.

---

(1) C'est l'usnée des crânes humains dont la vertu anti-épileptique est chimérique. On en tire aussi différentes teintes , entre autres, la teinture rouge dans l'urine, olivâtre dans l'acide chalibé , brune dans le vitriol de fer.

(2) On a loué sa décoction contre les ravages de la bile. Il donne diverses teintes. La cendrée est la plus ordinaire.

(3) Préparé avec le sel ammoniac il donne une teinte d'un gris tirant sur le jaune.

(104)

196. LICHEN crépu. *Crispus.* Folioles imbriquées, lobées, tronquées, crénelées , d'un vert noir ; écussons crénelés. wulf. ap. jacq. coll. 3 , t. 10 , f. 1.

197. A feuilles de jacobée. *Jacobea folius.* D'un vert noir ; folioles en plusieurs parties, crépues ; écussons d'un noir sanguin. Schrank, flor. bav. 2, p. 530. dill. musc. t. 19 , f. 50.

198. A crête. *Cristatus.* Folioles imbriquées, dentées, ciliées ; écussons rouges. wulf. ap. jacq. coll. 3 , t. 12 , f. 1.

199. Beau. *Pulcher.* Imbriqué , vert , exaspéré, de même couleur de toutes parts ; écussous roussâtres ; marge crénelée, Leers. flor. herb. ed. 2, p. 259. dill. musc. t. 19 , f. 22.

200. Herbacé. *Herbaceus.* Lobé ; feuilles imbriquées, crénelées obtusément, glabres ; écussons fauves. hoffm. pl. lich. 2, p. 51 , t. 10 , f. 2.

201. Granulé. *Granulatus.* Imbriqué ; folioles comme rondes , crénelées, rudes, d'un vert noir ; écusson fauve ; disque déprimé. Suppl. p. 450. dill. musc, t. 19. f. 24. wulf. ap. jacq. coll. 3 , t. 10 , f. 2.

202. Tremelle. *Tremella.* D'un vert noir ; segmens des feuilles, capillacés ; écussons petits , écarlates. Syst. nat. 12 , 3 , p. 714. (1)

203. Noircissant. *Nigrescens.* Foliacé , comme rond , lobé , ridé , d'un vert noir ; écussons serrés, ridés. Suppl. p. 451. wulf. ap. jacq. coll. 3 , t. 10 , f. 3.

204. Fasciculaire. *Fascicularis.* Foliacé , relevé ; écussons terminals ; les plus jeunes concaves, verdoyans ; les autres turbinés, rougeâtres dans la vieillesse. Mant. p. 133. flor. dan. t. 462, fig. 2.

205. Des rochers, *Rupestris.* Foliacé , lobé ; lobes obtus ; écussons épars, petits, de même couleur, Lin. fils. de musc. p. 37. dill. musc. t. 19 , f. 22.

206. Opontia, *Opuntioides.* Renversé , très rameux ; rameaux diffus, comme articulés, lobés en forme de rein , granulés , globuleux , obtus de toutes parts. wulf. ap. jacq. coll. 3 , p. 133. dill. musc. t. 19 , f. 29. (2)

207. Fugace. *Fugax.* Comme orbiculé , ondé , plissé , comme lobé , d'un violet noirâtre, wulf. ap. jacq. coll. 3 , p. 141 , t. 12 , fig. 2.

---

(1) *Tremella lichenoides.* wulf. ap. jacq. coll. t. 11 , f. 1.

(2) Feuilles vertes , formant plusieurs mamelons arrondis et obtus , réunis par faisceaux , parsemés de petits tubercules noirâtres. On le trouve par-tout le long des eaux. La dessication le racourcit et le rend cendré.

208. LICHEN

208. LICHEN en forme de cuir. *Coriiformis.* D'un vert noir, rampant, sinué, lobé; lobes comme relevés, crépus. wulf. ap. jacq. coll. 3. p. 142.

******** *Foliacés, laciniés.*

209. Chrysophtalme. *Chrysophtalmus.* Comme imbriqué, linéaire, lacéré, cilié; boucliers élevés, radiés, fauves. Maut. p. 311. Jacq. coll. 1, t. 4, f. 3, A. B. (1)

210. De burgasse. *Burgassii.* Crépu; boucliers élevés, extérieurement muriqués, crépus; fond déprimé, plane. Suppl. p. 450. lightf. fl. scot. t. 26.

211. Ciliaire. *Ciliaris.* Relevé; segmens linéaires, ciliés; écussons pédonculés, crénelés. flor. dan. t. 711. (2)

212. Tendre. *Tenellus.* Blanc, tendre; segmens relevés, obtus, ciliés, tubulés par l'âge, ouverts; écussons noirs, sessiles. dill. musc. t. 20, f. 46.

213. D'islande. *Islandicus.* Montant; marges élevées, ciliées; boucliers terminals. flor. dan. t. 155. hoffm. pl. lich. fasc. 2, t. 9, f. 1. (3)

214. Citrin. *Citrinus.* Lobé, citrin en dessus, blanc en dessous; écussons de même couleur, inégalement marginés; disque roux. hedv. crypt. 2, 2, p. 60, t. 20. c.

215. *Endocarpon.* Tronc plane, petit, arrondi, anguleux, un peu épais, d'un vert obscur et noir, ponctué, blanchâtre en dessus; boucliers enfoncés. hedv. crypt. 2, 2, t. 20, A.

216. Blanc. *Nivalis.* Montant, crépu, blanc, à lacunes, à marge élevée. flor. dan. t. 227. (4)

217. Pulmonaire. *Pulmonarius.* Rampant, réticulé, à lacunes

---

(1) Cette espèce paraît être d'une autre tribu. Elle est presque toujours ramifiée en buisson.

(2) On le trouve sur le tronc des arbres en gazon aplati, grisâtre; les cils des folioles noirâtres et durs.

(3) Ce lichen est renommé. On le trouve sur toutes nos montagnes en ramifications dures, lisses, fauves ou cendrées, bordées de cils très fins; les cupules terminant les rameaux. Il est nutritif par l'ébullition. La médecine le prescrit dans plusieurs maladies de langueur. La chimie en tire plusieurs teintes jaunes ou brunes, suivant les réactifs qu'elle emploie.

(4) Gazon très garni, dense, à folioles blanches. Il a une variété à folioles jaunes.

P

en dessus , duveté, basané en dessus ; boucliers sur la marge.
hoffm. pl. lich. fasc 1 , t. 1 , f. 2. (1)

218. LICHEN plombé. *Plumbeus*. Rampant , à lobes obtus ,
à lacunes en dessous, d'un vert plombé ; globules farineux ; écussons rouges marginés de blanc , épars ; duveté en desous et
ferrugineux. Roth. bot. mag. 4 , p. 4 , t. 1 , f. 2. (2)

219. *Scincola*. Ascendant , comme crénelé , glabre , couleur
marou en dessus ; écussons de même couleur , comme terminals. Ehrh. hann. mag. 1783 , p. 207. hedv. crypt. 2 , 1 ,
p. 10 , t. 2 f. 1. 10.

220. Furfuracé. *Furfuraceus*. Couché, furfuracé ; segmens aigus,
à lacunes noires en dessous. hoffm. pl. lich. fasc. 2. pag. 45 ,
tit. 9. fig. 2. (3)

221. Ampullacé. *Ampullaceus*. Plane , lobé, crénélé ; écussons
globuleux , enflés. Jacq. coll. 1. t. 4 , f. 3. c. (4)

222. *Leucomelas*. Linéaire , rameux , noir, comme cilié ; boucliers comme pedonculés , radiés. Swarts. obs. bot. t. 11. f. 3.

223. Farineux. *Farinaceus*. Relevé , comprimé , rameux ; verrues marginales , farineuses. dill. musc. t. 23 , f. 63. (5)

224. Linéaire. *Linearis*. Relevé , dichotome , rameaux linéaires , divergens , canaliculés d'un côté ; boucliers petits , marginals. Linn. fils , musc. p. 36.

225. Fougère. *Filix*. Feuille pédiculée, bifide , laciniée, lobée ;
lobes obtus , crenelés ; écussons épars , un peu planes. Linné
fils , musc. p. 36 , t. 2. f. 2.

226. A gobelet *Calicaris*. Relevé linéaire , rameux , à lacune,
convexe , mucroné. dill. musc. t. 23, f. 62. A. B. C.

227. Du frêne. *Fraxineus*. Relevé , oblong, lancéolé. comme
lacinié , à lacunes , glabre ; écussons comme pédonculés. dill.
musc. t. 22. f. 59. (6)

---

(1) Expansions amples , coriaces , à réseaux , à fossettes nombreuses ; duvet court et farineux en dessous ; écussons épars sur les
marges. On le trouve sur les vieux arbres. C'est un remède vanté
par la médecine dans les maladies de poitrine. On en fait une bonne
bierre. C'est aussi une des meilleures plantes pour préparer les cuirs.

(2) C'est le même que *lichen verucarius*.

(3) Expansions très ramifiées vers leur sommet , molles, d'un
blanc grisâtre en dessus , couvertes de farine , reticulées, noirâtres
en dessous. On les trouve sur le tronc des arbres.

(4) Feuilles lacinies , à marges roulées, se contournant en
vessie.

(5) Ramifications blanches , garnies de cupules farineuses.

(6) Grandes lanières fort longues, larges d'un pouce, grisâtres,
couvries d'excavations. Cupules un peu roussâtres.

228. LICHEN teinturier. *Tinctorius*. Rélevé ; segmens étroits, comprimés, avec des anastomoses ; les extrémités libres, fourchues. Werber. spic. flor. gœtt. 241.

229. De la forme du fucus. *Fuciformis*. Un peu relevé, lisse, comme duveté, rameux, segmens lancéolés. Mant. p. 507. dill. musc. t. 22. f. 61.

230 *Fucoides*. Très rameux ; poreux, tirant sur le blanc, rameaux en faisceaux, arrondis ; petits rameaux racourcis, fastigiés, en alène, un peu obtus ; tubercules latérals planes, farineux. dill. musc. p. 167. t. 22. f. 60.

231. Saturnin. *Saturninus*. Arrondi, lobé, noirâtre en dessus, velu et cendré en dessous ; écussons roux, marginés. dicks. brit. 2. p. 21. t. 6. f. 8.

232. Membraneux. *Membranaceus*. Déprimé, plissé, ridé, farineux, d'un blanc sulphureux ; écussons comme concaves, de même couleur. dicks. brit. 2. p. 21. t. 6. f. 1.

233. Du prunier *Prunasti*. Un peu relevé, à lacunes, denté en dessous, blanc. dill. musc. t. 22. f. 54. 55. (1)

234. Trompeur. *Fallax*. Fin, glauque en dessus, blanc en dessous, maculé de noir ; écussons terminals. weber. spicil. flor. gœtt. page 244.

235. Geniévrier. *Juniperinus*. Crépu, fauve ; boucliers fauves. Hoffm. lich. fasc. 2. p. 35. t. 7, fig. 2.

236. Froncé. *Caperatus*. Vert pâle, ridé, ondulé sur la marge. (2)

237. *Crocatus*. Lacuneux, d'un jaune rougeâtre, à grains jaunes ; segmens sinués, ronds ; écussons comme concaves, noirâtres, marginés. dill. musc. t. 48. f. 12.

238. Glauque. *Glaucus*. Déprimé, lobé, glabre ; marge crépue, farineuse. Flor. dan. t. 598. (3)

239. Du Japon. *Japonicus*. Déprimé, incisé, lobé, farineux, crépu, velu en dessous. Thunb. fl. jap. 344.

240. *Termelloides*. Plombé, ridé, crépu, glabre ; boucliers épars, rouges. Suppl. p. 450.

(1 Expansions très ramifiées, aplaties. Les Turcs préparent leur pain avec l'eau où a bouilli ce lichen ; il en est plus agréable pour eux.

(2) Ce lichen, par une seule addition du vitriol de mars, fournit une belle couleur ferrugineuse, nuancée.

(3) Expansion en rosette, glauque en dessus, noire en dessous. Ce lichen, par le vitriol de mars et l'alun, donne une couleur tirant sur l'incarnat.

241. LICHEN orné. *Ornatus.* Rele..., transparent, crépu ; écussons marginals, planes, déprimés, rouges, crépus sur les marges. Suppl. p. 456.

242. Du pin. *Pinastri.* Montant, lobé, crépu ; marge pulvérulente, jaune. hoffm. lich. fasc. 2. p. 33. t. 7. f. 1. et t. 22. f. 2.

243. Très fin. *Tenuissimus.* Basané, verdâtre ; feuilles digittées, multifides ; écussons comme enfoncés, basanés, roussâtres, obtus sur la marge. dicks. crypt. brit. fasc. 1. p. 12. t. 2. f. 8.

244. A cuillier. *Cochleatus.* Membraneux, lobé, plissé, d'un vert obscur ; écussons roux. dicks. crypt. brit. fasc. 1. p. 13. t. 2. fig. 9.

245. Fraudulent. *Fraudulentus.* Fin, glauque en dessus, blanc en dessous, maculé de noir ; écussons terminals. weber. spic. flaur. gœtt. p. 244. dill. musc. t. 22. f. 58. (1)

246. Demi-pinné. *Semi-pinnatus.* Feuille demi-pinnée, canaliculée, cendrée. Leers. flor. herb. ed. 2. p. 261. dill. musc. t. 20. fig. 46.

247. A corne de daim. *Dama cornu.* En plusieurs parties dichotomes, glabre ; duveté en dessous ; sommets bifides ; écussons marginals. Swarts. nov. pl. gen. et spec. p. 146.

248. Lacéré. *Lacerus.* Déprimé, roide, irrégulier, incisé, glabre, duveté en dessous. Swarts. nov. pl. gen. et spec. p. 146.

249. Jaunissant. *Flavens.* Feuilles linéaires, arrondies, rameuses, basanées ; écussons planes, marginals, de même couleur. Swarts. nov. pl. gen. et spec. p. 146.

250. Ceratophylle. *Ceratophyllus.* Droit ; folioles obtuses, à cornes. Swarts. nov. pl. gen. et spec. p. 147.

251. Diaphane. *Diaphanus.* Membraneux, transparent, bleuâtre, très tendre, plissé, ondulé ; segmens crépus ; écussons épais, ferrugineux. Swarts. nov. pl. gen. et spec. p. 147.

252. Marginal. *Marginellus.* Membraneux, transparent, lobé, plissé, ondulé ; écussons marginals, très petits, ferrugineux, marginés de blanc. Swarts. nov. pl. gen. et spec. p. 147.

253. Vésiculeux. *Vesiculosus.* Membraneux, transparent, lobé, ondulé, vésiculeux ; vésicules turbinées, ouvertes intérieurement ; chargé d'écussons au sommet ; écussons concaves, roux. Swarts. nov. pl. gen. et spec. p. 147.

254. Disséqué. *Dissectus.* Déprimé, lacinié, lobé, obtus, lisse, blanc des deux côtés ; écussons concaves, épais. Swarts. nov. pl. gen. et spec. 147.

____

(1) Cette espèce ne parait être qu'une variété du *lichen glaucus.*

255. LICHEN duveté. *Tomentosus*. Déprimé, membraneux, arrondi, incisé, lobé, très lisse; lobes bifides; velu, duveté en dessous. Swarts. nov. pl. gen. et spec. p. 147.

256. Arrosé. *Roridus*. Feuilles pulpeuses, semées de chaux, velues par un polen glauque; écussons noirs. Leers. flor. herb. ed. 2, p. 260.

257. Pulpeux. *Pulposus*. Feuilles pulpeuses, semées de chaux, basanées; écussons noirs. Leers. flor. herb. ed. 2, p. 260.

258. Lobé. *Lobatus*. Feuille lobée en rond, glauque, raboteuse par un polen de même couleur, hérissée en dessous, noire. Leers. flor. herb. ed. 2, p. 261. michel. nov. pl. gen. t. 45. f. 1.

259. Denté. *Serratus*. Vert, de couleur uniforme; écussons planes, dentés en scie. Leers. flor. herb. p. 261.

260. Lacinié. *Laciniosus*. Rampant, lobé, glabre; lobes sinués; écussons basanés. huds. flor. angl. p. 449. dill. musc. t. 26, fig. 99.

261. Corniculé. *Corniculatus*. Relevé, comme à lacunes, glabre; segmens étroits, corniculés. relh. fl. cantab. p. 433. dill. musc. t. 21, f. 54.

* * * * * * * * * *Coriaces*. Perigeræ.

262. Des fleuves. *Fluviatilis*. Rampant, lobé, obtus; lobes très entiers sur la marge, verts en dessus, jaunâtres un peu lacuneux en dessous. Weber. spic. flor. gœtt. p. 265, t. 4.

263. Des eaux. *Aquatilis*. Rampant, lobé, obtus; écussons hémisphériques, très grands. dill. musc. t. 20, f. 44. (1)

264. Des écueils. *Scopulorum*. Droit, comprimé, linéaire. luisant; côtés verruceux. Dill. musc. t. 20, fig. 60.

265. Renversé. *Resupinatus*. Rampant, lobé; écussons sur la marge postérieure. Flor. dan. t. 764. (2)

266. Veiné. *Venosus*. Rampant, ovale, plane, veiné en dessous; boucliers marginals, horizontals. hoffm. pl. lich. fusc. 1, t. 6, f. 2. (3)

267. Aphte. *Aphtosus*. Rampant, lobé, obtus, plane; verrues éparses; bouclier marginal, montant. flor. dan. t. 762, f. 1. (4)

---

(1) C'est cette espèce que l'on trouve sous les eaux dans les marais.

(2) D'un cendré obscur, à boucliers couleur de rouille.

(3) Cendre, verdâtre, en dessous; sa propriété contre les aphtes est fabuleuse.

(4) Boucliers convexes, concaves; feuilles comme couvertes d'une farine. Ses vertus contre la rage, sont au moins douteuses.

268. LICHEN à verrues. *Verrucifer*. Rampant, lobé, obtus, plane ; lobes d'un vert tendre et verruceux en dessus, noirs en très grande partie par dessous ; boucliers latérals, marginés. weber. spic. fl. gœtt. p. 273.

269. Arctique. *Arcticus*. Rampant, lobé, obtus, plane, lisse, sans nervures en dessous, velu.

270. Antarctique. *Antarcticus*. Rampant, lobé, obtus, plane, glabre, à lacunes en dessus, bullé en dessous ; boucliers planes ; très amples. Jacq. misc. austr. 2, p. 370, t. 10, f. 1.

271. Canin. *Caninus*. Rampant, lobé, obtus, plane, veiné et velu en dessous ; bouclier marginal, montant. Flor. dan. t. 767, f. 2. (1)

272. Roux. *Rufus*. Rampant, profondément lobé ; marges obtuses, fléchies en dedans ; velu en dessous, et à oreilles noirâtres ; boucliers marginals, montans. Roth. fl. germ. 1, p. 508, n. 101. Dill. musc. t. 27, fig. 103.

273. Polydactyle. *Polydactylos*. Rampant, plane, lobé, veiné et velu en dessous ; lobes digittés, divergents et chargés de boucliers ; boucliers ovales, montans. Roth. fl. germ. 1, pl. 508. hoffm. pl. lich. fasc. 1, t. 4, fig. 1.

274. Horizontal. *Horizontalis*. Rampant, plane, sans nervures en dessous ; boucliers marginals, horizontals. Flor. dan. t. 553.

275. Des bois. *Sylvaticus*. Rampant, lacinié, à lacunes ; boucliers marginals, montans et fossés blanches, sphériques ; ouverture régulière. hoffm. pl. lich. fasc. 1, t. 4, f. 2.

276. Perlé. *Perlatus*. Rampant, lobé, glabre, noir en dessous ; écussons pédonculés, entiers. dill. musc. t. 20, fig. 39. (2)

277. A pochette. *Saccatus*. Rampant, comme rond ; écussons déprimés, en pochette en dessous. Flor. dan. t. 532, f. 2. (3)

278. Safrané. *Croceus*. Rampant, comme rond, plane, veiné en dessous, velu, safrané ; boucliers épars, adhérens. Flor. dan. t. 263. (4)

279. *Sarcoides*. Gélatineux, carné, écussons semblables. Jacq. misc. austr. 2, t. 22. (5)

---

(1) Il est crépé et cendré en dessus.

(2) Il est d'un vert glauque. Macéré dans l'urine avec le vitriol de mars et l'alun, il donne une teinture vert cendré.

(3) Boucliers orbiculaires, aplatis, d'un rouge brun ; expansions grises ou verdâtres en dessus.

(4) C'est plutôt une espéce dans le genre de la trémelle.

(5) Cendre et chargé de points ou chagriné en dessus, couleur de rouille en dessous. Il ne se trouve que sur les rochers des hautes montagnes. Macéré dans l'alun on en tire une teinture d'un gris verdâtre.

280. LICHEN perforé. *Perforatus.* Rampant, lobé, glabre, cilié, noir en dessous; derniers lobes orangers, boucliers perforés. Jacq. coll. 1, p. 116, t. 3.

281. Fuligineux. *Fuliginosus.* Rampant, sinué, lobé, rude, spongieux, velu en dessous, à la cime; écussons planes, ferrugineux, pâles sur la marge. Disck. crypt. brit. fasc. 1, p. 13. dill. musc. t. 29, f. 100

********* *Ombiliqué.* Umbilicariæ.

282. Fardé. *Miniatus.* Gibbeux, ponctué, fauve en dessous. Jacq. misc. austr. 2, t. 10, f. 3. (1)

283. Exaspéré. *Exasperatus.* Lisse de toutes parts, rude en dessus; tubercules contournés, noirs. hoffm. pl. lich. fasc. 1, pl. 7, t. 2, f. 1, 2.

284. Hérissé. *Vellcus.* Très hérissé en dessous. dill. musc. t. 82, f. 5. hoffm. pl. lich. 2, 1, p. 9, t. 26, fig. 3. (2)

285. A pustules. *Pustulletus.* Lacuneux en dessous; semé d'une crasse noire. Flor. dan. t. 597, v. 2.

286. Creux. *Poboscideus.* Écussons turbinés, tronqués, perforés. hedw. crypt. 2, 1, t. 1, A.

287. Brûlé. *Deüstus.* Lisse de toutes parts; cendré en dessus; tubercules noirs. Wulf. ap. jacq. coll. 3, t. 15, f. 3. (3)

288. Polyphylle. *Polyphyllus.* Polyphylle, lisse de toutes parts, d'une couleur vineuse rembrunie, crénelé. dill. musc. t. 10, f. 129, t. 2, f. 4.

289. Rongé. *Erosus.* Diaphane, blanchâtre inférieurement, fibreux. Weber. spic. flor. gœtt. p. 259.

290. Polyrhise. *Polyrhisos.* Polyphylle, lisse de toutes parts. dill. musc. t. 30, f. 130. hoffm. pl. lich. fasc. 1, t. 2, f. 3. 4.

291. Jacquin. *Jacquini.* Lisse des deux côtés, plissé, crépu, lobé, papillonacé en dessous, noir, marqué en dessus d'écussons convexes, déprimés, de même couleur. Jacq. misc. austr. 2, t. 9, f. 3.

292. Mésentérique. *Mesentericus.* Lisse des deux côtés, plissé, crépu, lobé, glabre en dessous, à boucliers en dessus. Jacq. misc. austr. 2, p. 85, t. 9, f. 5.

---

(1) Feuilles arrondies en bouclier, chargées de poils en dessous; boucliers noirs. Certains peuples pressés par la faim mangeaint ce lichen bouilli dans l'eau: beaucoup d'autres offriraient la même ressource.

(2) Expansions arrondies, lobées, noires, cendrées en dessous; boucliers noirs.

(3) Cette espèce ne paraît être qu'une variété du précédent.

293. LICHEN antracin. *Antracinus*. Lisse des deux côtés, plissé, crépu, lobé, écussons entièrement nuls. Jacq. misc. austr. 2. t. 9. f. 4.

294. Vert. *Viridis*. Noir en dessous, vert en dessus ; points élevés. Suppl. p. 451.

295. Floculeux. *Floculosus*. Coriace, comme orbiculé, crépu, lobé, noirâtre ; en flocons écailleux eu dessus ; lisse en dessous, et comme à lacunes. Wulf. ap. jacq. coll. 3, pag. 99, t. 1. fig. 2.

* * * * * * * * * * *Lychens à syphons.*

296. Foliacé. *Foliaceus*. Feuilles montantes, multifides, laciniées, blanches en dessous, chargées de cupules ou syphons ; ces syphons coniques, très courts. Huds, fl. angl. p. 457. dill. musc. t. 14, f. 12.

297. Simple. *Simplex*. Très simple ; petits syphons coniques, très entiers sur les bords. Roth. fl. germ. 1, p. 510.

298. Écarlate. *Cocciferus*. Simple, très entier ; pédicule cylindrique ; tubercules écarlate. dill. musc. t. 14, f. 7.

299. *Cornucopioides*. Simple, plus court que la feuille ; tubercules écarlate. Dill. musc. t. 14, f. 9. (1)

300. Frangé. *Fimbriatus*. Simple, denticulé, pédicule cylindrique. dill. musc. t. 14, f. 8. 9. (2)

301. Pixide. *Pyxidatus*. Simple, crénelé, tubercules basanés. dill. musc. t. 14, f. 6. (3)

302. Grêle. *Gracilis*. Dichotome, rameux ; tubercules basanés. dill. musc. t. 14, f. 13. (4)

303. Filiforme. *Filiformis*. Simple, très entier, filiforme ; tubercules basanés. Huds. flor. angl. p. 456. dill. musc. t. 14, f. 10.

304. Digitté. *Digittatus*. Très rameux ; rameaux cylindriques ; calices entiers noueux. dill. musc. t. 15, f. 19. (4)

---

(1) Entonnoirs simples, grisâtres, frangés en leurs bords et chargés de tubercules bruns.

(2) Entonnoirs prolifères et chargés d'autres entonnoirs. Ce lichen est reputé un excellent remède dans la coqueluche, la phtysie, etc.

(3) Il est simple ou rameux ; macéré avec l'alun et le vitriol de mars, il donne une teinture cendrée.

(4) Ses tubercules sont écarlate. C'est le *lichen impetiginosus*. Schronch. Flor. Bav. 2. p. 598. n° 1552.

(5) Tige simple, en alène, rarement partagée en deux. Elle est cendrée, farineuse.

305. LICHEN

3o5. **LICHEN** ventru. *Ventricosus*. Très rameux, ventru; syphons dentés; tubercules basanés. dill. musc. t. 15. f. 17.

3o6. Difforme. *Deformis*. Très simple, comme ventru; calices
dentés. Flor. lapp. t. 11. f. 3.

3o7. Cornu. *Cornutus*. Très simple, comme ventru, calices entiers. hoffm. lich. 2. 1. p. 1. t. 25. f. 1.

3o8. Radié. *Radiatus*. Comme rameux, cylindrique, alongé;
syphons inégaux, dentés et radiés; tubercules basanés. schreb.
spic. flor. lips. 122. dill. musc. t. 15, f. 16.

3o9. Flammé. *Flammeus*. Tubuleux, rameux, rongé, jaune.
Suppl. p. 451. hoffm. pl. lich. fasc 1, t. 3, f. 1.

********** *Ramifications imitant des petits buissons.* Coralloïdes.

31o. *Botrytis*. Comme rameux; tubercules terminals, sphériques,
jaune brun, très grands. Roth. flor. germ. 1. p. 512.

311. Triste. *Tristis*. En gazon; rameaux comprimés, noirâtres
en dessus, chargés d'écussons. hall. hist. stirp. helv. n. 1966.
t. 47. f. 1.

312. Des rennes. *Rangiferinus*. Perforé, très rameux, rameaux
penchés. flor. dan. t. 180 et t. 539. (1)

313. Fourchu *Furcatus*. Tubulé, rameux; rameaux relevés,
fourchus. huds. flor. angl. p. 458. dill. musc. t. 16, f. 27.

314. Épineux. *Spinosus*. Tubulé, épineux, très rameux; rameaux tuberculés, comme digittés. huds. fl. angl. p. 459. dill.
musc. t. 16. f. 25.

315. Hérissé. *Hispidus*. Solide, bai-brun; rameaux divergens,
comme comprimés, glabres, un peu épineux; angles obtus.
ligthf. flor. scot. 883. hoffm. pl. lich. fasc. 1. t. 3. f. 2. 3.

316. D'un pouce. *Uncialis*.. Perforé; petits rameaux, très
courts, aigus. dill. musc. t. 16. f. 22. (2)

317. En forme d'alène. *Subuliformis*. Tubulé, filiforme, en
alène, simple, en gazon, montant, lisse, très blanc; rameaux
en très petit nombre, très courts, souvent nuls. hoffm. pl. lich.
II. 1. p. 15. t. 29. f. 1. 3.

---

(1) Tige de trois ou quatre pouces. Les bestiaux s'engraissent en
mangeant ce lichen, qui st la base de la nourriture des rennes.
Maceré avec le vitriol de mars, il fournit une teinture ferrugineuse.

(2) Macéré avec le vitriol et le vinaigre chalibé, il fournit une
teinte d'un gris cendré.

Q

318. LICHEN alène. *Subulatus.* Comme dichotome ; rameaux simples, en alène. dill. musc. t. 15. f. 26. (1)

319. Vermiculaire. *Vermicellaris.* Lisse , en alène , blanc , comme rameux ; rameaux diffus ; tubercules latérals , globuleux. Lin. fils. musc. p. 37. wulf. ap. jacq. coll. 2. t. 12. f. 2.

320. A globes. *Globifer.* Solide , lisse ; tubercules globuleux , caves , terminals. Mant. p. 133. dill. musc. t. 17. f. 35.

321. Pascal. *Pascalis.* Solide , couvert ; feuilles crustacées. flor. dan. t. 251. (2)

322. Ramuleux. *Ramulosus.* Solide, rameux, couvert ; folioles filamenteuses ; tubercules globuleux , solides , terminals. swarts. nov. pl, gen. et spec. t. 147.

323. Fragile. *Ramulosus.* Solide ; rameaux arrondis , obtus. Dill. musc. t. 17. f. 34.

324. *Sestularia.* Solide , multifide, blanc, ferrugineux à la base. schranch. flor. bav. 2. p. 542. n. 1553.

325. En gazon. *Cespitosus.* Relevé , solide, en gazon épais , très rameux ; rameaux arrondis , fourchus , obtus. Roth. flor. germ. 1. p. 513.

326. Siliqueux. *Siliquosus.* Comme rameux , solide ; tubercules latérals , concaves. Dill. musc. t. 17 , f. 38.

327. Aiguillonné. *Aculeatus.* Comprimé , très rameux , solide , couleur de marron ; rameaux fourchus , un peu épineux ; tubercules radiés. Hoffm. lich. fasc. 1, t. 5. f. 2.

328. *Quisquiliaris.* Cendré , raboteux ; rameaux courts, aigus, couverts d'une poussière blanchâtre ; écussons très noirs.

329. Melanocarpe. *Melanocarpus.* Rameux , solide , blanchâtre ; rameaux et folioles comprimés ; tubercules globuleux déprimés , duvetés de noir. swarts. nov. pl. gen. et spec. p. 147.

330. Aggrégé. *Aggregatus.* Perforé , très rameux ; rameaux relevés ; tubercules granuleux , aggrégés , terminals. swarts. nov. pl. gen. et spec. p. 147.

331. Bai. *Spadiceus.* Relevé , très rameux , fistuleux ; rameaux vagues, très épineux ; écussons terminals, grands , lacérés , épineux, chargés de rameaux. Roth. bot. mag. p. 1. t. 1. f. 1. (3)

---

(1) Tige grêle , divisée en petit nombre de rameaux à bras ouverts : il est le même que le précédent.

(2) Rameaux couverts de verrues calcaires. Les rennes se nourrissent aussi de ce lichen. Le vitriol et l'alun en font une teinte gris cendré.

(3) C'est l'orseille des canaries. Macéré dans l'urine avec la chaux vive et les alkalis, on en prépare une pâte d'un bleu foncé , qu'on nomme dans le commerce orseille en pâte.

332. LICHEN à verrue. *Verruciger.* Solide ; rameaux arrondis, à têtes. suppl. p. 451.

333. *Papillaria.* Fistuleux, sans feuilles, blanc ; rameaux en petit nombre, obtus, très courts ; tubercules terminals, carnés, dill. musc. t. 16. f. 28.

334. Roccelle. *Roccela.* Solide, sans feuilles, comme rameux ; tubercules alternes. Plack. alm. t. 205. f. 6.

335. Trompant. *Decipiens.* Simple, un peu comprimé en dessus, comme de la brique en dessous, à marge blanche ; écussons noirs, convexes, marginals. hed. crypt. II. 1. p. 8. t. 1. f. B.

335. Quinquina. *Cinchona.* Arrondi, relevé, très rameux, basané. wilden. bot. mag. 4. p. 11. t. 2. f. 3.

337. Madrepore. *Madreporæformis.* D'un vert blanc ; petites tiges relevées, fistuleuses, entassées vers le sommet, digittées, rameuses ; le sommet des rameaux renbruni. wulf. ap. jacq. coll. 3. p. 105. t. 3. f. 2.

338. *Fucinus.* Noir, arrondi, comprimé, rameux ; rameaux tuberculeux, denticulés des deux côtés ; écussons terminals, de même couleur, sessiles et pédonculés. wulf. ap. jacq. coll. 3. p 143. t. 12. f. 3.

339. *Muscicola.* En forme de croûte, très rameux ; rameaux très courts, entre-mêlés, d'un vert noir ; écussons de même couleur. dicks. crypt. brit. 2. p. 23. t. 6. f. 9.

* * * * * * * * * * *   *Filamenteux.* Usneæ.

340. Fleuri. *Floridus.* Rameux, relevé ; écussons radiés. hoffm. pl. lich. II. 1. t. 30. f. 2. (1)

341. Plissé. *Plicatus.* Pendant ; rameaux entortillés ; écussons radiés Dill. musc. t. 11. f. 1. (2)

342. Barbu. *Barbatus.* Pendant, comme articulé ; rameaux ouverts. Dill. musc. t. 12. f. 6. (3)

343. Citron. *Citricolorus.* Relevé, très rameux, jaune roussâtre ; rameaux en alène. Dill. musc. t. 13. f. 16.

344. Blanchâtre. *Albidus.* Blanc ; filamens comme rameux, très longs, plissés. schrauch. fl. bav. 2. p. 548. n. 1569.

345. Des roches. *Saxosus.* Noir, dur. Dill. musc. 2. t. 13. f. 8.

---

(1) Rameaux parallèles, simples, terminés par des écussons, grands, ciliés. On le trouve sur les hêtres.

(2) C'est encore un de ces lichens dont la médecine fait usage. La chimie en tire diverses teintes.

(3) Fibres menues comme des fils, molles, très ramifiées.

346. LICHEN *Hyppoticrioides*. Comme simple, noir, capillaire. Dill. musc. t. 13. f. 11.

347. Comme verdâtre. *Subvirescens*. Relevé, dichotome, rameux ; rameaux divergens, fourchus au sommet, noirs. Hoffm. pl. lich. II. 1. p. 7. t. 26. f. 1.

348. En racine. *Radiciformis*. Arrondi, très rameux, glabre, en forme de racine. Lin. fils. musc. p. 36. (1)

349. Soie. *Setosus*. Simple, comme comprimé, noirâtre ; tubercules globuleux, aigus, noirs. Leyss. fl. hal. n. 1171.

350. Divergent. *Divaricatus*. Pendant, anguleux, articulé, duveté intérieurement ; rameaux divergens ; boucliers orbiculés, sessiles. Dill. musc. t. 12. f. 5.

351. *Bicolor*. Très rameux, relevé, arrondi, sans articulations, glabre, luisant, noirâtre inférieurement, d'un blanc sale en dessus ; rameaux très ouverts, en alène. Ehrh. hann. magaz. 1784. n. 9.

352. Usnée. *Usnea*. Pendant, comprimé, rameux, lisse. Mant. p. 131. dill. musc. t. 14. f. 31, et t. 54. f. 10.

353. Noir. *Jubatus*. Pendant ; aisselles comprimées. Dill. musc. t. 12. f. 7. (2)

354. Laineux. *Lanatus*. Très rameux, couché, entortillé, opaque. Jacq. misc. austr. 2. t. 10. f. 5. (3)

355. Pubescent. *Pubescens*. Très rameux, couché, entortillé, luisant. Jacq. misc. austr. t. 9. f. 7. (4)

356. Fil-de-fer. *Chalibeiformis*. Rameux, divergent, couché, tortueux. Flor. dan. t. 262. (5)

357. Hérissé. *Hirtus*. Très rameux, relevé ; tubercules farineux, épars. hoffm. pl. lich. 2. 1. p. 17. t. 30. f. 1.

358. Doré. *Vulpinus*. Très rameux, relevé, fastigié, inégalement anguleux. Jacq. misc. austr. 2. t. 10. f. 4. (6)

359. Articulé. *Articulatus*. Articulé ; rameaux très finement ponctués. Dill. musc. t. 11. f. 4.

---

(1) Cette plante ne parait pas appartenir à cette famille.

(2) Filamens noirs, lâches, comprimés, verruqueux.

( ) Il paraît comme une touffe de laine noire adhérente aux rochers.

(4) Les rameaux courts, noirs, fins comme des cheveux.

(5) Rameaux vagues, arrondis, roides, repliés ça et là.

(6) Rameaux simples, parallèles ; d'un jaune doré. Il fournit par la chimie une teinture jaune.

36o. **LICHEN** orangé noir *Aurantiaco ater*. Rameux, orangé, noir au sommet ; écussons noirs en dessus, orangés en dessous. Jacq. misc. austr. 2. p. 369. t. 11. f. 2.

361. Du Cap. *Capensis*. Rameux, relevé, cilié, jaune ; boucliers basanés, radiés. Suppl. p. 451. hoffm. pl. lich. fasc. 2, p. 48, t. 10, f. 2.

362. Blond. *Flavidus*. Dichotome, rameux, arrondi, relevé, d'un jaune tendre ; rameaux divergens, fourchus, noirs au sommet. Ehrh. hann. mag. 1784, n. 9.

364. De la Guyane. *Guyanensis*. Purpurin, très rameux. Aubl. pl. guyan. 2. p. 971. (1)

365. Réticulé. *Reticulatus*. Très rameux, couché, noir, opaque. wulf. ap. jacq. coll. 2. p. 187. t. 13. f. 6.

V A R E C. *Fucus.*

Globules chargées des fruits, ou semences en forme de grains cachés dans des ponctuations perforées.

* *Varecs vésiculeux. Vésicules aggrégées dans la substance des feuilles, et remplies d'une matière gélatineuse.*

1. **VAREC** uvaire. *Uvarius*. Tige filiforme, rameuse, feuilles serrées, ovales, voûtées. Wulf. ap. jacq. coll. 3. t. 13. f. 1. (2)

2. Lentigère. *Lentigerus*. Tige filiforme, rameuse ; feuilles lancéolées, dentées en scie ; vesicules en grappe, siliculeuses, tuberculeuses.

3. Flottant. *Natans.* Tige filiforme, rameuse ; feuilles lancéolées, dentées en s ie ; vésicules globuleuses, pédonculées. Rumpf. amb. 6. t. 76. f. 1. 2. (3)

4. Grenu. *Acinarius*. Tige filiforme, rameuse ; feuilles linéaires, très entières ; vésicules globuleuses, pédonculées. Mant. p. 508. seb. mus. 3. t. 101 f. 3. (4)

5. A feuilles de saule. *Salicifolius*. Tige simple, aplanie ; feuilles lancéolées, linéaires, très entières ; vésicules globuleuses, axillaires, sessiles. S. G. gml. fuc. p. 98. Bux. cent 3, t. 65. n. 1.

6. Turbiné. *Turbinatus*. Tige filiforme, comme rameuse ; vésicules en grappe, turbinées ou en écussons ; feuille cordiforme, crénelée. S. G. gmlin. fuc. t. 5, f. 1.

---

(1) Cette plante ne paraît pas constituer une espèce.

(2) Les varecs sont des plantes aquatiques ou marines, membraneuses, et de formes diverses.

(3) Dans quelques pieds, la fructification est terminée Par un fil. Cette espèce, qui ne s'enracine pas, nage libre dans l'océan.

(4) Analogue au précédent, cartilagineuse, rouge, comprimée.

7. VAREC denté. *Serratus.* Feuille plane, dichotome, à
nervure, dentée en scie ; vésicules terminales, tuberculeuses.
Reaum. act. paris. 1711. t. 9. f. 1.

8. Vésiculeux. *Vesiculosus.* Feuille plane, dichotome, à nervure, très entière ; vésicules axillaires, germinées, les terminales tuberculées. Borrich. act. hafn. 1671. t. 7.

9. Divergent. *Divaricatus.* Feuille plane, dichotome, très entière ; aiselles divergentes ; vésicules axillaires, géminées. Moris.
hist. pl. 3. t. 8. f. 5. (1)

10. Enflé. *Inflatus.* Feuille plane, dichotome, très entière,
ponctuée, ovale, lancéolée, enflée ; le sommet divisé.

11. *Ceranoides.* Feuille plane, dichotome, très entière, ponctuée, lancéolée ; vésicules tuberculées, bifides, terminales.
Moris. hist. 3. t. 8. f. 13. (2)

12. Spiral. *Spiralis.* Feuille plane, dichotome, très entière,
ponctuée, inférieurement linéaire et canaliculée ; vésicules tuberculées, géminées. fl. dan. t. 266. (3)

13. Canaliculé. *Canaliculatus.* Feuille plane, dichotome, très-
entière, canaliculée, linéaire ; vésicules tuberculées, biparties,
obtuses. Flor. dan. t. 244. (4)

14. Genouillé. *Geniculatus.* Tige et rameaux genouillés ; feuille
dichotome, transparente, égale, vésicules terminales. S. G. gml.
fuc. p. 75. t. 1. A. f. 3.

15. Distique. *Distichus.* Feuille plane, dichotome, très entière, linéaire ; vésicules tuberculées, mucronées. fl. dan. t. 331.

16. A feuilles du peucedanum. *Peucedanifolius.* Tige comprimée ; rameaux et petits rameaux alternes, à ponctuations très
nombreuses, géminées, exaspérées ; feuilles comme dichotomes,
lancéolées, oblongues ; vésicules terminales. S. G. gmlin. fuc.
p. 76. t. 1. A. f. 4.

17. Articulé. *Articulatus.* Tige plane, comme dichotome, articulée ; feuilles lancéolées, géminées, denticulées ; l'une des
denticules portant une vésicule ovale, et tuberculée. S. G. gml.
fuc. p. 77.

18. Noueux. *Nodosus.* Expansion comprimée, dichotome ; folioles distiques, très entières ; vésicules adhérentes, solitaires,
dilatées. F. dan. t. 146.

---

(1) C'est une simple variété du précédent.
(2) *Fucus lacerus.* Suppl. p. 1627. n. 4.
(3) C'est encore une simple variété du varec vésiculeux.
(4) *Fucus excisus* Syst. nat. XII. 2 p. 715. Moris. hist. pl. 3. t. 8.
f. 11.

19. VAREC pyrifère. *Pyriferus*. Souche filiforme, dichotome; feuilles membraneuses, ensiformes, solitaires, dentées en scie; les terminales enflées au pétiole. Mant. p. 311.

20. Siliqueux. *Siliquosus*. Expansion comprimée, rameuse; feuilles distiques, alternes, tres entières; vésicules pédonculées, oblongues, mucronées. Flor. dan. t. 106.

21. Siliculeux. *Siliculosus*. Expansion filiforme, comprimée; feuilles alternes, comme dentelées; vésicules comme globuleuses, pédonculées, mucronées.

22. Denticulé. *Denticulatus*. Tige arrondie, rameuse; feuilles linéaires, denticulées; vésicules globuleuses, pédonculées. Forsk. flor. œg. arab. p. 191.

23. Ondulé. *Undulatus*. Tige arrondie, comme rameuse; feuilles serrées, sessiles, ovales, denticulées, ondulées, crépues; vésicules pédonculées. Fork. flor. œg. arab. p. 191.

24. Comme gaudroné. *Subrepandus*. Tige comprimée, rameaux alternes, feuilles linéaires, lancéolées, à dents recourbées; vésicules pédonculées. Forsk. flor. œg. arab. p 192.

25. Alongé. *Elongatus*. Feuille filiforme, comprimée, dichotome, articulée; genouillures renflées. reaum. act. paris. 1712. p. 24. fig. 2.

26. Rose marine. *Rosa marina*. Tige arrondie, charnue, rameuse; feuilles perfeuillées, verticillées, comme ternées, marginées d'un anneau dans le milieu. S. G. gmelin. fuc. p. 102. t. 5. f. 2. et 2. A.

27. Courroie. *Loreus*. Feuille filiforme, comprimée, dichotome, tuberculée des deux côtés. Flor. dan. t. 710.

28. Fenouil. *Feniculaceus*. Feuille filiforme, très rameuse; vésicules ovales, terminées par des folioles en plusieurs parties, granulées au sommet. S. G. gmelin. fuc. p. 86. t. 2. (1)

29. *Myrica*. Tige hérissée, très rameuse; rameaux alternes, finement et alternativement denticulés; vésicules globuleuses, transparentes, pédonculées, terminant les rameaux, et terminées par des dents. S. G. gmelin. fuc. p. 88. t. 3. f. 1.

30. Aurone. *Abrotanoides*. Tiges filiformes, arrondies, rameuses; feuilles linéaires, multifides, très entières; vésicules des rameaux et des petits rameaux enfoncées jusqu'au milieu. S. G. gmelin. fuc. p. 89. moris. hist. pl. 3. t. 8. f. 17.

31. En baie. *Baccatus*. Tige ligneuse, arrondie, rameuse; vésicules latérales, pédonculées et enfoncées. S. G. gmelin. fuc. p. 90. t. 3. f. 2.

____

(1) *Fucus barbatus*. Spec. pl. n. 19.

32. VEREC triangulaire. *Triqueter.* Expansion coupante, rameuse ; feuilles pétiolées, denticulées ; vésicules enfoncées, oblongues, à trois faces. Mant. p. 312.

33. Granulé. *Granulatus.* Expansion filiforme, très rameuse ; rameaux accumulés ; vésicules comme rondes, cumulées ; rameaux et feuilles aigues, tous cohérents. Flor. dan. t. 591.

34. *Selaginoides.* Expansion filiforme, très rameuse ; rameaux dichotomes ; feuilles en alène, alternes, vésiculeuses à la base. Mant. p. 134. S. G. gmlin. fuc. p. 83. t. 2. A. f. 1.

35. Concaténé. *Concatenatus.* Expansion filiforme, très rameuse ; petits rameaux dichotomes ; vésicules en forme de collier, distans, cohérents; feuilles en alène.

36. A grappe. *Racemosus.* Tige arrondie, rampante, rameuse, sans feuilles ; vésicules comme ovales, serrées en grappe. forsk. flor. œg. arab. p. 191.

37. A trois nœuds. *Trinodis.* Tige arrondie, rameuse ; rameaux courbés en trois vésicules, en alène au sommet. Forsk. flor. œg. arab. p. 192.

38. Séticuleux. *Seticulosus* Arrondi, rameux, mamellonné çà et la ; rameaux amplifiés à la base, par une vésicule en mamelon. Forsk. flor. œg. arab. p. 130.

39. En pinceau. *Penicilliformis.* Tige plane, ferme, ciliée ; feuilles amplexicaules, opposées, ovales, oblongues ; vésicules ternées à la naissance des feuilles. Seb. mus. 3. p. 186. t. 98. fig. 1. (1)

40. Mangeable. *Edulis.* Tige arrondie, glabre, rameuse ; rameaux serrés, relevés, bifides au sommet. rumpf. amb. 6. p. 181. t. 74. f. 3. et t. 76. A. B. C.

41. Anguleux. *Angulatus.* Tige aplanie ; rameaux divergens, dichotomes, bifides au sommet ; verrues latérales et axillaires, éparses, petites, opaques. S. G. gmlin. fuc. p. 112.

42. Vert. *Viridis.* Souche arrondie ; rameaux très rameux, capillacés. Flor. dan. t. 887. (2)

43. Rond. *Rotundus.* Mou ; tige arrondie, dichotome ; verrues difformes, plongées dans le milieu des tiges et des rameaux. S. G. gm. fuc. p. 10. t. 6. f. 3.

44. En fourche. *Furcellatus.* Expansion filiforme, dichotome, très rameuse, aigue. Flor. dan. t. 419.

---

(1) Cette plante ne parait pas former une espèce assez distincte.

(2) Cette espèce ne paraît pas appartenir à cette tribu.

45. VAREC

45. VAREC fastigié. *Fastigiatus*. Expansion dichotome , filiforme , très rameuse , fastigiée , obtuse. Flor. dan. t. 393.

46. Laineux. *Lanatus*. Feuilles capillacées , dichotomes , très rameuses , nues.

    * * *Globulifères; globules simples , épars sur la plante.*

47. *Pseudoceranoides* Tiges rameuses , arrondies inférieurement ; globules remarquables , latéraux , ramassés , transparens. S. G. gmlin. fuc. p. 119. t. 7. f. 4. (1)

48. *Lichenoides*. Cartilagineux , transparent , blanc ; tige tortueuse en dessus , très rameuse ; rameaux denticulés , comme dichotomes ; globules transparens. S. G. gmlin. fuc. p. 120. t. 8. fig. 1. 2.

49. Bourse du pasteur. *Bursa pastoris*. Tige rameuse en dessus ; rameaux pinnés , rameux ; petits rameaux denticulés ; écailles en dessus , réniformes , aîlées , sessiles , mucronées. S. G. gml. fuc. p. 121. t. 8. f. 3.

50. Triangulaire. *Triangularis*. Tige et rameaux linéaires , triangulaires , dentés en scie ; denticules imbriquées sur trois rangées , ouvertes , à deux pointes ; globules en série, sessiles. S. G. gml. fuc. p. 122. t. 8. f. 4.

51. A tête. *Capitatus*. Tige arrondie , déprimée ; rameaux arrondis , en alène , alternes , très serrés ; globules en grappe. S. G. gml. fuc. p. 123.

52. Corymbifère. *Corymbiferus*. Expansion linéaire , plane , dichotome , alongée , noire ; segmens relevés , alternes , distans , se terminant par des dents ; globules terminals , très nombreux. S. G. gml. fuc. p. 124. t. 9.

53 Denté. *Dentatus*. Membraneux , sans nervure , rouge ; expansion comme pinnée; segmens denticulés , à ponctuations nombreuses. Mant. p. 135.

54. Pillulaire. *Pillularia*. Tige plane ; rameaux alternes ; expansion pinnatifide : segmens lancéolés , dentés en scie , mucronés ; globules solitaires et géminés , sessiles et pédonculés. S. G. gmlin. fuc. p 126. t. 10. f. 2.

55 Hérissé. *Hirsutus*. Expansion filiforme , arrondie , dichotome , comme couverte de toutes parts d'une bourre. Mant. p. 134. t. 11. f. 1.

56. *Ericoides* Filiforme ; très rameux , hérissé. S. G. gmlin. fuc. t. 11. f. 2.

---

(1) Cette espèce ne paraît pas en être une assez distincte.

57. VAREC aiguilloné. *Aculeatus*. Expansion filiforme, comprimée, très rameuse ; dents marginales en alènes, relevées, alternes. Flor. dan. t. 355. (1)

58. *Lycopodioides*. Expansion filiforme, arrondie, comme rameuse, couverte de toutes parts de soie. Flor. dan. t. 357.

59. Discor. *Discors*. Expansion arrondie, sans épines, très aigue ; feuilles distiques, comme pinnées, linéaires lancéolées, dentées en scie.

60. Marginal. *Marginalis*. Comme cartilagineux ; expansion filiforme, arrondie, très rameuse ; la marge latérale, couverte des deux côtés de tubercules ombiliqués. Wulf. ap. jacq. coll. 3. p. 153.

61. Musciforme. *Musciformis* Expansion membraneuse, filiforme, très rameuse ; petits rameaux sétacés ; marges de la tige et des feuilles ciliées. Wulf. ap. jacq. collec. 3. p. 154, t. 14, f. 3.

62. *Tendo*. Expansion filiforme, simple, cartilagineuse, comme diaphane. Amœn. ac. 4. t. 3. f. 2.

63. Fil. *Filum*. Expansion filiforme, comme fragile, opaque. Flor. dan. t. 821. (2)

64. Très long. *Longissimus*. Cartilagineux ; tige relevée, arrondie, rameaux très longs ; globules latéraux, sessiles. s. g. gml. fus. p. 134. t. 13.

65. Scorpion. *Scorpioides*. Livide ; tige arrondie, ligneuse ; rameaux capillaires au sommet, dentés en dessus ; dents renflées, recourbées. Flor. dan. t. 887.

66. Conferve. *Confervioides*. Filiforme, arrondi, très rameux ; rameaux simples ; globules latéraux. wulf. ap. jacq. collec. 3. t. 14. f. 1.

67. Blanc. *Albus*. Filiforme, arrondi, comme dichotome ; genouillures renflées ; rameaux distans, aigus. huds. fl. angl. p. 470. n. 20.

68. Pourpré. *Purpureus*. Filiforme, arrondi, très rameux ; rameaux alternes ; petits rameaux serrés, portant les globules. huds. flor. angl. p. 471. n. 22.

69. *Coralloides*. Tiges triangulaires ; rameaux alternes, ouverts ; petits rameaux denticulés des deux côtés, dichotomes en dessus. s. g. gml. fuc. p. 141.

---

(1) Fuscus muscoides. syst. nat. XII. 5. p. 417. S. G. gmelin. fuc. t. 12.

(2) Cette espèce devient noire en se desséchant.

70. VAREC plissé. *Plicatus.* Capillaire , uniforme , très rameux , entortillé, comme diaphane. s. ɢ. gml. fuc. p. 142. t. 14. f. 3.

71. Corné. *Corneus.* Cartilagineux ; tige comme ronde , comprimée , très rameuse ; rameaux comme pinnés ; segmens aigus , chargés de globules. s. ɢ. gml. fuc. p. 144. t. 14. f. 3.

72. Capillacé. *Capillaceus.* Cartilagineux , membraneux ; tige comme ronde , aplanie dans le milieu ; rameaux opposés , serrés ; folioles sétacées , portant les globules à leur sommet. S. ɢ. gml. fuc. p. 146. t. 15. f. 1.

73. Rude. *Rudis.* Tige arrondie, très rameuse petits rameaux ; alternes , en faisceau , très courts , tuberculés , rudes. S. ɢ. gml. fuc. p. 147. t. 15. f. 3.

74. *Aphyllanthos.* Cartilagineux ; tiges arrondies , entortillées ; soies terminales , en alène , épaissies au sommet , ou divergentes en deux parties. S. ɢ. gml. fuc. p. 148. bux. cent. 2. t. 9. f. 1.

75. Soyeux. *Sericeus.* Tige aplanie , rameuse , rameaux supérieurs en corymbe ; soies très fines , très nombreuses , opposées par paires. S. ɢ. gml. fuc. p. 149. t. 15. f. 3.

76. Scie. *Serra.* Tige cartilagineuse , simple , renversée , couverte de soies , en alène , opposées par paires. S. ɢ. gml. fuc. p. 150. bux. cent. 2. t. 8. f. 3.

77. *Sertularioides.* Cartilagineux ; tige relevée , déprimée , très fine , rameuse ; feuilles setiformes , imbriquées , pinnées ; pinnures très nombreuses , recourbées , très entières. S. ɢ. gml. fuc. p. 151. t. 15. f. 4.

78. Plumeux. *Plumosus.* Feuilles cartilagineuses , lancéolées , bipinnées. plumeuses ; tige filiforme , comprimée , rameuse. Mant. p. 134. flor. dan. t. 350.

79. Osmonde. *Osmunda.* Tiges arrondies , très rameuses, épaissies et portant les globules à leur sommet , qui est obtus ; feuilles très copieuses , cartilagineuses. S. ɢ. gml. fuc. p. 155. t. 6. f. 2.

80. Pinnatifide. *Pinnatifidus.* Feuilles planes , rameuses ; rameaux dentés , pinnatifides , calleux sur la marge. S. ɢ. gml. fuc. p. 156. t. 16. f. 3.

81. A feuilles d'aurone. *Abrotanifolius.* Feuille filiforme , comprimée , bipinnée ; sommets vesiculaux , dilatés , terminés par des globules et tuberculés. S. ɢ. gml. fuc. t. 17. f. 1.

82. Cartilagineux. *Cartilagineus.* Expansion cartilagineuse , comprimée , décomposée , pinnée supérieurement ; segmens linéaires. Gis'ch. pl. ic. fasc. t. t. 25. (1)

(4) *Fucus placomium.* S. G. gml. fuc. p. 155. t. 16. f. 1.

83. VAREC pistillé. *Pistillatus.* Cartilagineux ; tige déprimée , rameuse ; rameaux chargés de soies ; soies en alène , pinnées par opposition , portant les globules à leur sommet. s. g. gml. fuc. p 159. t. 18. f. 1.

84. A crins. *Crinitus.* Cartilagineux ; tige plane , très rameuse ; petits rameaux denticulés ; dents simples et dichotomes ; globules épars. s. g. gml. fuc. p. 160. t. 18. f. 2. (1)

85. Épineux. *Spinulosus.* Cartilagineux ; tige très rameuse , déprimée inférieurement, un peu arrondie ; rameaux aplanis , ouverts ; petits rameaux comme opposés , à soies pinnées des deux côtés ; les soies en alène , épaissies au sommet. s. g. gml. fuc. p. 161. t. 18. f. 3.

86. Vermiculaire. *Vermicularis.* Mou , transparent ; tiges arrondies , rameuses ; feuilles arrondies , alternativement comme pinnées , pétiolées , très courtes , renflées au sommet. s. g. gml. fuc. p. 162. t. 18. f. 4.

87. Gigantin. *Gigantinus.* Expansion cartilagineuse, filiforme, comprimée , dichotome ; globules pédoncules , terminals , une arête en dessous.

88. Épineux. *Spinosus.* Sans feuilles , cartilagineux , rameux ; denticules ternées verticillairement. Mant. p. 313. wulf. ap. jacq. coll. 3. t. 15. f. 1.

89. *Spermophorus.* Expansion membraneuse , dichotome, comprimée , capillacée ; globules pédonculés , latéraux ; feuilles linéaires , multifides.

90. Mamelloné. *Papillosus.* Sans feuilles ; tige arrondie , rameuse , couverte de toutes parts de séries spirales , de mamelons en plusieurs lobes dans le sommet. Forsk. flor. œg. arab. p. 190.

91. En buisson. *Cespitosus.* Tige arrondie , rameuse, à mamelons serrés , atténués , simples , un peu rameux. Forsk. flor. œg. arab. p. 190.

92. A œufs. *Ovifer.* Arrondi ; rameaux épars ; glandules serrés , ovales. Forsk. flor. œg. arab. p. 192. (2)

*** *Corpuscules ovales , terminés par un pinceau.*

93. *Gærtnera.* Tiges filiformes ; rameaux nombreux , alternes sur trois rangées ; ceux du milieu très longs ; corpuscules à pinceaux , ternés. S. G. gmlin. fuc. p. 164. t. 19.

---

(1) Cette plante ne paraît pas être de cette série.

(2) Cette espèce et les deux précédentes ne paraissent pas tenir à cette série.

94. VAREC *Bailloviana*. Tige aplanie en dessus, rameuse ; filets de pinceaux, très petits, ramassés, lâches, flottans. Grisel. épit. cum. ic.

95. *Bastera*. Tige fine, rameuse supérieurement ; corpuscules monosperme, ovales, alternes. Bast. op. subs. 2. l. 3. p. 127. t. 12.

* * * * *Membraneux ; feuille transparente, colorée ; rejets tombans.*

96. Volubile. *Volubilis*. Feuille plane, spirale, perfeuillée, dentée. Wulf. ap. jacq. coll. 3. t. 13. f. 2.

97. Sanguin. *Sanguineus*. Feuilles membraneuses, ovales, oblongues, très entières, pétiolées ; tige arrondie, rameuse. Mant. p. 136. flor. dan. t. 349.

98. Cilié. *Ciliatus*. Feuilles membraneuses, lancéolées, prolifères, ciliées. Mant. p. 136. s. G. gml. fuc. t. 20. f. 2.

99. Sétacé. *Holosetaceus*. Feuilles membraneuses comme pinnées, rameuses, sans nervures ; disque et marge à soies simples ou dichotomes. S. G. gml. fuc. p. 177. t. 21. f. 2.

100. Ligulé. *Ligulatus*. Feuilles membraneuses, planes, sans nervures ; marge ciliée par des soies très simples et dichotomes. S. G. gml. fuc. p. 178. t. 21. f. 3.

101. Lacéré. *Laceratus*. Feuilles membraneuses, sans nervures, très glabres, ciliées, ondulées sur la marge. S. G. gml. fuc. p. 178. t. 21. f. 3.

102. Crépu. *Crispus*. Feuilles membraneuses, dichotomes ; segmens dilatés. Mant. p. 134. moris. hist. pl. 3. t. 8. f. 6.

103. Crispé. *Crispatus*. Feuilles membraneuses, comme linéaires, très rameuses, crépues, colorées. Flor. dan. t. 826.

104. Ailé. *Alatus*. Feuilles membraneuses, comme dichotomes, à côtes ; segmens alternes, décurrents, bifides.

105. Rouge. *Rubens*. Feuilles membraneuses, oblongues, ondulées, sinuées ; souche arrondie, rameuse. Mant. cent. 3. t. 32. (1)

106. Veiné. *Venosus*. Expansion plane, oblongue, peinte, à veines verruceuses. Man. p. 312.

107. A bandelettes. *Vittatus*. Feuilles membraneuses, divisées, ensiformes, dentées, crépues. Flor. dan. t. 353.

108. A raclures. *Ramentaceus*. Feuilles filiformes, simples ; raclures foliacées, serrées. Flor. dan. t. 356.

109. Contourné. *Contortus*. Feuilles planes, sans nervures, pro-

---

(1) Cette espèce est la même que le *fucus palmetea*.

lifères vers le sommet, comme contournées aux aiselles, denticulées sur la marge, comme ondulées des deux côtés. S. G.
gml. fuc. p. 181. t. 22. f. 1.

110, VAREC lacinié. *Laciniatus.* Feuilles membraneuses,
rameuses; rameaux dilatés. S. G. gml. fuc. p. 181. t. 22. f. 2.

111. *Palmetta.* Tige plane, rameuse; feuilles membraneuses,
multifides, palmées, crénelées, ondulées. S. G. gml. fuc. p. 183.
t. 22. f. 3. et t. 23.

112, Crénelé. *Crenatus.* Tige arrondie, rameuse; feuilles membraneuses, ovales, nerveuses, crénelées, comme ondulées. S. G.
gml. fuc. p. 182. t. 24. f. 1.

113. *Polypodioides.* Tige arrondie, tortueuse, rameuse; feuilles
membraneuses, sans nervures, alternativement pinnées, obtuses,
très entières, S. G. gml. fuc. p. 186. mant. cent. 1. 32. n. 1.

114. *Koelrenteri.* Cartilagineux en membrane; tige très courte,
arrondie, rameuse; feuilles entières, linéaires; les plus adultes
mamelonées. Koelrent. act. petrop. 14. p. 424. t. 23. f. 1. 2.

115. Digitté. *Digitatus.* Expansion palmée; feuilles ensiformes;
souche arrondie. Mant. p. 134. Flor. dan. t. 392. (1)

116. Bicorne. *Bicornis.* Expansion membraneuse, pulvérulente,
dilatée, bifide au sommet. S. G. gml. fuc. p. 192.

117. Dentelé. *Serrulatus.* Tiges arrondies, rameuses; feuilles linéaires, dentelées, simples. Forsck. flor. œg. arab. p. 189.

118. Linéaire. *Linearis.* Feuilles planes, linéaires, dichotomes,
se rétrécissant sensiblement, aigues au sommet. Forsk. flor. œg.
arab. p. 190.

119. Plumaire. *Plumaris.* Tige arrondie, rampante, rameuse
en dessus; rameaux en forme de plumes, feuillus. Forsk. flor.
œg. arab. p. 190.

120. Lamineux. *Laminosus.* Feuilles planes, dichotomes, s'é-
largissant sensiblement, nues sur la marge. Forsk. flor. œg. arab.
p. 191.

121. Feuillu. *Foliifer.* Feuilles planes, sensiblement dilatées,
dichotomes, les dernières verruceuses, produisant sur la marge
et au sommet d'autres feuilles linéaires, lancéolées, entières.
Forsk. flor. œg. arab. p. 191.

122. Tronqué. *Truncatus.* Feuilles membraneuses; en trois
ou quatre parties tronquées, crénelées, crépues au sommet.
Pall. t. 3. p. 760.

123. Glacial. *Glacialis.* Expansion plane, linéaire, dicho-

---

(1) La souche est grosse comme une canne.

tome, multifide, très rameuse, ciliée de segmens très subtils. Pall. it. 3. p. 760.

124. VAREC fougère. *Filicinus.* Expansion coriace, arrondie, très rameuse ; rameaux ramassés en globe ; rameux et feuillus. Wulf. ap. jacq. coll. 3. p. 157. t. 15. f. 2.

125. Arbuste. *Fruticulosus.* Tige coriace, arrondie, filiforme, décomposée, très rameuse en dessus ; rameaux comme sétacés, lâchement rameux alternativement ; petits rameaux très fins, comme pinnés, denticulés. Wulf. ap. jacq. 3. p. 159. t. 16. f. 1.

* * * * *   *Varecs enracinés ; racines rameuses ; bulles des feuilles remplies d'une substance gélatineuse.*

126. Palmé. *Palmatus.* Expansion palmée, plane. S. G. gml. fuc. t. 26. (1)

127. En trompette. *Buccinalis.* Feuille pinnée, palmée, coriace ; souche fistuleuse ; folioles ensiformes, très entières. Mant p. 312.

128. Nourrissant. *Esculentus.* Feuille simple, sans division, ensiforme ; souche tétragóne, pinnée, parcourant longitudinalement la feuille. Mant. p. 135. flor. dan. t. 417. (2)

129. Sucré. *Saccharinus.* Feuille comme simple, ensiforme ; souche arrondie, très courte. Flor. dan. t. 416. (3)

130. Bifide. *Bifidus.* Cartilagineux ; feuilles comme sessiles, planes, glabres, vésiculeuses de part ou d'autre, rétrécies, trifides vers le sommet. s. g. fuc. p. 201. t. 29. f. 2.

131. A feuilles étroites. *Angustifolius.* Feuilles comme sessiles, membraneuses, cartilagineuses, très simples, sensiblement dilatées, arrondies au sommet. s. g. gml. fuc. p. 205.

132. Polyphylle. *Polyphyllus.* Cartilagineux ; tige arrondie, plane vers le sommet, dentée des deux côtés ; feuilles sensiblement dilatées, entières. s. g. gmlin. fuc. p. 206. t. 31. f. 1.

133. Fouet. *Flagellum.* Souche très simple, sans feuilles, coriace, cartilagineuse. s. g. gmlin. fuc. p. 208.

134. Paille. *Acerosus.* Sans feuilles ; tiges arrondies, rameuses ; rameaux distiques, serrés, présentant de toutes parts des soies filiformes, étalées. Forsk. flor. œg. arab. p. 190.

---

(1) Il est petit, divisé en plusieurs lanières disposées comme les doigts de la main.

(2) Les hommes et les chevaux y trouvent un principe nutritif qui est sain.

(3) Le suc propre de la plante est un véritable Sucre.

135. VAREC fragile. *Fragilis*. Tiges filiformes, dichotomes, fragiles, fastigiées, sans feuilles. Forsk. flor. œg. arab. p. 190.

136. Debile. *Debilis*. Tiges arrondies, rameuses, comme fastigiées, tubulées, debiles, sans feuilles. Forsk. flor. œg. arab. p. 191.

137. Cunéiforme. *Cuneiformis*. Sans feuilles ; rameaux alternes, triangulaires, articulés, articulations cunéiformes; angles en alène, dentés. Forsk. flor. œg. arab. p. 191. (1)

138. Visqueux. *Viscidus*. Tiges arrondies, dichotomes, rameuses, fastigiées ; les sommets à deux cornes. Forsk. flor. œg. arab. p. 192.

139. *Prolifer*. Feuillu, vert ; articulations ovales, planes, prolifères. Forsk. flor. œg. arab. p. 192.

140. *Hypnoïdes*. Tiges et rameaux vagues, épars, filiformes, arrondis comprimés, cartilagineux, pinnés; pinnules en alène. wulf. ap. jacq. coll. 1. p. 352.

141. Jaune. *Flavus*. Spongieux ; rameaux relevés, comme à cinq angles, laciniés, dentés, aréolés, luisans. suppl. p. 452.

142. Pinné. *Pinnatus*. Tige rampante, très rameuse; feuilles simplement pinnées; pinnules obtuses, égales, rapprochées; boucliers verticillés. sappl. p. 452.

✱ ✱ ✱ ✱ ✱ ✱   Agara. *Tige appliquée contre la feuille, qui est percée de trous comme un crible.*

143. *Agarum*. Tige relevée, plane ; expansion orbiculée; marge rarement dentée. s. g. gml. fuc. p. 200. t. 32.

144. Clathre. *Chlatrus*. Tige arrondie, sillonée; expansions orbiculées; marge très entière. s. g. gml. fuc. p. 211. t. 33. (2)

145. A bractées. *Bracteatus*. Feuilles larges, lancéolées, prolifères, sinuées, crénelées sur la marge. seb. mus. 3. t. 103. n. 1.

U L V E. *Ulva.*

Bourgeons ou vésicules arrondies, dans une membrane diaphane. (3)

1. ULVE plume de paon. *Pavonia*. Plane, réniforme, sessile, striée en sautoir, suppl. p. 1630. (4)

---

(1) Cette espèce paraît étrangère à ce genre.

(2) Cette espèce ne paraît pas distincte de la précédente.

(3) Les ulves sont des plantes aquatiques ou marines.

(4) Les stries longitudinales et en travers, panachées de diverses couleurs.

2. ULVE

2. ULVE écailleuse. *Squamaria.* Plane, réniforme longitudinalement en dessus, striée de lignes transversales et concentriques en dessous. S. G. gml. fu.. p. 171. t. 20. f. 1.

3. Des montagnes. *Montana.* Plane, réniforme, sessile, aggrégée, zonée, blanche en dessous. swarts. nov. pl. et spec. p. 148.

4. Ombiliale. *Umbilicalis.* Plane, orbiculaire, sessile, en bouclier, coriace. dill. musc. t. 8, f. 3. (1)

5. Très large. *Latissima.* Plane, oblongue, ondulée, membraneuse, verte. (2)

6. Pourprée. *Purpurea.* Plane, oblongue, coriace, purpurine, et lorsqu'elle est sèche, d'un pourpre violet. Roth. flor. germ. I. p. 524.

7. Lancéolée. *Lanceolata.* Plane, lancéolée. dill. musc. t. 9. f. 5.

8. Intestinale. *Intestinalis.* Tubulée, simple, égale. dill. musc. t. 9. f. 7. (3)

9. Priape. *Priapus.* Tubulée, simple, celluleuse intérieurement, bulbeuse en dessus. S. G. gml. fuc. p. 321. t. 31. f. 2.

10. Glande. *Glandiformis.* Tubulée, simple, très glabre, très entière, obtuse des deux côtés. S. G. gml iuc. p. 232.

11. Lombricale. *Lumbricalis.* Tubulée, interceptée par des articulations. Mant. p. 311.

12. Comprimée. *Compressa* Tubulée, rameuse, comprimée. Dill. musc. t. 9. f. 8.

13. Ridée. *Rugosa.* Tubulée, rameuse, ridée. Mant. p. 311.

14. Articulée. *Articulata.* Tubulée, très rameuse, articulée; articulations cylindriques; rameaux opposés. Moris. hist. pl. 3. t. 8. f. 14.

15. Vermiculaire. *Vermicularis.* Tubulée, filiforme, comme rameuse, aggrégée, épaissie en dessus, interrompue par des articulations, blanche. Roth. flor. germ. I. p. 523.

16. Conferve. *Confervoides.* Filiforme, articulée; articulations alternativement comprimées. Dill. musc. t. 6. f. 39.

17. Étoilée. *Stellata.* Aggrégée, comme sessile, comme ovale, très simple; des utricules entre l'épiderme et transparentes,

---

(1) Légèrement concave, gluante, sinuée; les plis partant du centre en forme de rayons.

(2) Longue d'un pied, large de cinq à six pouces.

(3) Membrane concave, tubulée, alongée, ridée, plissée, d'un vert pâle.

S

disposées comme une étoile, à queue. wulf. ap. jacq. collec. 1. p. 351.

18. ULVE *Oryziformis*. Articulations vésiculaires, ramassées, cohérentes. Forsk. flor. œg. arab. p. 188.

19. *Moccana*. Vésicules ovales, comprimées ; un trou profond au sommet. Forsk. flor. œg arab. p. 188.

20. En coin. *Cuneata*. Tige arrondie, imbriquée de toutes parts ; vésicules cunéiformés, comprimées, perforées au sommet ; limbe dilaté, concave. Forsk. flor. œg. arab. p. 188.

21. Labyrinthe. *Labyrinthiformis*. Cellules en forme de labyrinthe, et proéminences en massue. Vandell. therm. 120. t. 2.

22. Chicoracée. *Linza*. Feuille oblongue, bullée. Flor. dan. t. 889. (1)

23. Mamelonée. *Papillosa*. Lancéolée, en alène, muriquée de toutes parts par des mamelons. S G. gml. suc. t. 6. f. 4.

24. Laitue. *Lactuca*. Palmée, prolifère, membraneuse ; segmens rétrécis inférieurement. Dill. musc. t. 8. f. 1.

25. Rameuse. *Ramosa*.. Expansion rameuse, plane, ondulée, plissée. Huds. flor. angl. p. 476.

26. Dichotome. *Dichotoma*. Expansion dichotome, ouverte. huds. flor. angl. p. 476.

27. *Sagarum*. Basanée ; granulée en dessus des ponctuations élevées, plane en dessous. S. G. gml. suc. 228. brux. comm. petr. 3. 14. f. 3.

28. A feuilles du poireau. *Porrifolia*. Feuille menue, lisse, d'un vert tendre, plane, entière, retrecie en dessus. Dill. musc. p. 46. t. 9. f. 5.

29. A feuilles du soucis. *Calendulifolia*. D'un vert noir, comme pédiculée, ridée en dessus de verrues irrégulières. Dill. musc. p. 46. t. 9. n. 4.

C O N F E R V E.   *conferva*.

Fibres simples ou rameuses, très longues, entre lesquelles sont les bourgeons globuleux.

*   *Filets simples, égaux.*

1. CONFERVE des ruisseaux. *Rivularis*. Filamens, très simples, très longs. Flor. dan. t. 881. (2)

---

(1) Expansions alongées, très ondulées, bosselées.

(2) Filamens cylindriques, menus comme des cheveux, verts.

2. CONFERVE des fontaines. *Fontinalis*. Filamens très simples, plus courts que le doigt. Flor. dan. t. 651. f. 3.

3. Ponctuée. *Punctalis*. Série longitudinale de points. O. Fr. muller. nov. act. petrop. p. 3. hist. 90. t. 1. f. 1.

4. *Porticalis*. Lignes de points transversales et arquées. O. F. mull. nov. act. petr. p. 3. hist. 90. t. 1. f. 2, 3.

5. Peigne. *Pectinalis*. Filamens à striures transversales, serrées. O. F. mull. nov. act. petr. p. 3. hist. p. 91. t. 1. f. 4, 7.

6. Des poissons. *Piscium*. Filamens imbriqués, transparens, comme en massue. schranck. fl. bav. 2. p. 553.

7. *Chætophora*. Filamens parallèles depuis la base qui est orbiculaire. O. F. mull. flor. dan. t. 656.

8. Lobée. *Lobata*. Graminée; filets parallèles depuis la base qui est lobée. schranck. naturf. 19. t. 9. f. 2. 3.

9. Lancéolée. *Lanceolata*. Filamens sortis d'une base simple, lancéolée, obtuse. schranck. flor. bav. 2. p. 490.

10. En forme de collier. *Moniliformis*. Filets formés par une série de corpuscules ovales. O. F. mull. nov. petr. act. stock. 1783. p. 77. t. 3. f. 1. 5.

* * *Filets genouillés.*

11. Des fleuves. *Fluvialis*. Filamens très simples, en forme de soies, droits; genouillures épaissies, anguleuses. Dill. musc. t. 7. f. 47, 48.

12. Filiforme. *Filiformis*. Très simple; deux glomérations de globules disposées en longueur dans chaque articulation. schr. ap. v. moll. oberd. beytr. 1787. p. 136, t. 2. f. 1366.

13. Capillaire. *Capillaris*. Articulations alternativement comprimées. Dill. musc. t. 5. f. 25.

14. Jugale. *Jugalis*. Filets souvent conjugés, chargés de globules. Flor. dan. t. 883.

15. Armillaire. *Armillaris*. Articulations triparties; disque rosacé. O. F. mull. nov. act. stock. 1783. p. 80. t. 3 t. 6, 7.

16. Serpentine. *Serpentina*. Articulations alongées, égales. O. F. mull. nov. act. petrop. 3. hist. p. 92. t. 1. f. 8, 11.

17. Transversine. *Transversina*. Articulations inégales; bandelette double. O. F. mull. nov. act. petrop. 3. hist. p. 93. t. 1. f. 12.

18. Stelline. *Stellina*. Articulations courtes, égales; point radié, double. O. F. mull. nov. act. petrop. 3. hist. 3. p. 93. t. 2. f. 1.

19. CONFERVE *Decimina*. Articulations quadruplement notées. O. F. mull. nov. act. petrop. 3. hist. p. 93. t. 2,

20. *Quinina*. Articulations égales; lignes obliques, en zig-zag. O. F. mull. nov. act. petrop. 3. p. 94. t. 2. f. 4, 5.

* * * *Filamens rameux , égaux.*

21. Bullée. *Bullosa*. Filamens renfermant des bulles d'air. dill. musc. t. 13. f. 11. (1)

22. Canaliculaire. *Canalicularis*. Filamens plus rameux vers la base. dill. musc. t. 4. f. 15.

23. Amphibie. *Amphibia*. Filamens réunis en aiguillons par le dessèchement. dill. musc. t. 4. f. 15.

24. Des rives. *Littoralis*. Filamens très rameux , alongés, rudes. dill. musc. t. 4. f. 19.

25. Rouillée. *Æruginosa*. Filamens mous, plus courts que le doigt, très verts. dill. musc. t. 4. f. 20. .

26. Séticuleuse. *Seticulosa*. Arrondie , verte ; petites soies éparses, nombreuses , courtes. Forsk. fl.r. œg. arab. p. 188.

27. Plane. *Plana*. Comprimée ; d'un rouge violet ; rameaux distiques, serrés. Forsk. flor. œg. arab. p. 188.

28. Fourchue. *Furcata*. Filamens rameux au sommet ; rameaux comme simples. dill. musc. t. 2. f. 6. et t. 3. f. 10.

29. Fenouil. *Faniculata*. Filamens très rameux ; rameaux et petits rameaux très longs , épars. dill. musc. t. 2. f. 8.

30. Roide. *Rgida*. Filamens très rameux ; rameaux très courts, alternes. dill. musc. t. 4. f. 16.

31. Duvetée. *Tomentosa*. Filamens très rameux ; rameaux simples , serrés , basanés. dill. musc. t. 3. f. 12. 13.

32. Spongieuse. *Spongiosa*. Petits rameaux simples , imbriqués. Moris. hist. pl. 3. t. 9 f. 7.

33. Noire. *Nigra*. Rameaux fasciculés, très courts. Huds. flor. angl. p. 481.

34. A balets. *Scoparia*. Filamens prolifères , fastigiés , hérissés. dill. musc. t. 4. f. 23,

35. Cancellée. *Cancellata*. Filets rameux ; filamens alternes, courts, en plusieurs parties, digittés. dill. musc. t. 4. f. 22.

36. A rézeau. *Reticulata*. Filamens à rézeaux, coadunés. dill musc. t. 4. f. 14.

37. Dichotome. *Dichotoma*. Filamens dichotomes. dill. musc. t. 3. f. 9.

---

(1) Filamens doux, trés fins , souvent entrelacés.

38. CONFERVE à vessies. *Vessicata.* Filamens comme rameux, se prolongeant en vessie au sommet et dans le milieu. OO. fr. muller. nov. act. petrop. 3 hist. p. 95. t. 2. f. 6.

39. A bourse. *Bursata.* Filamens divergens, produisant des vessies latérales. O fr. mull. nov. act. petrop. 3. hist. p. 96. t. 2. f. 10.

40. A sachet. *Saccata.* Filamens divergens plusieurs fois sur le même côté, remplis alternativement d'une cavité qui porte les globules. O. fr. mull. nov. act. petrop. 3. hist. p. 96. t. 2. f. 11.

41. Thermale. *Thermalis.* Filamens très rameux, rameaux enfoncés et combinés par le secours d'une membrane. schrank. flor. bav. p. 556. n. 1594.

42. Des infusions. *Infusionum.* Filamens entortillés ; les plus anciennes solitaires, rameux. schrank. flor. bav. 2. p. 556. n. 1595.

* * * * *Filamens genouillés.*

43. Gélatineuse. *Gelatinosa.* Filets en forme de collier : articulations globuleuses, gélatineuses. Weis. crypt. flor. gœt. p. 33. ic.

44. *Helminthochorton.* Roussâtre ; filamens dichotomes, rameaux horizontals. Gazette de santé. 1773. n. 5.

45. Coralline. *Corallina.* Filets dichotomes, blancs ; rameaux rigidus ; genouillures pourprées. dill. musc. t. 6. f. 36.

46. Caténée. *Catenata.* Articulations cylindriques. dill. musc. t. 5. f. 27.

47. Transparente. *Pellucida.* Filamens très rameux ; articulations cylindriques ; rameaux opposés. Huds. flor. angl. p. 483.

48. Soyeuse. *Sericea.* Filamens très rameux, sortis du centre, très serrés, alongés, verts ; rameaux serrés, très fins. Leyss. flor. hall. n. 1254.

49. *Polymorpha.* Rameaux en faisceau. flor. dan. t. 395.

50. Tortueuse. *Flexuosa.* Filamens tortueux ; rameaux entortillés, pinnés ; les extérieurs très longs, simples. flor. dan. t. 882.

51. Jaune. *Fulva.* Rameaux et petits rameaux très courts, alternes. huds. flor. angl. p. 484.

52. Plissée. *Plicata.* Filamens très rameux, entortillés. dill. musc. t. 6. f. 19.

53. Vagabonde. *Vagabunda.* Filamens tortueux ; rameaux et petits rameaux courts. dill. musc. t. 5. f. 32.

54. Gloméréе. *Glomerata.* Rameaux courts, multifides. Flor. dan. t. 651.

55. *Trichodes.* Rameaux fasciculés, serrés, verts. dill. musc. t. 5. f. 33.

56. CONFERVE *Fucoides*. Filamens très rameux ; rameaux multifides et fasciculés. huds. flor. angl. p. 485.

57. Basané. *Fusca*. Filamens très rameux ; petits rameaux alternes, simples. huds. flor. angl. p. 486.

58. Des roches. *Rupestris*. Filamens très rameux, verts. dill. musc. t. 5. f. 29.

59. Alongée. *Elongata*. Filamens très rameux ; rameaux très longs, distans, aigus. dill. musc. t. 6. f. 36.

60. Pennée. *Pennata*. Rameaux doublement pinnés, basanés. huds. flor. angl. p. 486.

61. *Ægagropila*. Filamens très rameux, sortis d'un centre très serrés, et constituant un globe.

62. *Corallinoides*. Filamens dichotomes. dill. musc. t. 6. f. 37.

63. Tubulée. *Tubulosa*. Articulations alternativement comprimées. dill. musc. t. 6. f. 39.

64. Parasite. *Parasitica*. Filets pinnés. huds. flor. angl. p. 486.

65. Catenulée. *Catenulata*. Articulations linéaires, noueuses au sommet, ponctuées de noir dans le milieu. dil. m. t. 7. f. 48.

BYSSE. *Byssus.*

Fibres simples, uniformes, lanugineuses.

1. BYSSE septique. *Septica*. Capillacée, très molle, parallèle ; très fragile, pâle (1)

2. Fleur d'eau. *Flos aquæ*. Filamens, plumeux, flottans. dill. musc. t. 1. f. 1. (2)

3. Cancellé. *Cancellata*. Fils cancellés exactement de toutes parts. lederm. mycrosc. t. 72.

4. Phosphore. *Phosphorea*. Lanugineux, violet, adhérent aux bois. dill. musc. t. 1. f. 6.

5. Velours. *Velutina*. Capillacé, vert ; filets rameux. dill. musc. t. 1. f. 14. (3)

6. Des pierres. *Petræa*. Capillacé, noir ; filamens rameux

----

(1) Ce bysse qu'on trouve sous les parquets au rez-de-chaussée forme comme un drap tenace, très leger, d'un blanc grisâtre, brûlant comme de l'amadou. On le regarde comme une variété ou le principe d'un agaric.

(2) Blanc ou vert. On le regarde comme un détriment des herbes aquatiques.

(3) Filets verts, ramifiés, courts, imitant le velours.

très courts, relevés ; semblable à un drap très soyeux. Wulfen. schr. berl. naturf. 8. p. 101.

7. BYSSE sanguin. *Sanguinea.* Capillacé, velouté, pérenne, rouge, adhérent aux écorces. Swarts. nov. pl. gen. et spec. p. 148.

8. Doré. *Aurea.* Capillacé, pulvérulent ; boutons épars ; filamens simples et rameux. fl. dan. t. 718. f. 1. (1)

9. Coriace. *Coriacea.* Pérenne, très épais, blanchâtre. Schreb. spic. fl. r. lyps. p. 144.

10. *Alutosa.* Blanc, membraneux, tendre, semblable à un maroquin léger. Falck. it. 2. p. 279.

11. Noir. *Nigra.* Filamens rameux, roides, noirs, adhérens aux pierres. huds. flor. angl. p. 487.

12. Basané. *Fulva.* Filamens rameux, basanés. dill. musc. t. 1. f. 17.

13. Barbu. *Barbata.* Filamens relevés ; sommités rameuses, comme fastigiées, basanées. dill. musc. t. 1. f. 19.

14. Blanc. *Candida.* Filamens très rameux ; rameaux fastigiés, blanchâtres. dill. musc. t. 1. f. 15, (2)

15. *Bombycina.* Lanugineux, très blanc ; filamens très longs, entortillés ; adhérent aux bois. Wilden. prodr. flor. berol. n. 1081.

16. Noir. *Atra.* Filamenteux, pulvérulent, noir. Wiggers. prim. fl. holds. p. 92.

17. Des grottes. *Cryptarum.* Capillacé, pérenne, cendré, tenace, adhérent aux roches. (3)

18. Racine. *Radiciformis.* Blanc de neige, très tendre, filamenteux, rameux, pendant ; globes en flocons adhérens de part et d'autre. Lesk. it. 1. p. 92.

19. Globuleux. *Globosa.* Blanc ; filamens glomérés en globe. Lesk. it. 1. p. 92. t. 3. scop. diss. hist. nat. 1. p. 84.

20. Aquatique. *Aquatica.* Transparent comme du verre ; filets simples, en massue au sommet. Flor. dan. t. 896.

21. Conoïde. *Conoidea.* Têtes coniques, aigues ; souche sétacée. Flor. dan. t. 897. n. 2.

22. *Fios cobalti.* Capillacée, pérenne, rose ; filamens très tendres, étroitement tissus comme un drap. de soie. wulf. ap. jacq. coll. 2. p. 175. t. 12. f. 1.

---

(1) Il est ordinairement d'un rouge safran.

(2) C'est peut-être une espèce dans le genre des hydnes.

(3) C'est un tissu qui imite un morceau de drap.

23. BYSSE *Termelloides*. D'un jaune noirâtre, gélatineuse ;
fibres entremélés. schranck. flor. bav. 2. p. 552. n. 1585.

FAMILLE IVe

LES CHAMPIGNONS. *Fungi.*

Polen dispersé en dedans ou en dehors. Organes
divers suppléant les pistils. Lames ou rides, sillons,
pores, tubes, mamelons, petites cavités, espèces de
petites grilles etc. Ces parties renfermant des petits
corps qui, confiés à la terre, germant comme d'autres
végétaux, ou s'étendant en rejettons, reproduisent le
champignon.

AGARIC. *Agaricus.*

Champignons à lames en dessous.

* *Chapiteau plein. Pédicule solide, entouré d'un volva et d'un anneau.*

1. AGARIC césaré. *Cesareus.* Chapeau convexe, doré ; chair
jaune; lames plus éloignées dans le milieu, plus petites et plus
courtes ailleurs. Bulliard. herb. franc. t. 20.

2. Des mouches. *Muscarius.* Chapeau sanguin ; verrues, lam
et pédicule blancs ; celui-ci globuleux à sa base, schœff. fung
t. 28. (1)

3. Perlé. *Margaritiferus.* Chapeau pâle, raboteux par ses verrues
carnées, et ses tubercules blancs ; lames blanches. Bulliard. herb.
franc. t. 316. Schœff. fung. t. 261.

4. Maculé. *Maculatus.* Chapeau bai-brun, ou livide ; marge
inégale par ses verrues blanches; lames branches, courtes,
larges. Schœff. fung. t. 90. bulliard. herb. 2. agaricus phallodes.

5. Carte. *Mappa.* Chapeau convexe, d'un jaune cendré ; lames
alternativement plus longues et pédicules jaunâtres. schœff. fung.
tome 20.

6. Solitaire. *Solitarius.* Chapeau convexe, un peu concave
dans le milieu, inégal par ses verrues et ses écailles roulées ;
lames libres. Bull. herb. franc. t. 48. (2)

---

(1) Beaucoup de champignons sont des poisons. Celui ci est le
plus terrible pour les hommes ; son remède le plus sûr, comme celui
des autres, est l'émétique et ensuite l'ether.

(2) *Agaricus verrucosus.* Bolton, 11. 47. t. 47.

7. AGARIC

7. AGARIC grêle. *Subgracilis.* Chapeau hémisphérique, glabre, blanchâtre ; lames blanches ; pédicule fistuleux. Batsch. el. fung. 59.

8. Printanier. *Vernus.* Tout blanc ; chapeau plane, un peu humide ; pédicule plein, bulbeux à la base ; lames nombreuses, divisées. Bull. herb. franc. t. 108. Bolton. fung. 2. t. 48.

* * *Chapeau plein ; pédicule entouré d'un volva sans anneau.*

9. Gigantesque. *Giganteus.* Blanc ; chapeau comme écailleux ; lames épaisses ; pédicule épais et cylindrique. Batsch. el. fung. 51. (1)

10. Plombé. *Plumbeus.* Chapeau moyen, jaunâtre, livide vers la marge, strié ; lames posées sur double rang, blanchâtres, obtuses postérieurement et livides ; pédicule fistuleux, bulbeux à la base. shœff. fung. t. 85, 86. t. 257. t. 244. Bulliard. herb. franc. 512. (2)

11. Bai-brun. *Badius.* Chapeau maron, jaunâtre ; marge plissée ; lames jaunâtres, entières, égales ; pédicule vert de mer, comme égal, bulbeux à la base. schœff. t. 245.

12. Basané. *Fulvus.* Chapeau noirâtre, comme maculé dans le milieu, plissé vers les bords ; lames jaunes, inégales ; pédicule alongé, d'un blanc sale, bulbeux à la base. schœff. fung. titre 95.

13. Découvert. *Denudatus.* Chapeau convexe, entouré d'une cuculle d'un jaune noirâtre ; marge nue, verdâtre, fibreuse ; pédicule blanchâtre, plein, bulbeux à la base. schœff. fung. t. 98.

14. Gris blanc. *Griseo albus.* Chapeau blanchâtre, luisant sans être transparent ; plis de la marge à carènes aigues ; carènes pulvérulentes ; lames serrées, inégales, et le pédicule qui est plein, pulvérulens, blanchâtres. batsch. el. fung. cent. p. 85.

15. Taché. *Nævius.* Chapeau convexe, blanc, radié ; lames inégales, orangées, libres postérieurement ; pédicule cendré, épais en dehors. Bull. herb. franc. t. 264.

16. A trois lobes. *Trilobus.* Chapeau glabre, basané ; marge striée ; lames orangé pâle, égales, dilatées en avant, obtuses, placées sur un simple rang ; pédicule jaunâtre, tubéreux à sa base. Bolton. fung. p. 38. t. 38.

17. Luisant. *Lucens.* Jaunâtre ; chapeau luisant en dessus, basané en dessous. bull. herb. franc. t. 431. f. 1.

---

(1) C'est un des plus grands : il a dix pouces de large, et souvent vient par faisceaux.

(2) Ce champignon présente plusieurs variétés, décrites par le premier auteur cité.

T

18. AGARIC *Helvolus*. Paillet ; pédicule blanchâtre. bull. herb
franc. t. 431. f. 1 et f. 4.

19. Élevé. *Præaltus*. Chapeau hémisphérique , duveté dans sa
jeunesse ; pédicule quatre fois plus long, grêle, cendré ; lames
couleur de fer. Mich. nov. pl. gen. p. 169. t. 81. f. 3.

20. Engainé. *Vaginatus*. Blanc ; chapeau plane , mamelonné
dans le milieu, strié sur la marge ; lames divisées , aiguës au
sommet ; pédicule fistuleux , bulbeux , caché à la base. bull.
herb. fr. t. 98. (1)

21. Petit. *Minor*. Chapeau d'un jaune bleuâtre , couvert d'une
toile d'araignée ; lames rares , larges , orangées , contigues au
pédicule qui est plein. bull. herb. franc. t. 330. et t. 431. f. 2. 3.

*** *Chapeau plein ; pédicule à anneau , sans volva*

22. Grand. *Procerus*. Chapeau mamelonné dans le milieu ; le
centre garni transversalement de petits fragmens ; le disque varié
par des flocons épars et noirs ; pédicule blanc , alongé, bulbeux
à la base ; lames blanches. Flor. dan. t. 772.

23. Bulbeux. *Bulbosus*. Chapeau très glabre, très entier , carné ;
pédicule linéaire , de même couleur ; base demi-ovale, tronquée en dessus ; lames d'un jaune très pâle, contigues au pédicule. schœff. fung. t. 241.

24. Pistillaire. *Pistillaris*. Chapeau d'un gris jaunâtre ; marge
ondulée , plissée ; pédicule de même couleur , en massue, plein ;
lames couleur de brique , serrées. batsch. el. fung. 55. (2)

25. Obscur. *Obscurus*. Chapeau convexe, couleur de marron,
poilu , écailleux ; lames larges , disposées sur double rangée ; pédicule égal , basané ; anneau blanc. schœff. fung. t. 74.

26. Excorié. *Excoriatus*. Chapeau convexe , d'une couleur de
brique cendrée ; disque couvert d'une toile carnée ; lames inégales , blanches ; pédicule fistuleux , bulbeux à la base , blanc.
schœff. fung. t. 18. 19.

27. Des champs. *Campestris*. Chapeau convexe , blanchâtre ;
macules poilues , écailleuses ; lames inégales , arrondies en dedans , roussâtres ou rose ; pédicule blanchâtre. bull. herb. franc.
t. 134. schœff. fung. t. 1. 310. 311. (3)

---

(1) Cette espèce paraît se confondre avec l'agaric plombé. *Plom-
beus*.

(2) *Agaricus putridus*. Scop. fl. carn. a. n. 1468.

(3) On le trouve dans les champs gras , et sur les couches en
automne. Il est bon à manger. Cueilli dans sa primeur, il a du
parfum ; adulte il fait plus de cuisine ; quelques heures plus tard ,
c'est un poison comme beaucoup d'autres.

28. AGARIC des prés. *Pratensis*. Chapeau convexe, blanchâtre, ou d'un verd de mer, cendré, strié; lames d'un incarnat sale; pédicule épais, blanchâtre, roussâtre à sa base, qui est courbée. schœff. fung. t. 96.

29. Lacéré. *Laceratus*. Chapeau d'un incarnat noirâtre, varié par des macules écailleuses, qui sont plus grandes dans le milieu; lames d'un blanc de chair sali; pédicule jaunâtre, fistuleux. schœff. fung. t. 96.

30. Brillant. *Nitens*. Chapeau jaunâtre, convexe, luisant; lames noires, ponctuées, divisées; pédicule plein, tubéreux à la base. bull. herb. franc. t. 84. sc, fung. t. 210.

31. Radiqueux. *Radicosus*. Chapeau convexe, basané, maculé de blanc; lames nombreuses, comme dentées, pédicule écailleux; racine fusiforme, fibreuse. bull. herb. franc. t. 160.

32. Écailleux. *Squamosus*. Chapeau convexe, en bouclier, basané, raboteux par des écailles relevées; marge ondulée; lames ligneuses, disposées sur double rang; pédicule écailleux en dessous de l'anneau. bull. herb. fr. t. 266. (I)

33. Flocon. *Floccosus*. Chapeau convexe, poilu, écailleux; lames jaunatres; pédicule plein, écailleux ainsi que son anneau. Sc. fung. t. 61. batsc. el. fung. t. 38. (2)

34. Imbriqué. *Imbricatus*. Chapeau d'un souffre pâle, soyeux, onctueux, couvert de faisceaux soyeux; lames d'un jaune violet, disposées en 5 séries; pédicule alongé, pâle en dessus, ferrugineux en dessous batsc. el. fung. 149.

35. Velu. *Villosus*. Chapeau basané, velu; lames serrées, cendrées, disposées par trois séries; écorce blanche; pédicule fragile, d'un blanc sale, montant. bolt. fung. p. 42. t. 44.

36. Vitellin. *Vitellinus*. Tout souffré; chapeau conique, duveté par faisceaux, à marge ondulée; lames libres, lancéolées, disposées en une simple série; pédicule glabre, épaissi en dehors. bolton. fung. 2. t. 50.

37. Changeant. *Mutabilis*. Chapeau glabre, d'un jaune brun; lames noirâtres; pédicule plus pâle, linéaire, raboteux en dessus, lisse inférieurement et blanc. schœff. fung. t. 9.

38. Dur. *Durus*. Chapeau convexe, jaunâtre; lames nombreuses; pâles, à triple rangée; pédicule fragile; voile fugace. bolton. fung. 2. t. 67. f. 1.

---

(1) Cette espèce paraît être la même que l'*agaricus floccosus*

(2) Flammé. *Flammeus*. Poilu, *pilosus*. Schœff. fung. agar. *Amanitea*. Batsch. el. fung. cent. 19. t. 113. ag. bleu. *Cœsius*. id. p. 113. t. 114. agar. palor. id. p. 115. t. 115.

39, **AGARIC** clinquant. *Orichalceus.* Bulbeux ; pédicule jaunâtre ; chapeau livide , d'un jaune verdâtre ; disque et lames alongées , ferrugineuses. batsc. el. fung. cent. 2, p. 1. t. 31. f. 184.

40. Olivâtre. *Olivascens.* Bulbeux , livide , d'un cendré olivâtre ; chapeau comme visqueux , en bouclier ; pédicule plus
cendré ; lames dilatées , brunes, anneau brun. batsc. el. fung.
cent. 2. p. 3, t. 31. f. 185.

41. Ferrugineux. *Ferruginascens.* Bulbeux ; chapeau en coussin ,
épais, glabre , d'un blanc ferrugineux ; pédicule soyeux, fibreux,
blanc ; anneau couleur de fer rembruni ; lames étroites, jaunes,
noirâtres sur les marges. batsc. el. fung. cent. 2. p. 9. t. 32. f. 187.

42, *Sub antiquatus.* Chapeau brun , maculé ; disque brun ; pédicule lisse , alongé ; lames sur triple rang. batsc. el. fung. cent. 2.
p. 59. t. 37. f. 205.

43. Arqué. *Arcuatus.* Lames arquées. bull. herb. franc. t. 443.

* * * *	*Chapeau plein ; pédicule dépourvu d'anneau et de volva.*

44. Vierge. *Virgineus.* Blanc de neige ; lames décurrentes en
arc sur un pédicule cylindrique et plein. Jacq. misc. austr. 2.
t. 15. f. 1. (1)

45. Entier. *Integer.* Solitaire ; chapeau visqueux , pourpré ;
lames blanches, entières, égales, bolton. fung. 1. t. 1.

46. *Ruffula.* Solitaire , chapeau rouge ; chair blanche , tendre ,
ferme ; lames épaisses , égales , roides. sc. fung. t. 75.

47, Émétique. *Emeticus.* Acre , d'une odeur forte , solitaire ;
chapeau sanguin ; lames égales , épaisses, fragiles , bifurquées au
sommet , contigues au pédicule qui est plein , arrondi , blanc intérieurement. sc. fung. t. 15. 16. 254.

48. *Cyanoxanthus.* Chapeau pâle , ou un peu rougeâtre ; marge
bleuâtre ; lames égales , blanchâtres , épaisses ; pédicule plein ,
court , arrondi. Krapff. œster. schw. t. 6. f. 1. 6. t. 7. f. 1. 7. t. 8.
f. 1. 2. 4. 7.

49. *Xerampelinus.* Chapeau charnu , ponctué pourpré ; lames
épaisses , jaunes ; pédicule alongé , élargi , plein , blanchâtre ,
d'un pourpre obscur. Sc. fung. t. 214. 215. (2)

50. Verdâtre. *Virescens.* Chapeau varié ou pâle , visqueux ;
lames blanches , égales ; pédicule arrondi , plein. krapf. œster.
schw. t. 9. f. 6. 7. et t. 10. f. 1. 2. 3. 7.

51. Glutineux. *Glutinosus.* Chapeau visqueux , luisant, jaune ,
noirâtre par la dissécation ; lames de même couleur , épaisses ,

---

(1) *Agaricus eburneus.* Bull. herb. franc. 118.

(1) *Agar. olivaceus.* Schœff. fung. t. 204.

rameuses , égales ; pédicule arrondi , plein , recourbé , épaissi à sa base. krapf. œster. schw. t. 11. f. 1. 7.

52. AGARIC violet. *Violaceus.* Chapeau convexe, rude, ponctué, violet sur la marge ; lames bai-brun, pourprées sur la marge ; pédicule bleuâtre, épais, bulbeux à la base. kern. sc. t. 1. f. 1. (1)

53. Araigneux. *Araneosus.* Chapeau couleur bai ; marge fimbriée par des fils d'araignée ; lames larges, divisées postérieurement de même couleur que le pédicule qui est blanc, court et épais. bull. herb. franc. t. 96.

54. Ventru. *Ventricosus.* Chapeau convexe, lisse, safran, et bai-brun ; lames soufrées, décurrentes, courtes, entremêlées ; pédicule court, jaune, ventru, latéral. sc. fung. t. 71. 72. (2)

55. Arménien. *Armeniacus.* Chapeau maron, ferrugineux ; pédicule blanchâtre, plein, épaissi ; lames rougeâtres. schœff. fung. t. 81.

56. Soyeux. *Sericeus.* Chapeau jaune, écaillé en macules ; pédicule court, bulbeux à la base, soufré ; lames de même couleur. sc. fung. t. 24.

57. Varié. *Varius.* Chapeau de couleur bai ; lames tortueuses, purpurines, jaunâtres à la marge ; pédicule arrondi, plein, blanchâtre, couleur bai et épaissi inférieurement. sc. fung. t. 42. 54.

58. Brillant. *Rutilus.* Pédicule arrondi, plein, jaunâtre, pourpré en dessus ; chapeau orangé, en bouclier ; lames jaunes. sc. fung. t. 219.

59. Safran. *Croccus.* Jaune ; partie inférieure du pédicule velue ; chapeau conique, velu ; lames nombreuses, épaisses, blanches à la partie supérieure du pédicule. bolton. fung. 2. t. 51. f. 2.

60. Roussâtre. *Fulvidus.* Roux ; chapeau convexe, glabre ; lames éloignées, épaisses, décurrentes sur triple rangée ; pédicule moins jaune. bolton. fung. 2. t. 56.

61. George. *Georgii.* Lames blanches ; chapeau jaune, convexe. sc. fung. t. 11. f. 3. (3)

62. Bouclier. *Clypeatus.* Pédicule alongé, cylindrique, blanc ; chapeau hémisphérique, aigu, visqueux ; lames blanches.

---

(1) *Agar. cœrulescen.* Schœff. fung. t. 34. *agar. amethistinus.* Schœff. fung. t. 56. *agar. glaucopus.* Schœff. fung. t. 59.

(2) Cette espèce ne parait être qu'une simple variété du précédent.

(3) Chapeau grand, à bords striés, lanugineux.

63. AGARIC fragile. *Fragilis*. Lames jaunes; chapeau convexe, visqueux, transparent. Vaill. flor. paris. t. 11. f. 16. 18. (1)

64. Paillet. *Gilvus*. Pédicule blanc, arrondi, épaissi inférieurement; chapeau jaunâtre; lames épaisses, jaunes. sc. fung. t. 221. (2)

65. Tronqué. *Truncatus*. Pédicule court, épais, rempli, blanc, noirâtre inférieurement; chapeau d'un vert de mer obscur; lames rougeâtres ou d'un blanc sale. sc. fung. t. 251.

66. Ponctué. *Punctatus*. Pédicule alongé, arrondi, plein, jaune; chapeau granulé, orangé, à marge jaune; disque conique; lames jaunes, orangées à la base. sc. fung. t. 21.

67. Vache. *Vaccinus*. Lames un peu noirâtres; chapeau grisâtre, obscurément maculé; pédicule de même couleur, épaissi inférieurement; sc. fung. t. 25. (3)

68. Jaune. *Luteus*. Pédicule arrondi, plein, tubéreux à la base, jaunâtre; chapeau granulé, doré; disque d'un gris cendré, obscurci; lames jaunâtres. sc. fung. t. 41.

69. Ferrugineux. *Ferrugineus*. Pédicule arrondi, plein, épaissi inférieurement; chapeau ferrugineux, noirâtre, fibreux, strié. sc. fung. t. 37.

70. Strié. *Striatus*. Pédicule arrondi, épais, court, plein, blanc; chapeau maron, à marge moins foncée, striée. sc. fung. t. 38.

71. Cérané. *Ceraneus*. Pédicule arrondi, strié dans sa longueur, fistuleux, blanc; chapeau ponctué, d'un vert de mer pâle; lames olivâtres. sc. fung. t. 40.

72. Mou. *Mollis*. Chapeau campanulé, d'une couleur tendre de safran; chair molle; pédicule alongé, de même couleur, glauque. batsc. el. fung. 45. f. 15. bulliard. herb. franc. 1. t. 400.

73. Rodolphe. *Rodolphi*. Pédicule tortueux, souffré, opaque et basané inférieurement; chapeau ovale, conique, obtus, rude, ferrugineux. batsc. el. fung. 45. f. 23.

74. Comme granulé. *Subgranulatus*. Chapiteau sec, rude, épais; marge atténuée, roulée; lames de même couleur, sinuées; pédicule plus pâle, strié, fistuleux, bulbeux à la base. batsc. el. fung. 45. f. 22.

75. Adherent. *Adherens*. Pédicule plein, arrondi, blanchâtre; chapeau noir, gélatineux; lames sordides, rameuses, comme décurrentes. Sc. fung. f. 36.

---

(1) Pédoncule grêle.
(2) Cette espèce ne paraît être qu'une variété de l'agaric orangé.
(3) Cette espèce n'appartient pas à cette série, car son pédicule fistuleux a un anneau.

76. AGARIC terreux. *Terreus.* Pédicule arrondi, plein, épaissi dans le bas, blanc; chapeau en bouclier, varié de taches poilues, noirâtres; lames blanches. sc. fung. t. 64.

77. Mitré. *Mitratus.* Chapeau soufré; ferrugineux, semé de macules poilues, petites, serrées; lames d'un fauve violet; pédicule écailleux, fistuleux, jaunâtre. sc. fung. t. 89.

78. Ondulé. *Undulatus.* Chapeau conique, obtus, blanc, varié de macules plus obscures, inégales, anguleuses, en lignes transversales; lames d'un blanc sale; pédicule arrondi, court, blanchâtre, bulbeux à la base. Sc. fung. t. 89.

79. Gris cendré. *Spadiceus.* Chapiteau visqueux, déprimé, gris de lin; lames noirâtres, difformes; les dernières très petites; pédicule blanc, en massue, soyeux, fibreux. batsch. el. fung. 49. f. 16.

80. Ochracé. *Ochraceus.* Chapeau couleur d'ochre, brillant, comme campanulé; pédicule de même couleur, comme en massue, soyeux, fibreux; lames ferrugineuses, noirâtres, étroites. batsch. el. fung. 51.

81. Fastigié. *Fastigiatus.* Chapeau conique, en bouclier, jaune, strié dans sa longueur; lames noirâtres; pédicule arrondi, plein, alongé, linéaire, jaunâtre. Sc. fung. t. 26. (1)

82. Large. *Latus.* Chapeau convexe, noirâtre, sec; lames nombreuses, très larges, tendres, disposées en triple série; pédicule arrondi, droit, plein, d'un blanc sale. bolton. fung. 2. t. 2.

83. Pompeux. *Pomposus.* Chapeau rond, écarlate; lames nombreuses, étroites, tendres, olivâtres, disposées en triple série, continues en s'aiguisant, jaunâtres, basanées et plus étroites inférieurement. bolton. fung. 5. t. 5. (2)

84. Bleuâtre. *Cærulescens.* Chapeau hémisphérique, sec, rude, bleu; lames épaisses, blanches, disposées en triple série, contigues à un pédicule de même couleur, droit, arrondi. bolton. fung. 12. t. 12.

85. Orangé. *Cinnamomeus.* Tenace; chapeau sec, lisse, roux; lames tendres, coriaces, couleur de canelle, disposées en triple série; pédicule jaune, rétréci inférieurement, comprimé, fibreux. Sc. fung. t. 4. batsch. el. fung. cent. 1. p. 158. n. 117. t. 17.

86. Eléphantin. *Elephantinus.* Pédicule blanc, épais, spongieux, fibreux à la base; chapeau épais, hémisphérique, comme jaune, visqueux; lames distantes, épaisses, larges, couleur de cire, disposées en triple série. bolt. fung. 28. t. 28.

------

(1) *Agaricus conicus.* schœff. fung. t. 2.
(2) *Agaricus aureus.* bulliard. herb. franc. t. 92. Cette espèce n'est pas très distincte de l'agaric *lateritius.* Schœff.

87. AGARIC poli. *Politus.* Pédicule court , plein , arrondi , basané ; chapeau convexe , vert de mer , aminci ; lames nombreuses, larges , ferrugineuses, flexibles , posées sur double rang. bolt. fung. 3o. t. 3o. (I)

88. Très mou. *Mollissimus.* Pédicule bulbeux , épais , spongieux ; chapeau en coussinet, mou, couleur de souris ; lames étroites , tendres , blanchâtres , inégales, disposées sur triple rangée. bolt. fung. 40. t. 40.

89. Soupe. *Offa.* Pédicule duveté , plein, arrondi ; chapeau convexe , humide , basané , transparent ; marge ondulée ; lames de même couleur , postérieurement arrondies , libres. bull. herb. franc. t. 3o8.

90. Turbiné. *Turbinatus.* Pédicule épais, bulbeux inférieurement, ondulé ; chapeau jaunâtre , convexe ; lames nombreuses, divisées, couleur de bois. bull. herb. franc. t. I 10.

91. *Lycoperdoides.* Pulvérulent ; chapeau rond , épais , jaunâtre ; lames courtes , d'un jaune brun ; pédicule arrondi , court. bull. herb. franc. t. 167.

92. Contigu. *Contiguus.* Pédicule court , épais , de même couleur ; chapeau convexe , jaune , duveté ; marge roulée en dedans , lames imitant les pores d'un bolet, bulliard. herb. franc. t. 240. (2)

93. Roulé. *Involutus.* Disque déprimé ; marge roulée ; lames étroites , épaisses , denses , rameuses , jaunâtres ; pédicule de même couleur , lisse , veiné , contigu ; chapeau lisse , comme visqueux , fibreux , bai , basané , convexe. batsch. el. fung. cent. 39. f. 61. sc. fung. t. 72. (3)

94. De la liberté. *Libertatis.* Pédicule alongé , blanc, solide , bulbeux ; chapeau obscur , basané , en bouclier , petit ; marge blanchâtre , roulée ; lames blanches, demi-transparentes, étroites , inégales, arquées, entières et bifides. batsch. el. fung. cent. 43. f. 62. (4)

95. Coiffé. *Pileatus.* Lames étroites , épaisses , serrées ; un petit nombre bifide avec un pédicule alongé , fistuleux, bulbeux , jaunâtre ; chapeau opaque , sec , ferrugineux , blanc , duveté , en bouclier , petit. batsch. el. fung. cent. 4. f. 63.

(I) Cette espèce se distingue à peine de l'agaric *Beryllus.*

(2) Cette espèce paraît se confondre avec la suivante.

(3) *Agaricus subinvolutus.* Batsch. el. fung. cent. 2. p. 57 t. 37. f. 204. *ag. ascendens* bot. fung. II. t. 55.

(4) *Agar. peltigerus.* Batsch et fung. cent. 2. p. 17. t. 32. f. 190. *ag. clavus.* Batsch. ibid. p. 41. t. 35. f. 199.

96. AGARIC

96. AGARIC de neige. *Nivosus.* Blanc de neige ; chapeau petit , convexe ; marge et pédicule épais , alongés , solides , furfuracés, mouillés ; lames étroites , serrées , continues au pédicule, courtes, entortillées. batsch. el. fung. cent. 49. f 62.

97. Nébuleux. *Nimbatus.* Limbe blanc ; chapeau humide , glabre , blanc, basané , ombragé ; lames larges de triple longueur , continues au pédicule qui est de même couleur et furfuracé. batsch. el. fung cent. 50. f. 65.

98. Petit. *Pusillus.* Pédicule comme furfuracé , d'un blanc bleuâtre , noir intérieurement ; chapeau glabre , comme conique , blanc, le milieu basané ; la marge ombragée , blanche intérieurement ; lames larges, tronquées, blanchâtres. batsch. el. fung. cent. 51. f. 56. (1)

99. Tubéreux. *Tuberosus.* Blanchâtre ; chapeau convexe ; marge comme plissée ; larmes décurrentes dans sa jeunesse; pédicule fin , rempli duveté , bulbeux inférieurement. bull. herb. franc. t. 256.

100. *Crassipes.* Marge roulée ; chapeau basané , sec , convexe ; pédicule de même couleur , filiforme; lames divisées , basanées. schœff. fung. t. 87.

101. Corallin. *Corallinus.* Lames distantes raminciés , comme décurrentes ; chapeau lisse , noircissant , convexe, petit; pédicule épaissi. Scop. diss. hist. nat. 1. p. 109. t. 9. f. F.

102. *Fusipes.* Marge ondulée ; chapeau crévassé ; lames de même couleur , rares , tronquées ; pédicule atténué en dehors. sc. fung. t. 87. f. 88. 260. (2)

103. *Longipes.* Lames larges , inégales , d'un blanc fuligineux ; chapeau conique , fuligineux ; pédicule de même couleur, strié , plein , renflé en dehors , atténué dans la terre. bull. herb. franc. t. 232.

104. Œdémateux. *Œdematosus.* Lames étroites , comme décurrentes , roussâtres; pédicule plein , charnu , épais, roussâtre ; chapeau comme conique , hépatique, pulvérulent. sc. fung. t. 259.

105. Roide. *Rigidus.* Pédicule alongé , inégal , basané , gris ; chapeau épais , hépatique , à marge crevassée dans sa vieillesse ; lames étroites , roides , fragiles , posées sur double rang, jaunâtres. bolton. fung. 43. t. 43.

106. Larix. *Laricinus.* Pédicule basané , rameux , épaix , spongieux ; chapeau étroit , convexe , jaune ; lames étroites , épaisses , blanches , posées sur double rang. bolton. fung. 19. t. 19.

---

(1) Cette espéce ne paraît pas être assez distincte.

(2) *Agaricus luxurians.* Batsch. el. fung. 28. p. 49.

V

107. AGARIC lié. *Fasciatus.* Pédicule étroit, arrondi, plein, noirâtre, entortillé; chapeau comme conique, gris cendré; lames en petit nombre, petites, courtes, purpurines. sc. fung. t. 223.

108. Roussâtre. *Rufescens.* Roussâtre; chapeau strié; centre creusé; lames décurrentes; pédicule arrondi. sc. fung. t. 55.

109. Hépatique. *Hepaticus.* Chapeau convexe, lisse, sec; marge roulée, gris cendré; lames d'un gris couleur de chair; pédicule plus pâle, sec, opaque, linéaire, inégal. batsc. el. fung. 43.

110. Jaunâtre. *Flavidus.* Pédicule arrondi, tortueux, épaissi inférieurement, basané, jaunâtre en dessus; chapeau jaune; lames blanchâtres. sc. fung. t. 35.

111. Tuberculeux. *Tuberculosus.* Pédicule linéaire, court, strié, blanc en dessus; lames larges, courtes, inégales, soufrées; chapeau convexe; marge tuberculée, striée. sc. el. fung. t. 79.

112. *Leoninus.* Pédicule alongé, fin, rempli, jaunâtre, tortueux, strié; chapeau en bouclier, jaune; marge striée; lames courtes, larges, inégales, carnées. sc. fung. t. 48.

113. Fasciculaire. *Fascicularis.* Lames cendrées, jaunâtres sur la marge; chapeau jaune; pédicule jaune, linéaire, alongé. schœff. fung. t. 49. 35. Batsch el. fung. 83. t. 29.

114. Pâle. *Pallidus.* Jaunâtre; chapeau convexe; lames ramassées, divisées; pédicule court; plein, arrondi. sc. fung. til. 50.

115. Incertain. *Incertus.* Ecailleux çà et là; chapeau bai-brun; lames jaunâtres; pédicule alongé, comme en massue, jaunâtre, noircissant. en bas. Sc. fung. t. 62.

116. Visqueux. *Viscosus.* Chapeau lisse, coriace, visqueux, convexe, d'un jaune pâle; lames de même couleur, distantes, sinuées à la marge inférieure, à la supérieure ondulées, de triple longueur; pédicule solide. bats. el. fung cent. 62. f. 70.

117. *Umbrinus.* Pédicule court, épais, plein; chapeau humide, d'un jaune blanc; marge transparente, fine; lames de même couleur, très larges, décurrentes, les plus petites entreposées. bats. el. fung. cent. 65. f. 71.

118. *Risigallinus.* Pédicule court, opaque, blanc; chapeau lisse, large, difforme, fin, jaunâtre; lames élargies, oblongues, entières, d'un jaune carné, tortueuses. bats. el. fung. cent. 67. fig. 72.

119. *Defossus.* Pédicule soyeux, fibreux, bulbeux à la base; chapeau lisse, roide, en coussinet; lames comme égales, d'un blanc bleuâtre. bats. el. fung. cent. 73. f. 74.

120. Purpurin. *Subpurpurascens.* Pédicule soyeux, fibreux, bulbeux à la base; chapeau lisse, comme visqueux, en coussinet,

cendré brun; lames larges, sur triple rang, ferrugineuses par une crasse et par le voile qui persiste. bats. el. fung. cent. 73. fig. 74.

121. AGARIC comme annulé. *Subannulatus*. Souche lisse, bulbeuse à la base, blanche au-dessus d'un faux anneau; chapeau pâlement basané, aminci, veineux, en coussinet; lames étroites, oblongues, obtuses des deux côtés, tendres, serrées, rougeâtres, les plus petites entremêlées. bats. el. fung. cent. 75. f. 75.

122. *Impuber*. Sec; chapeau charnu, basané, laineux, à marge remplie d'écailles laineuses et molles; pédicule plus pâle, fistuleux; lames comme carnées. bats. el. fung. 155. f. 116.

123. Écailleux. *Squamulosus*. Sec; chapeau d'un jaune obscur, très rempli de petites écailles velues, brunes, appliquées, très tendres; lames larges, rétrécies en dehors, d'un jaune ferrugineux, disposées sur triple rangée; pédicule jaunâtre, soyeux, fibreux. bats. el. fung. cent. 2. p. 19. t. 33. f. 190.

124. Comme ferrugineux. *Subferrugineus*. Bulbeux, fibreux, livide, d'un brun blanchi; pédicule épais; lames lâches, ferrugineuses, sur triple rang. Bats. el. fung. cent. 2. p. 7. t. 31. fig. 186.

125. Élevé. *Elatior*. Pédicule blanc, alongé, tordu, soyeux, fibreux; chapeau étroit, d'un jaune carné; lames sur quatre rangées, d'un noir ferrugineux. bats. el. fung. cent. 2. p. 11. t. 32. f. 188.

126. Fuseau. *Fusus*. Testacé; chapeau glabre, crévassé; pédicule soyeux, fibreux, épaissi en dessus; lames plus pâles, sur triple rangée. bast. el. fung. cent. 2. p. 13. t. 32. f. 189.

127. Nébulaire. *Nebularis*. Gris; chapeau plus obscur, glabre, à marge roulée; pédicule plus pâle, fibreux, hérissé, duveté de blanc à la base; lames étroites des deux côtés, d'un jaune pâle, sur triple rangée. bats. el. fung. cent. 2. p. 25. t. 33. f. 193.

128. Laterin. *Laterinus*. Couleur de brique; chapeau en coussinet, comme visqueux; pédicule plus pâle, floculeux, rude; lames jaunâtres, étroites. bats. el. fung. cent. 2. p. 29. t. 33. f. 195. bull. herb. franc. 2. t. 308.

129, *Discors*. Blanc; pédicule raboteux par des flocons disposés en longueur dans le bas, et transversals en dessus; chapeau en bouclier, incliné, comme visqueux. bats. el. fung. cent. 2. p. 31. t. 34. f. 196.

130. Vieux. *Senescens*. D'un jaune changeant; pédicule écailleux par des flocons pâles, striés transversalement; chapeau visqueux; lames lâches, pâles, roussâtres, sur quatre rangées. bats. el. fung. cent. 2. p. 35. t. 34. f. 197.

V 2

131. AGARIC comme testacé. *Subtestaceus*. Opaque, d'un jaune carné ; pédicule hérissé de flocons ; chapeau glabre, comme visqueux ; lames jaunâtres, sur triple rangée. bats. el. fung. cent. 2. p. 39. t. 35. f. 198.

132. Ensanglanté. *Cruentatus*. Opaque, roide, d'un jaune blanc ; lames disposées sur quatre rangs ; marge et pédicule maculés ; chapeau varié de points et de zônes pourprés. bats. el. fung. cent. 2. p. 47. t. 36. f. 201.

133. Madrépore. *Madreporeus*. Roide, fragile ; chapeau d'un cendré noir, fibreux ; pédicule d'un blanc de neige ; lames dilatées, d'un gris terne, sur triple rangée. bats. el. fung. cent. 2. p. 53. t. 36. f. 203.

134 Horizontal. *Horizontalis*. Pédicule fistuleux, à anneau, réfléchi, silloné ; chapeau convexe, comme hémisphérique ; lames horizontales. Hoffm. blætt. t. 5. f. 1. (1)

135. Testacé. *Testaceus*. Pédicule alongé, ascendant de la base, d'un jaune pâle ; chapeau blanc ; marge d'un jaune pâle, le centre plus jaune; lames blanches. Planer. fung. erf. p. 14. n 49.

136. D'une odeur suave. *Suave olens*. D'un blanc cendré, opaque ; lames posées sur triple rangée ; pédicule linéaire, alongé, comme tortueux, fistuleux. Planer. fung. erf. p. 14. n. 50.

137. D'un violet jaunâtre. *Violaceo fulvus*. Chapeau convexe, violet ; pédicule linéaire, de même couleur ; lames plus obscures. Planer. fung. erf. p. 17. n. 65.

138. Soyeux. *Holosericeus*. Pédicule alongé, grêle, noirâtre, jaune en dessus ; chapeau campanulé, duveté, d'un brun ferrugineux ; lames très pâles. Planer. fung. erf. p. 17. n. 67.

* * * * * *Chapeau infundibuliforme, ou oblique.*

139. Infundibuliforme. *Infundibuliformis*. Sec, blanc, comme teint dans sa vieillesse ; chapeau très grand, à bouclier ; lames inégales, rameuses; pédicule lisse. bux. cent. 4. t. 1.

140. Comme alutacé. *Subalutaceus*. Comme roux, comme coriace ; chapeau à marge roulée ; pédicule duveté ou couvert de flocons blancs ; lames sur quatre rangées. bats. el. fung. cent. 2. p. 27. t. 33. f. 194.

141. En forme de coquille. *Cochleariformis*. Sec, blanchâtre ; marge du chapeau striée, ondulée ; lames épaisses, rameuses; pédicule oblique, court, épais. Sc. fung. t. 225,

---

(1) Cette espèce et les quatre suivans ne paraissent pas devoir appartenir à cette série.

142. AGARIC flammé. *Flammeus.* Jaune ; chapeau lacéré , écailleux ; écailles de diverses couleurs ; lames crénelées ; pédicule court, plein. Sc. fung. t. 29. 30.

143. Trompe. *Tubæformis.* Pédicule long, arrondi, fusiforme, recourbé ; chapeau pâlement doré ; lames décurentes, simples, comme dentées , blanches. Sc. fung. t. 248. 249.

144. Gaudet. *Cyathiformis.* Blanchâtre ou pâle ; lames décurrentes , étroites , divisées ; pédicule plein. bull. herb. franc. t. 248.

145. Imprimé. *Impressus.* Pédicule plein ; chapeau comme conique, gris ; marge roulée , plissée ; lames nombreuses, verdâtres. bull. herb. franc. t. 18.

146. Sanguinolent. *Sanguinolentus.* Pédicule plein, couleur de sang ; chapeau couleur de sang ; lames simples , fendues au sommet, blanchâtres, fragiles , continues au pédicule. bull. herb. franc. t. 42.

147. Comme conique. *Obconicus.* Couleur de souris ; marge du chapeau ondulée ; lames décurrentes , aigues des deux cotés, disposées sur double rangée ; pédicule plein , dilaté en dessus. bull. herb. franc, t. 286.

148. Fourchu. *Furcatus.* Lames fourchues , continues au pédicule qui est plein et spongieux ; chapeau farineux , d'un vert cendré. bulliard herb. franc. t. 26.

149. Duveté noir *Atro tomentosus.* Pédicule court , épais , arrondi , comme recourbé , fuligineux , duveté ; chapeau oblique, comme rude , ferrugineux , noirâtre ; lames d'un jaune pâle , adhérentes distinctement. batsc. el. fung. 39. f. 32.

150. Calice. *Caliciformis.* Chapeau lisse, couleur de chair rembrunie ; marge roulée ; pédicule épais , de même couleur , gris ; duveté , amplifié en dessus ; lames d'un jaune pâle, carné, décurrentes. sc. fung. t. 252.

151. *Degener.* Chapeau couleur de chair rembrunie, peint de cercles concentriques plus foncés ; marge lacérée ; pédicule de même couleur , linéaire, alongé, amplifie en dessus ; lames d'un blanc carné, pâle, jaune, décurrentes. sc. fung. t. 243.

152. Livide. *Livescens.* Humide ; chapeau cendré , livide ; lames inégales, ou le plus souvent très entières, de même couleur et contigues au pédicule, qui est alongé et comme fibreux. batsc. el. fung. cent. 55. f. 67.

153. Jaunâtre. *Cervinus.* Pédicule jaunâtre , tubéreux en dessous, duveté , dilaté en dessus en un chapeau obliquement réfléchi ; lames très étroites , blanches, inégalement décurrentes. hoffm. nomenclat. fung. n. 139. t. 2. f. 2.

154. De Neptune. *Neptuneus.* Glabre ; d'un jaune carné ; pé-

dicule comme alongé, dilaté en un chapeau : lames étroites, distantes, souvent bifides. batsc. el. fung. cent. 161. f. 118.

155. AGARIC alutacé. *Alutaceus.* Glabre ; couleur pâle carnée ; chapeau double ; lames élargies, inégales. batsc. el. fung. cent. 163. f. 119.

156. Albâtre. *Alabastrinus.* Entièrement blanc, diaphane ; chapeau oblique, en bouclier ; lames rares, comme décurrentes ; pédicule épaissi en dessus, d'un rose pâle en dessous. Plan. fung. erf. p. 5. n. 8.

157. Flambellé. *Flambellatus.* Lames d'un blanc sale, ainsi que le pédicule qui est court, cylindrique ; chapeau difforme, basané ou livide, varié. sc. fung. t. 43. 44.

158. Demi-pétiolé. *Semi-petiolatus.* Marge ondulée ; chapeau jaune safran, comme carné, comme en zône ; pédicule de même couleur, plein, comme conique ; lames plus pâles, rameuses. sc. fung. t. 208.

159. Tremblant. *Tremulus.* Noirâtre, livide, à zônes ; lames d'un blanc sale ; pédicule arrondi, plein. sc. fung. 224.

160. Épais. *Crassus.* Pédicule épais, dilaté, jaune ; duvet olivâtre ; chapeau oblique, duveté, d'une couleur olive noire ; lames bifides, comme rameuses, jaunes. plan. fung. erf. p. 5. n. 7.

161. Raboteux. *Ostreatus.* Pédicule aplani, d'un jaune pâle ; lames plus obscures ; chapeau coriace, d'un jaune pâle. Jacq. flor. austr. 2. t. 104.

* * * * * * *Chapeau de moitié ; pédicule latéral.*

162. Réduit à moitié. *Dimidiatus.* Pédicule court, blanchâtre ; chapeau en forme d'écailles, varié de macules larges et rougeâtres ; lames d'un soufre pâle. sc. fung. t. 233.

163. Aggrégé. *Aggregatus.* Pédicule épais, courbe, plein, d'un blanc noirâtre ; chapeau basané ; marge lobée, crépue ; lames roussâtres, rameuses, comme décurrentes. sc. fung. t. 305. 306.

164. Palmé. *Palmatus.* Pédicule blanchâtre, plein, court ; chapeau convexe, oblique, gris cendré, ou couleur de bois obscure ; lames de même couleur, inégales, ondulées sur la marge. bulliard. herb. franc. t. 216.

165. *Petalodes.* Pédicule blanc, plein ; chapeau d'un violet foncé ; marge ondulée ; lames serrées, décurrentes, jaunâtres. bulliard. herb. franc. t. 226.

166. Coquille. *Conchatus.* Couleur de canelle pâle ; chapeau en forme de coquille ; lames inégales, longues, décurrentes ; pédicule arqué, plein. bulliard. herb. franc. t. 298.

167. Trompeur. *Fallax.* Couleur orangée noirâtre ; chapeau

demi - orbiculaire; lames élargies , trois plus courtes placées entre trois plus larges; pédicule court , horizontal. bulliard. herb. franc. t. 324.

168. AGARIC glauque. *Glaucus.* Blanc ; chapeau soyeux, tendre ; lames distantes , alternativement plus courtes ; pédicule blanchâtre , court, mouillé. batsc. el. fung. cent. 170. f. 123.

169. Stursted. *Stursterdtiensis.* Couleur ochre pâle ; pédicule court, élargi postérieurement , duveté , adhérent au pied. batsc. el. fung. cent. 171. f. 124.

170. *Bucinalis.* Tendre , d'un blanc bleuâtre ; chapeau membraneux; lames décurrentes sur un pédicule court et tortueux. batsc. el. fung. cent. 2. p. 85. t. 39. f 214.

171. Très fragile. *Fragillimus.* Couleur d'ochre ; chapeau convexe , fragile, le milieu ombiliqué ; pédicule grêle , court. batsc. el. fung. cent. 2. p. 87. t. 39. f. 216.

172. Gros. *Obesus.* Épais , jaune d'ochre ; chapeau en coussinet , inégal ; pédicule court, roussâtre. batsc. el. fung. cent. 2. p. 89. t. 39 f. 216.

173. Flabelliforme. *Flabelliformis.* En gazon; chapeau comme furfuracé , pâle ; lames presque couleur de canelle ; pédicule latéral , comprimé , dilaté au sommet. bull. herb. franc. 2. t. 140. *Agaricus stypticus.*

* * * * * * * *Espèces laiteuses.*

174. Délicieux. *Deliciosus.* Pédicule arrondi , maculé ; lames jaunes, remplies d'un suc jaune , inégales , longues , décurrentes ; chapeau couleur de brique , déprimé au sommet. kern. schwoem. t. 6. f. 1. (1)

175. *Torminosus.* Lames inégales , jaunes, remplies d'un suc jaune; chapeau jaunâtre ; sommet déprimé ; marge poilue , stiée. sc. fung. t. 12.

176. Meurtrier. *Necator.* Répandant un suc blanc ; chapeau obscur; sommet concentriquement strié ; marge courbée, fibreuse; lames alternes , plus pâles ; pédicule plein. bull. herb. franc. t. 13.

177. Zonaire. *Zonaris.* Pédicule jaunâtre , blanc, court, rempli, arrondi ; chapeau gris cendré, strié concentriquement ; sommet déprimé ; lames blanchâtres. sc. fung. t. 235.

---

(1) On a donné à cette espèce le nom d'oronge : elle est très bonne à manger; mais il faut bien la connaître pour ne pas prendre pour elle des espèces voisines et dangereuses. L'oronge a le petiole égal, sans collet, sans bourse et sans bulbe à sa base. Elle est un peu visqueuse étant jeune , donnant un suc , une teinture, un bouillon de couleur jaune , caractère bien différent du suc propre de couleur jaune qui est un poison , et sort par lames arrondies de l'espece suivante lorsqu'on la déchire.

178. AGARIC doux. *Dulcis.* D'un rouge sordide, intérieurement blanc; répandant un suc blanc et doux; chapeau infundibuliforme, le végétal étant adulte; lames nombreuses, comme décurrentes. bull. herb. franc. t. 224.

179. Roux. *Rufus.* Pédicule plein, fragile; chapeau orangé; chapeau en ombilic lorsqu'il est adulte; lames fines, étroites, fragiles, noirâtres, répandant un suc jaune, celles du second et du troisième rang inéagles. bolton fung. 9. t. 9.

180. Scrobiculé. *Scrobiculatus.* Répandant un suc laiteux et ensuite soufré; chapeau jaune, poilu, convexe, déprimé; lames plus pâles, rameuses; pédicule arrondi, épais, court. sc. fung. t. 227. (1)

181. Livide. *Liveus.* Roide, fragile; macules du chapeau basanées; lames jaunes. batsc. el. fung. cent. 2. p. 51. t. 36. f. 202.

182. Laiteux. *Lactifluus.* D'une odeur suave, doux, répandant un suc à peine âcre; chapeau noirâtre, ferme; lames fragiles, jaunâtres ou carnées; pédicule plein, arrondi, spongieux. sc. furg. t. 5. (2)

183. Très âcre. *Acerrimus.* Inodore ou d'une odeur forte, âcre, répandant un suc très acerbe; chapeau noirâtre, ferme; lames fragiles, jaunâtres ou carnées; pédicule plein, arrondi, spongieux. bull. herb. franc. t. 282.

184. *Ichoratus.* Pédicule d'un jaune pâle; chapeau opaque, tendre, sec, d'un jaune noir; le sommet déprimé; la marge safran, élevée; lames inégales, bifides extérieurement, d'un jaune pâle. batsc. el. fung. cent. 37. f. 60.

185. Cimicaire. *Cimicarius.* Ferrugineux, noirâtre; chapeau opaque, humide, infundibuliforme; lames de triple longueur; pédicule arrondi, fistuleux. bats. el. fung. cent. 50. f. 69.

186. Opaque. *Opacus.* Répandant un suc âcre; blanc; chapeau roide, humide, visqueux, d'un noir cendré, creusé au sommet, et en bandelettes concentriques; lames larges, de triple longueur, plus étroites des deux côtés, d'un jaune carné; pédicule blanchâtre. bats. et fung. cent. 57. f. 68. (3)

187. Poivré. *Piperatus.* Blanc, répandant un suc acre; chapeau lisse, fragile, à sommet cave dans sa vieillesse; marge

---

(1) *Agaricus crinitus.* Schœff. fung. t. 228.

(2) *Agaricus fulvus.* Kern. schw. t. 11. f. r. *Agaricus aureus.* krapt. æsterr. sckw. 2. t. 1. f. 1. 3. *Agaricus argenteus.* kern. sckw t. 11. f. 2. C'est un terrible poison.

(3) C'est probablement une variété de l'agaric âcre. C'est aussi un poison.

courbée;

courbée ; lames inégales , irrégulières , étroites ; pédicule plein, rétréci des deux côtés. bolt. fung. 21. t. 21. sc. fun t. 83. (1)

188. AGARIC de bulliard. *Bulliardi.* Acre ; chapeau lisse , lavé de couleur canelle, à sommet creusé , à marge courbée, crénelée ; lames de double longueur ; pédicule cylindrique , épais. bull. herb. franc. t. 292.

189. Amer. *Amarus.* Répandant un suc acre ; chapeau jaunâtre , à sommet creusé lorsqu'il est adulte, à marge ondulée ; pédicule de même couleur, épais, cylindrique , plein ; lames rameuses , peu jaunes. Kern. schw. t. 9. f. 1.

190. Acre. *Acris.* Chapeau tondu , mutable, jaunâtre ; lames de triple rang ; pédicule comprimé , silloné , rétréci en bas. bolt. fun. 2, t. 60.

* * * * * * * *Lisses , membraneux , à peine charnus, coriaces ; chapeau et lames coriaces.*

191. Mieleux. *Melleus.* Pédicule alongé , cylindrique, comme linéaire , fistuleux, couleur de cire ; chapeau convexe , d'un soufre pâle et ferrugineux ; marge pâle , striée ; lames blanchâtres. sc. fun. t. 45.

192. Caryophyllé. *Caryophylleus.* Pédicule jaunâtre , fin, cylindrique, plein ; chapeau convexe , doré , à sommet élevé , comme ferrugineux ; marge crénelée ; lames d'un canellé pâle. sc. fun. t. 77.

193. Ciré. *Cereolus.* Pédicule alongé , blanc de neige , plein ; chapeau campanulé , d'un soufre pâle , à marge d'un jaune ferrugineux ; lames cendrées , noirâtres. sc. fun. t. 51.

194. Lacrymal. *Lacrymalis.* Chapeau déprimé , noirâtre , ou jaune ; lames d'un jaune noirâtre , inégales ; pédicule plus obscur , alongé , linéaire , bulbeux à la base. bats. el. fun. 75. fig. 7. 8.

195. Oricome. *Auricomus.* Pédicule linéaire , court, demi-transparent , noirâtre ; chapeau lisse, sec, déprimé, élevé dans le milieu , d'un jaune noir, radié ; lames étroites , d'un noir cendré , de double longueur. bats. el. 75. f. 21.

196. Farineux. *Farinosus.* Farineux ; chapeau conique, déprimé , lisse , d'un jaune très pâle , le milieu moins jaune ; lames terreuses ; pédicule alongé, linéaire, blanchâtre, demi-transparent , bulbeux à la la base. sc. t. 205. (2)

---

(1) C'est encore une de ces espèces dont le suc vénéneux ne se guerit que par l'émétique et ensuite l'éther.

(2) Cette espèce ne paraît pas appartenir à cette série.

197. AGARIC blanchâtre. *Candicans*. Pédicule linéaire, blanc, plein, annulé ; chapeau convexe, comme visqueux, brillant, jaunissant ; lames basanées. sc. fun. t. 21.

198. Ombiliqué. *Umbilicatus*. Jaunâtre ; sommet du chapeau ombiliqué, jaunissant ; lames comme décurrentes ; pédicule cylindrique, plein, amplifié en dessus. sc. fun. t. 207.

199. Décurrent. *Decurrens*. Jaunâtre ; sommet du chapeau ombiliqué ; marge plissée, striée ; lames décurrentes, les plus petites entremêlées ; pédicule alongé, cylindrique, fistuleux. sc. fun. t. 232. (1)

200. Noirâtre. *Fuscescens*. Pédicule linéaire, comme alongé, pâle, fistuleux ; chapeau convexe, basané ; lames d'un jaune basané. sc. fun. t. 60.

201. Des collines. *Collinus*. Chapeau convexe, en bouclier, blanc, ou d'un jaune pâle, luisant ; pédicule alongé, de même couleur, demi-transparent, fistuleux ; lames gris blanc. sc. fun. t. 220.

202. A crête. *Cristatus*. Pédicule cylindrique, fistuleux, noirâtre ; chapeau blanc de lait, varié par des écailles en faisceau et d'un gris cendré ; lames tendres, blanches, dispersées sur triple rangée. bull. herb. franc. t. 405. et t. 70. et. t. 505. f. 2.

203. Tigré. *Tigrinus*. Chapeau convexe, écailleux, blancâatre, à centre déprimé ; lames décurrentes, jaunâtres. bull. herb. franc. t. 70.

204. Maron. *Castaneus*. Pédicule linéaire, blanc, fistuleux, élastique ; chapeau lisse, soyeux, couleur de maron ; lames tendres, d'un rouge brun, celles de troisième rangée très courtes. bull. herb. franc. t. 268.

205. Irrégulier. *Irregularis*. Lames distantes, d'un incarnat obscur, disposées en triple rangée ; chapeau sordide, visqueux, gris cendré, à marge lobée, ondulée ; pédicule cylindrique, lisse, fistuleux, cendré, dur. bolton. fung. 13. t. 13.

206. Élastique. *Elasticus*. Chapeau convexe, ferrugineux ; chair élastique ; lames disposées sur triple rangée, larges, distantes, blanches ; pédicule inégal plein, élastique, ferrugineux. bolton fun. 16. t. 16.

207. Plumeux. *Plumosus*. Chapeau hémisphérique, couleur de souris, couvert d'écailles laineuses ; lames larges, nombreuses, blanches, flexibles, posées sur triple rangée ; pédicule linéaire, alongé, écailleux. Bolton. fun. 33. t. 33.

208. Noir velu. *Nigro villosus*. Chapeau humide, duveté, noirâtre, cucullé étant adulte ; marge inégale ; pédicule li-

____

(1) C'est une variété de l'agaric ombiliqué.

néaire, blanc ; lames élargies en dedans, rougeâtres dans leur vieillesse bul. herb. franc. t. 214.

209. AGARIC. fendu. *Fissus.* Chapeau conique, basané ; marge striée, olivâtre ; lames larges, nombreuses, fines, flexibles, couleur de chair orangée, posées sur triple rangée ; pédicule couleur de souris, élastique, fistuleux, comprimé. bolt. fung. 35. t. 35.

210. Rouge. *Rubens.* Très rouge, mou ; chapeau opaque ; lames larges, tendres, transparentes, disposées sur triple rangée ; pédicule épais, alongé. bolton. fun. 36. t. 36. (1)

211. Raméal. *Ramealis.* Pédicule plein, cylindrique, blanchâtre ; chapeau creusé lorsqu'il est adulte, blanc, jaune ou rougeâtre dans le milieu ; lames nombreuses, divisées, blanchâtres. bulliard. herb. franc. t. 336.

212. *Velutipes.* Pédicule fistuleux, duveté inférieurement, noir, couleur de feu en dessus ; chapeau convexe, jaune, lisse ; lames comme du bois, les plus petites entremêlées. bulliard. herb. franc. t. 344.

213. *Ardesiacus.* Pédicule fistuleux, bleuâtre en dessus, et inférieurement blanc ; lames larges, couleur de feu, les cinquièmes plus courtes entre deux plus longues ; chapeau hémisphérique, strié concentriquement, bleuâtre en dessus. bulliard. herb. franc. t. 348.

214. Rampant. *Repens.* Pédicule rampant, fistuleux, fibreux, rameux ; rameaux rouges ; chapeau convexe, jaunâtre, à centre déprimé ; lames de même couleur, divisées. bulliard herb. franc. t. 90.

215. Safran. *Croceus.* Chapeau jaune, lisse, sec, tronqué, conique, à sommet en mamelon ; marge lacérée ; lames rares ; pédicule jaunâtre, plein, cylindrique. bulliard. herb. franc. t. 50. (1)

216. Hyacinthe. *Hyacinthus.* Pédicule alongé, linéaire, droit, fistuleux ; chapeau conique, jaune, ou d'un vert noirâtre ; lames plus pâles. batsch. el. fung. 81. t. 28. (3)

217. Vineux. *Vinosus.* Basané, d'une odeur de vin, presque âcre ; chapeau orbiculaire ; sec, verruceux dans le milieu ; lames serrées, pédicule plein. bulliard. herb. franc. t. 54.

---

(1) C'est une variété de l'agaric sanguin.

(2) *Agaricus coccineus.* Schœff. fung. t. 302. *Agaricus psitacinus.* Schœff. fung. t. 301.

( ) Cette espèce ne parait être qu'une variété de *l'agaricus fastigiatus.*

X 2

218. AGARIC souflé. *Auratus*. Pédicule fistuleux, extérieurement orangé ; lames soufrés ; chapeau convexe, visqueux. bolton. fung. 2. t. 67. f. 2.

219. Fendu. *Scissus*. Couleur de souffre ; pédicule fistuleux, contourné ; chapeau comme conique, à marge lacérée ; lames très larges, étroites à la base, à triple rangée. bolton. fung. 2. titre 68.

220. Superstitieux. *Superstitiosus*. Blanchâtre ; chapeau orbiculaire, sec ; centre pressé, jaune ; lames comme tortueuses, de double longueur ; pédicule linéaire, fistuleux en dessus. bulliard. herb. franc. t. 56.

221. Rameux. *Ramosus*. Blanc ; chapeau orbiculaire, sec ; marge convexe ; lames plus petites et en plus petit nombre parmi les grandes ; plusieurs pédicules pleins, tortueux, sortant d'un tronc commun. bulliard. herb. franc. t. 102.

222. Pilule. *Piluliformis*. Pédicule fistuleux, blanchâtre, épaissi en dessus ; chapeau sec, globuleux, noirâtre ; marge blanchâtre ; lames blanches, divisées. bull. herb. franc. t. 112.

223. Contourné. *Cincorqus*. Pédicule spiral, blanchâtre ; chapeau sec, obscur, convexe, à sommet mameloné ; lames fragiles, blanchâtres. bulliard. herb. franc. t. 36.

224. *Americans*. Pédicule d'un jaune vert, comme tortueux, fistuleux ; lames vertes, les plus petites posées entre les plus grandes ; chapeau gluant, de même couleur. bulliard. herb. franc. t. 30.

225. Bleuet. *Eganeus*. Gluant ; chapeau rond, bleu ; sommet mameloné, noirâtre ; marge blanche, à flocons ; pédicule de même couleur, comme duveté ; lames obscures, divisées. bulliard. herb. franc. t. 170. (1)

226. *Beryllus*. Pédicule alongé, linéaire, jaunâtre ; anneau noirâtre ; chapeau convexe, conique, jaune, extérieurement vert de mer, fibreux ; lames inegales, d'un rouge pâle. sc. fung. t. 1. *Agaricus viridulus*.

227. Musqué. *Moschatus*. D'une odeur de musc ; chapeau plane, vert de mer, sec ; lames nombreuses, divisées, blanchâtres ; pédicule linéaire, ferme, blanchâtre. bulliard. herb. franc. t. 176.

228. Soufré. *Sulphureus*. Couleur de soufre ; chapeau comme conique, sec ; lames nombreuses, disposées sur triple rangée ; les plus longues contigues à un pédicule fibreux. bull. herb. franc. t. 168.

―――――――――――――――――――――――――――

(1) Cette espèce n'est probablement qu'une variété de la suivante.

229. AGARIC olivâtre. *Olivaceus.* Chapeau convexe, conique, lisse, entier, doré, à centre ferrugineux ; lames nombreuses, serrées, olivâtres, sinuées sur la marge, d'une quintuple longueur ; pédicules aggrégés, divergens, ascendans, alongés, linéaires, fistuleux ; anneau strié. Michel. nov. pl. gen. p. 199. t. 80. f. 7.

230. A courci. *Abreviatus.* Pédicule alongé, blanchâtre, fistuleux dans sa vieillesse ; chapeau conique, ferrugineux ou fuligineux ; lames blanchâtres ou jaunâtres. sc. fung. t. 250 et 253.

231. Comme corné. *Subcorneus.* Pédicule alongé, linéaire, tortueux, fistuleux, pâle ; chapeau conique, déprimé, couleur de maron, à marge orangée ; lames épaisses, pâles, inégales. batsc. el. fun. 83.

232. Sanguin. *Sanguineus.* Sanguin ; chapeau convexe, lisse ; lames divisées ; pédicule cylindrique, linéaire, plein ; anneau fibreux, orangé. Jacq. misc. austr. 2. t. 15. f. 3.

233. De cire. *Cereus.* Pédicule cylindrique, linéaire, jaune, fistuleux dans le milieu ; chapeau hémisphérique, sec, lisse, ciré ; lames très fines, distantes, entières et divisées, jaunâtres. Jacq. misc. austr. 2. p. 105. t. 15. f. 2.

234. Sordide. *Sordidus.* Lames simples, droites, noirâtres ; chapeau plane, livide, noirâtre ; centre ombiliqué ; marge déprimée ; pédicule épaissi à la base. batsc. el. fun. cent. 119 f. 98.

235. A flocons jaunes. *Flavo floccosus.* Pédicule plein, ferrugineux, inégal par des flocons furfuracés ; les lames de quatre longueurs, blanchâtres ; chapeau en bouclier, couleur de soufre, obscur, furfuracé, à marge crénelée, comme ferrugineuse. batsc. el. fun. 117. f. 97.

236. Entouré. *Circumseptus.* Chapeau presqu'incarnat, souvent entouré de flocons avant la marge et jusqu'au milieu du pédoncule ; lames larges, ferrugineuses, de triple longueur. batsc. el. fun. cent. 19. f. 98.

237. Roselle. *Rosellus.* Pédicule plein, tortueux, fibreux, rougeâtre ; chapeau comme carné, convexe, opaque ; lames lâches de triple longueur, rougeâtres. batsc. el. fun. cent. 121. f. 99.

238. Comme incarnat. *Subcarneus.* Humide ; chapeau changeant, jaune ; pédicule fistuleux, droit, fibreux ; lames un peu carnées, transparentes, de triple longueur, adhérentes au pédicule. batsc. el. fung. cent. 123. f. 100.

239. Cendré. *Cinerascens.* Pédicule fibrilleux, plein, cendré, basané ; chapeau glabre, cendré ; lames jaunâtres de quatre longueurs, les plus longues attachées au pédicule. batsc. el. fun. cent. 125. f. 121.

240. *Obsoletus.* Lames larges, livides, disposées sur quatre

rangées , attachées au pédicule, qui est de même couleur, plein et spongieux ; chapeau en coussinet , lisse , jaune, carné. batsc. el. fung. cent. 127. f. 102.

241. AGARIC tremblant. *Tremebundus.* Pédicule fibreux , tortueux , fistuleux ; lames inégales , adhérentes au seul pétiole ; chapeau incarnat , pâle , épaissi dans le milieu. batsc. el. fung. cent. 129. *Et alibi.* f. 124.

242. D'un brun blanc. *Canobrunncus.* Humide ; chapeau tendre ; pédicule fibreux ; lames brunes , de quatre longueurs ; la dernière marge farineuse. batsc. el. fun. cent. 133. f. 105.

243. Bulbeux blanc. *Candido bulbosus.* Pédicule de même couleur, solide , fort , portant le chapeau à base bulbeuse ; lames livides, comme de triple longueur ; la dernière marge blanche ; chapeau en bouclier , blanc , soyeux , luisant. batsc. el. fun. cent. 133. f. 106.

244. *Aurivenius.* Pédicule de même couleur , fibreux , bulbeux à la base ; lames inégales , adhérentes au seul chapeau , blanches sur la marge qui est crénelée et furfuracée ; chapeau en bouclier , fibreux , veiné , jaunâtre. bulliard. herb. franc. t. 388.

245. Bulbulaire. *Bulbularis.* Pédicule blanc , soyeux , luisant , plein , bulbeux , soutenant le chapeau ; lames demi-orbiculaires , adhérentes au seul chapeau , d'un jaune livide , sur triple rangée ; chapeau lisse , en bouclier , hémisphérique , déprimé , jaunâtre. batsc. el. fung. cent. 137. f. 108.

246. Coriace. *Coriaceus.* Pédicule plein , alongé , tendre , soutenant le chapeau ; lames plus pâles , adhérentes au seul chapeau ; chapeau déprimé , convexe , incarnat jaune. batsc. el. fun. cent. 139. f. 109.

247. Duveté. *Tomentosus.* Pédicule grêle ; anneau fugace ; chapeau convexe , conique , duveté , jaune. Hoffm. nomencl. fun. I. n. 241. t. 2. f. 1.

248. Des mouches. *Muscorum.* Chapeau pressé , strié , d'un jaune basané ; pédicule court , à base épaissie ; lames horizontales , plus pâles. Hoff. nomencl. fung. I. n. 242. t. 5. f. 3.

249. Demi-globé. *Semi-globatus.* Chapeau glabre , demi globuleux , jaunâtre ; pédicule presque de même couleur , opaque , grêle ; alongé , humide , noirâtre dans le milieu , soutenant le chapeau ; lames cendrées , maculées obscurément ; les plus longues attachées au pétiole. batsc. el. fun. cent. 141. f. 110. (1)

250. Diffus. *Diffusus.* Chapeau tendre , lisse , d'un incarnat livide ; lames alongées , d'un violet foncé , sur quatre rangées ,

____

(1) *Agaricus clypeatus.* Bolton. el. fung. 2. 57. t. 57.

les plus alongées adhérentes au pédicule ; pédicule blanc de neige , alongé , fistuleux , soutenant le chapeau. batsc. el. fun. cent. 143. f. 3.

251. AGARIC pourpré. *Purpureus.* Chapeau hémisphérique, pourpré ; pédicule court , fistuleux ; lames blanchâtres , à triple rangée. bolton. fun. 41. t. 41 . B.

252. Contourné. *Contortilis.* Chapeau basané , strié , ondulé ; lames carnées ; pédicule court , carné. bolton. fun. 41. t. 41. f. A.

253. Granuleux. *Granulosus.* Chapeau blanc , granulé ; d'un jaune ferrugineux ; pédicule de même couleur , linéaire , fort ; lames blanches. batsc. el. fung. 79. f. 24.

254. Hérissé. *Hispidus.* Chapeau brun , à sommet hérissé ; pédicule linéaire , solide ; lames plus pâles. batsc. el. fun. 81. f. 25.

255. Fuliginé. *Fuliginatus.* Chapeau conique , blanchi par des striures blanches , à écailles fuligineuses ; pédicule linéaire , comme alongé , solide , blanc de neige ; lames très blanches. batsc. el. fun. 81. f. 26.

256. Écailleux noir. *Atrosquamosus.* Chapeau d'un jaune blanc , écailleux en macules striées et noires ; pédicule en alène , solide ; lames blanches. batsc. el. fung. 81. f. 27. (1)

257. Parasol. *Umbraculum.* Pédicule en alène , blanc , strié , tortu ; chapeau arrosé , déprimé , conique , d'un noir cendré ; lames de même couleur , rares , de triple longueur. batsc. el. fun. 79. f. 4.

258. *Placenta.* Pédicule linéaire , alongé , solide , fibreux , tortueux ; chapeau déprimé en bouclier , cendré , jaunâtre ; lames incarnat blanc. batsc. el fun. 79. f. 18. (2)

259. Couleur de souris. *Murinus.* Pédicule alongé , linéaire , solide , cendré , strié de noir ; chapeau déprimé , noir ; lames cendrées. batsc. el. fun. 79. f. 19.

260. Farineux. *Farinaceus.* Pédicule noirâtre ; chapeau rouge violet , convexe , à sommet comme déprimé ; lames violettes. sc. fung. t. 8. t. 12. t. 13. f. 1. 2. t. 23.

261. Violet. *Jantinus.* D'un violet rouge ; chapeau comme convexe ; lames distantes , convexes , décurrentes ; pédicule alongé , linéaire. sc. fun. t. 13. f. 2. 4. 5. 8.

262. Laque. *Laccatus.* Presqu'incarnat ; chapeau strié , convexe ; à sommet déprimé ; pédicule cylindrique , droit. batsc. el. fun. 79. f. 20.

---

(1) *Agaricus conspurgatus.* Mich. nov. pl. gen. t. 78. f. 6. 8. Cette espèce ne diffère guères du *cristatus.*

(2) Peut-être , est-ce une variété de l'*olipantus.*

263. AGARIC *Majalis*. D'une odeur suave ; chapeau con‑vexe, sec ; pédicule de même couleur , épaissi inférieurement ; lames membraneuses , comme décurrentes , aigues des deux côtés. bulliard, herbar. franc. t. 142.

264. Mameloné. *Mammosus*. D'une odeur suave , noirâtre ; chapeau difforme ; lames élargies , divisées , éloignées du pédi‑cule , qui est linéaire , plein , en spirale. bull. herb. franc. t. 144.

265. Alliaire. *Alliatus*. Odeur d'ail , blanc ; marge du cha‑peau ondulée , striée ; lames divisées , contigues au pédicule. bulliard. herb. franc. t. 153. (1)

266. Alliacé. *Alliaceus*. Odeur d'ail ; chapeau convexe, blabre, basané , pâle ; lames blanchâtres ; pédicule noir , luisant, fistu‑leux. Jacq. flor. austr. I. t. 82.

267. Plissé. *Plicatus*. Odeur d'ail ; chapeau aplani , à marge d'un jaune roux , ondulé , plissé ; lames inégales , blanchâtres ; pédicule cylindrique , linéaire , roux. sc. fun. t. 99. f. 2. 5. 8.

268. Du sapin. *Abietis*. Pédicule linéaire , alongé , basané ; cha‑peau très blabre , comme visqueux , déprimé , convexe ; lames blanchâtres. sc. fun. t. 99. f. 1. 3. 4.

269. Du pin. *Pineti*. En gazon ; chapeau déprimé , convexe , en bouclier , très glabre , presque blanc de neige ; lames de même couleur , inégales ; pédicule grêle , linéaire , obscur. batsc. el, fung. 73. f. 9.

270. *Esculentus*. Pédicule grêle , fistuleux , d'un jaune sordide ; lames blanches ; chapeau convexe, couleur de terre. Jacq. misc. austr. 2. t. 14. f. 4.

271. Clou. *Clavus*. Pédicule linéaire , cylindrique , plein , tor tu inférieurement ; chapeau plane , en bouclier , jaune ; marge striée ou plissée ; lames d'un blanc sale. sc. fun. t. 59. (2)

272. Fibrilleux. *Fibrillosus*. Pédicule grêle , linéaire , fistuleux , presque gris ; chapeau convexe , gris ; lames convexes , grises , en petit nombre. sc. fung. t. 336. (3)

273. Crénelé. *Crenulatus*. Chapeau couleur de canelle peu foncée , pulvérulent , à marge crénelée ; lames de même couleur ; pédicule de même couleur , grêle , fistuleux. sc. fun. t. 226.

274. Coriace. *Subcoriaceus*. Chapeau convexe , d'un jaune noir , à marge entière ; lames basanées , livides ; pédicule linéaire , alongé , un peu grêle , jaunâtre. sc. fun. t. 203.

---

(1) Cette espèce est très rapprochée de la suivante.

(2) Il est très petit , de couleur orangée , imitant un clou doré.

(3) C'est une simple variété du précédent.

275. AGARIC...

275. AGARIC d'un roux noir. *Atro. rufus.* Chapeau convexe, en bouclier, hépatique, blanchâtre, strié, à marge crénelée; lames plus pâles, ainsi que le pédicule, qui est linéaire, grêle, alongé, fistuleux. sc. fun. t. 334.

276. Sétacé. *Setaceus.* Pédicule alongé, comme en alène, d'un soufre pâle; chapeau en bouclier, vermillon; lames dorées. sc. fun. t. 222.

277. Anguleux. *Angulatus.* Blanc; chapeau plane, à marge fimbriée, anguleuse; lames rares; pédicule alongé, grêle. Michel. nov. pl. gen. p. 146. t. 74. f. 4.

278. Clef. *Clavis.* D'une odeur suave; chapeau arrondi, jaune brun; lames à rameaux divisés, contigues au pédicule, qui est noirâtre, cylindrique, court, plein. bull. herb. franc. t. 148.

279. Boucle. *Fibula.* Jaunâtre; chapeau rond, infundibuliforme; lames décurrentes; pédicule linéaire, lisse, plein. bulliard. herb. franc. t. 186.

280. Campanelle. *Campanella.* Pédicule safran, cylindrique, plein, fragile, grêle; lames d'un soufre pâli; chapeau conique, convexe, ombiliqué, glabre strié, safran. sc. fun. t. 230.

281. Petit. *Minutus.* Petit, chapeau campanulé, noirâtre, strié; pédicule court, recourbé. hoffm. nomencl. fun. 1. n. 277. t. 6. f. 3. 4.

282. Ferruginé. *Ferruginatus.* Pédicule alongé, tordu, comme en alène, d'un jaune pâle; chapeau petit, conique, jaunâtre, ferrugineux au milieu; lames d'un jaune pâle. bats. el. fun. cent. 109. f. 92.

283. Hypne. *Hypni.* Lames ferrugineuses, de triple rangée, les intérieures attachées au pédicule grêle et fistuleux; chapeau en bouclier, d'un jaune pâle; marge plissée, ferrugineuse. bats. el. fun. cent. 117. f. 96.

284. Strié. *Striatellus.* Pédicule filiforme, fistuleux, blanc; chapeau conique, comme ovale, blanc gris jaunâtre, plissé; lames plombées, inégales. sc. fun. t. 211.

285. Fumée. *Fumus.* Chapeau conique, comme ovale, aigu, basané ou jaune; lames rouges; Pédicule linéaire, alongé, plus pâle. sc. fun. t. 63. 70. 229.

286. Fuliginaire. *Fuliginarius.* Chapeau conique, comme ovale, aigu, noir, rude; pédicule solide, de même couleur, blanchâtre supérieurement; lames carnées. bats. el. fun. 71. f. 40.

287. Contracté. *Contractus.* Chapeau noir basané, strié, oblong; marge contractée, plus blanche; pédicule fibreux, tortueux, strié, de même couleur; base hérissée, plus blanche. bats. el. fun. cent. f. 85.

Y

288. AGARIC à glandes. *Glandifer.* Pédicule linéaire , noir basané ; lames blanches , alongées ; chapeau oblong , noir , basané , strié ; marge resserrée , blanche. bats. el. fun. cent. 99. f. 86.

289. D'un bleu noir. *Atro cyanus.* D'un bleu noir , mouillé ; chapeau cuculié , strié , silloné ; l'extrêmité de la marge plus blanche ; lames plus blanches ; pédicule alongé , linéaire , strié , silloné. bats. el. fun. cent. 1101. f. 87.

290. Livide. *Luridus.* Pédicule linéaire , blanc , en massue à la base ; lames sur double rangée , d'un gris cendré ; chapeau glabre , humide , d'un jaune cendré. bats. el. fun. cent. 107. f. 90.

291. Crevassé. *Rimosus.* Lames blanchâtres , larges , lâches , comme ondulées ; chapeau basané gris, mouillé , souvent blanc et crevassé ; pédicule soyeux , fibreux, blanc de neige. bats. el. fun. cent. 2. p. 65. t. 37. f. 207.

292. Marginé. *Marginatus.* Pédicule fibrilleux , d'un jaune livide , blanc de neige à la base ; lames ferrugineuses sur triple rangée ; chapeau glabre , comme ferrugineux , à marge membraneuse. bats. el. fun. cent. 2. p. 65. t. 37. f. 207.

293. Altérable. *Alterabilis.* Pédicule fibrilleux ; lames d'un noir ferrugineux ; chapeau jaunâtre , déprimé , conique. bats. el. fun. cent. 2. p. 69. t. 38. f. 208.

294. Viscéral. *Visceralis.* Hépatique basané ; chapeau convexe ; pédicule grêle , blanc à la base ; lames plus épaisses , rares , sur triple rangée. bats. el. fun. cent. 2. p. 77. t. 38. f. 211.

295. *Crysodon.* Blanc ; marge du chapeau crénelée , jaunâtre ; pédicule jaune , mouillé supérieurement ; lames à marge soufrée , mouillée.s bats. el. fun. cent. 2. p. 79. t. 38. f. 212.

************* *Tendres ; chapeau ou lames , et pédicules transparens , le plus souvent de même couleur ; le chapeau strié , plissé.*

296. Grêle. *Gracilis.* Pédicule alongé , grêle ; chapeau comme conique , élastique , sec ; lames en petit nombre , trifides , rouges. bolton. fun. 2. t. 51. f. 1.

297. Sulfuré. *Sulphuratus.* Pédicule linéaire , alongé , fistuleux , sulfuré ; chapeau jaunâtre , blanc , convexe , inégal par ses larges plis ; lames blanches sur double rangée. sc. fun. t. 31.

298. Brûlé. *Adustus.* Basané ; chapeau convexe, conique, largement plissé , extérieurement d'un gris pâle ; pédicule linéaire , alongé , fistuleux. sc. fun. t. 32.

299. Pilosule. *Pilosulus.* Cendré noir ; pédicule filiforme , poilu inférieurement sur les flancs ; chapeau convexe , largement plissé sur les flancs ; marge dentée ; lames de double longueur. bats. el. fun. 67. f. 2.

300. AGARIC sonnette. *Tintinabulum.* Cendré ; chapeau demi-ovale, entier, strié sur les flancs ; pédicule linéaire, alongé, jaunâtre. bats. el. fun. 67. f. 3. sc. fun. t. 237. *Agaricus pallescens.*

301. *Minutulus.* Pédicule cylindrique, plein, courbé, blanchâtre ; chapeau campanulé, doré ; lames rares, jaunâtres. sc. fun. t. 308.

302. Hérissé. *Hirtus.* Chapeau conique ; glabre, strié, cendré ; pédicule semblable et fistuleux sous un tendre duvet ; lames de même couleur, nombreuses, divisées, aigues des deux côtés, sur double rangée. bulliard. herb. franc. t. 138.

303. Androsacé. *Androsaceus.* Pétiole grêle, obscur ; chapeau conique, transparent, strié, crénelé, blanc ; lames blanchâtres. sc. fun. t. 239. (1)

304. *Trichopus.* Blanc ; chapeau campanulé, comme strié ; pédicule grand, sétacé, à queue, blanc. scop. flor. carn. ed. 2. n. 1493.

305. *Bicolor.* Lames rares, distantes, noirâtres dans leur vieillesse ainsi que le chapeau qui est caduc ; pédicule capillaire, dur, transparent, noir. bolton. fun. 32. t. 32.

306. *Nothus.* Blanc cendré ou jaunâtre ; lames décurrentes ; chair blanche ; pédicule grêle, plein. bull. herb. franc. t. 276.

307. Ombellé. *Umbellatus.* Blanchâtre ; chapeau convexe, comme conique, enfin aplani en bouclier, plissé ; lames distantes ; pédicule grêle, cylindrique, fistuleux. sc. fun. t. 309.

308. Ombellifère. *Umbelliferus.* Petit, blanc, transparent ; chapeau hémisphérique ; marge plissée ; lames distantes ; pédicule filiforme. bolton. fun. 39. t. 39. i. A. (2)

309. Blanc. *Candidus.* Mince, blanc ; chapeau hémisphérique, à marge roulée ; lames flexibles, pédicule arrondi, tortueux. bolton. fun. t. 39. f. D.

310. Radié. *Radiatus.* Pédicule filiforme, transparent ; chapeau cendré, plissé en rayons, transparent. bolton. fun. 39. t. 39. f. c.

311. Perforant. *Perforens.* Pédicule sétacé, noir, perforant ; chapeau hémisphérique, marginé, strié. Hoffm. nomencl. fun. 1. nm. 304. t. 4. f. 2. (3)

---

(4) pétiole très fin, très long ; lames très minces ; chapeau très petit.

(2) Chapeau petit, blanc, tendre, strié ; pétiole long, capillaire, nu ; lames blanches, peu nombreuses.

(6) Cette espèce semble se confondre avec l'agaric androsacé.

312. AGARIC membranacé. *Membranaceus*. Pédicule alongé , fistuleux , épaissi en dessous ; chapeau campanulé, d'une couleur foncée de souris , strié. Hoffm. nomenclat. fun. 1. n. 305. t. 6. f. 1.

313. Étoilé. *Stellatus*. Pédicule grêle , entouré d'un involucre latéral ; étoilé ; chapeau strié. Hoffm. nomenclat. fun. 1. n. 306. t. 6. f. 2.

314. Mameloné. *Papillatus*. Blanc ; chapeau à mamelon noirâtre ; lames convexes ; pédicule filiforme. Hoffm. nomenclat. fun. 1. n. 307. t. 3. f. 2.

315. Mamillaire. *Mamillaris*. Pédicule filiforme , à queue ; chapeau hémisphérique, longuement mameloné. Hoffm. nomenclat. fun. 1. n. 308. t. 4. f. 1.

316. Turfacé. *Turfaceus*. Pédicule arqué ; chapeau couleur de terre , pâle , strié , transparent , contourné ; lames ridées. bolt. fun. t. 41. f. c.

317. D'un jaune blanc. *Luteo albus*. Pédicule filiforme , jaunâtre ; lames blanches , larges , sur triple rang ; chapeau conique , strié, jaunâtre. bolton. fun. 38. t. 38. f. 1.

318 Fin. *Tenuis*. Blanchâtre ; chapeau campanulé , membraneux ; lames à triple rangée , transparentes ; pédicule très long , fistuleux , transparent. bolton. fun. 37. t. 37.

319. Serré. *Confertus*. Blanc ; chapeau glabre , conique , aigu , basané au sommet ; lames égales , serrées , tendres , ombragées d'une couleur noirâtre ; pédicule plein. bolton. fun. 18. t. 18.

320. De Norvège. *Norvegicus*. Soufré ; chapeau eu bouclier , strié , anguleux ; lames linéaires alternativement plus petites , plus pâles ; pédicule plus pâle , linéaire, fistuleux. Gunn. fl. norv. n. 994. t. 7. f. a. b.

321. *Rotula*. Blanchâtre ; chapeau convexe , en bouclier ; strié ô extérieurement ; lames plus larges , distantes, attachées à un anneau particulier. Mich. nov. pl. gen 195. t. 79. f. 7.

322. Conique. *Conicus*. Chapeau campanulé , aigu , nétoyé livide , strié ; lames blanches ; pédicule fistuleux , cendré.

323. *Peronatus*. Chapeau hémisphérique ; lames en petit nombre ; étroites , disposées sur triple rangée ; pédicule glabre en dessus , lanugineux en dessous, arqué à la basee bolton. fun. 2. t. 58.

324. Du cheval. *Equinus*. Soufré ; chapeau changeant , noircissant , jaune , radie ; pédicule fistuleux ; lames sur triple rangée. Bolton. fun. 2. t. 65.

325. Bigaré. *Variegatus*. Chapeau obtus , conique , basané cendré ; lames sur triple rang , cendrées ; pédicule cendré , fistuleux. bolton. fun. t. 66. f. 1.

326. AGARIC cuspidé. *Cuspidatus*. Chapeau conique, aigu, gris cendré ; lames sur triple rang, étroites, basanées, pédicule fistuleux. bolton. fun. 2. t. 66. f. 2.

327. Noix. *Nuceus*. Chapeau globuleux, couleur de maron ; marge lobée, recourbée ; lames recourbées, sur triple rangée ; pédicule grêle, blanc, fistuleux bolton. fun. 2. t. 70.

328. Sillonné. *Sulcatus*. Cendré ; chapeau conique ; sommet aigu, basané ; pédoncule alongé, linéaire, épaissi dans le bas. Sc. fung. t. 52. f. 7. 9. (1)

329. Gris. *Griseus*. Pédicule alongé, fibrilleux à la base ; chapeau conique, en bouclier, aplani, opaque, marqué de plis larges et obtus ; lames de triple longueur. batsc. el. fun.

330. Clavulaire. *Clavularis*. Tendre, d'un vert blanchâtre ; chapeau comme hémisphérique, ombiliqué, plissé ; lames en petit nombre, inégales ; pédicule grêle, bulbeux à la base. bats. el. fun. cent. 89. f. 81

331. Moisissure. *Mucor*. Très petit, gris ; chapeau convexe ; lames en petit nombre ; pédicule tendre, transparent ; la base insérée à une bulbe en anneau. bats. el. fun. cent. 91. f. 82.

332. Saccharin. *Saccharinus*. Blanc ; chapeau conique, aplani, opaque, lâchement plissé, ondulé ; lames en petit nombre, étroites, épaisses ; pédicule en alène, rougeâtre. bats. el. fun. cent. 93. f. 83.

333. Aiguille. *Acicularis*. Très petit, blanc ; chapeau hémisphérique ; lames en petit nombre, épaissies ; pédicule sétacé. Hoffm. nomencl. fun. I. n. 322. t. 5. f. 2.

********** *Espèces qui se dissolvent en une liqueur noire ou qui sont pourvues de lames noires.*

334. Momentané. *Momentaneus*. Lames et pédicule fistuleux, linéaires, blancs ; chapeau conique, comme mameloné, comme cendré, basané, strié, crénelé. bull. herb. franc. t. 128.

335. Gris cendré. *Spadiceo griseus*. Chapeau pâle, à ombilic plus jaune, à marge très fine, striée, grise ; lames noirâtres dans sa vieillesse ; pédicule alongé, fistuleux, blanchâtre ; plus grêle en dessus. sc. fun. t. 237.

336. Papyracé. *Papyraceus*. Blanc ; chapeau hémisphérique, membraneux ; lames sur triple rangée, distantes, noirâtres par l'âge ; pédicule fistuleux. bolton. fun. II. t. II.

337. Ombiliaire. *Umbilicaris*. Coriace, blanchâtre, se dissolvant en une liqueur noirâtre ; lames sur triple rangée, distantes ; pédicule plein. bolton. fun. 17. f. 17.

---

(1) C'est purement une variété de l'agaric conique.

338. AGARIC fasciculé. *Fasciculatus*. Se dissolvant à mesure qu'il noircit ; chapeau convexe, lisse, jaune ; lames nombreuses, étroites, olivâtres ; pédicule tortueux, fistuleux, jaune. bolton: fun. 29. (1)

339. Aigu. *Acuminatus*. Pédicule cylindrique, étroit, fistuleux, d'un rouge noir ; chapeau conique, aigu, couleur de souris pâle ; lames noires. sc. fun. t. 202.

340. Sordide. *Sordidulus*. Pédicule grêle, alongé, fistuleux, noirâtre ; chapeau écailleux, d'un jaune sordide ; lames terreuses, noires, pulvérulentes, et enfin toutes noires. sc. fun. t. 210.

341. Charbonier. *Carbonarius*. Pédicule demi-transparent, gris dans le bas ; chapeau conique, luisant, plombé ; lames de quatre longueurs, noires, blanchâtres à la marge. bats. el. fun. 69. f. B. et cent. 107. f. 91.

342. Comme noir. *Subatrus*. Pédicule alongé, fistuleux, d'un jaune blanc ; lames serrées, d'un brun noir, blanchâtres sur la marge ; chapeau opaque, en bouclier, alternativement plissé, strié, blanchâtre. bats. el. fun. cent. 103. f. 89.

343. Narcotique. *Narcoticus*. Pédicule en alène, blanc ; chapeau convexe, radié par des plis fourchus en dehors ; lames cendrées, les alternes entières et de moitié. bats. el. fun. 79. f. 77.

344. Ciliaire. *Ciliaris*. Pédicule blanc, épaissi à la base ; chapeau conique, jaunâtre, d'abord mouillé d'une rosée blanche, ensuite glutineux ; marge ciliée ; lames disposées sur triple rangée. Lo ton. fun. 2. t. 63.

345. *Tricolor*. Pédicule fistuleux ; chapeau campanulé, basané, strié, glabre ; lames noires, crépues sur la marge. bolton. fun. 2. t. 54.

346. A mamelons. *Papilliger*. Pédicule linéaire, transparent, chargé d'une poussière noire ; lames noires, blanches sur la marge, plus longues et plus courtes alternativement ; chapeau campanulé, lacéré, gris, furfureux, à marge striée, à sommet chargé de mamelons. bats. el. fun. cent. 81. f. 78.

347. Pleureur. *Lacrymabundus*. Lames distillant un suc noir, basanées, maculées de noir, inégales ; chapeau campanulé, jaune. bulliard. herb. franc. t. 194.

348. En bouclier. *Clypeiformis*. Pédicule long, cylindrique ; chapeau visqueux, en bouclier ; lames aigues des deux côtés, disposées sur triple rangée, couleur de souris dans leur jeunesse. bolto. fun. 2. t. 57.

---

(1) A peine cette espèce est-elle distincte de l'agaric fasciculaire.

************** *Fuligineux ; chapeau opaque , conique ; lames fuligineuses dans leur vieillesse , et se dissolvant enfin en une pourriture noire ; pédicule fistuleux.*

349. AGARIC ramassé. *Congregatus.* Pédicule linéaire , droit , blanchâtre ; chapeau d'un jaune blanc , crénelé , comme digitté ; lames divisées , blancvâtres. bulliard. herb. franc. t. 94.

350. *Succineus.* Lames plombées , pédicule comme alongé , blanc ; chapeau convexe , campanulé , lacéré , glabre , orangé pâle , strié. sc. fun. t. 6.

351. Aqueux. *Aqueus.* Pédicule comme alongé , blanc ; chapeau glabre , lacéré, d'un blanc noirâtre , légèrement strié et plissé ; lames noirâtres. sc. fun. t. 17.

352.. Tordu. *Tortus.* Pédicule alongé , blanc , tordu , solide ; chapeau lacéré , comme carné , strié , silloné ; lames noires. sc. fun. t. 201.

353. Cendré. *Cinereus.* Chapeau blanchâtre , en bouclier , strié ; lames connées ; pedicule alongé , d'un blanc noirâtre. sc. fun. t. 100.

354. Perlé. *Magaritaceus.* Chapeau argenté , mêlé de purpurin , strié extérieurement ; pédicule cylindrique , sali , épaissi inférieurement. sc. fun. t. 216.

355. Oval°. *Ovatus.* Chapeau écailleux , strié , blanc ; pédicule à anneau , blanc , alongé , cylindrique , grossissant dans le bas ; volvu ovale , écailleux. sc. fung. t. 7.

256. De Vaillant. *Vallantii.* Chapeau strié , cendré , ovale , ensuite gris cendré et campanulé ; lames élargies , dentelées ; pédicule linéaire , cylindrique , blanc. Vaill. flor. paris. t. 12. f. 10. 11. (1)

357. *Balanus.* Chapeau lavé de jaune , ensuite basané , silloné extérieurement , lacéré , roulé ; lames livides , rougeatres : pédicule alongé , grêle , cylindrique , blanchâtre. sc. fun. t. 66.

358. Porcelaine. *Porcellaneus.* Chapeau d'un blanc d'eau , à striures longitudinales pourprées , et varié d'écailles jaunâtres , fusiforme , enfin campanulé ; lames aigues des deux côtés ; pédicule tortueux. sc. fun. t. 47. 48.

359. Sale. *Squalidus.* Pédicule dur , tortueux ; chapeau visqueux , olivâtre , cendré , à marge inégale ; lames égales , nombreuses , serrées , larges , bolton. fun. 25. t. 25. (2)

---

(1) *Agaricus cylindricus.* Schœff. fung. t. 8. *Agaricus fugax.* Schœff. fung. t. 67. 68.

(2) Cette espèce ne paraît pas être distincte de l'agaric aqueux *aqueus.*

360. AGARIC domestique. *Domesticus.* Pédicule blanc de neige ; lames égales, élargies, nombreuses ; chapeau d'adord ovale, rude par des flocons basanés, à marge ondulée, lacérée. bolt. fun. 26. t. 26.

361. Papillonacé. *Papillonaceus.* Pédicule tortueux ; chapeau convexe, conique, comme lacéré, lames plus larges, d'un vert cendré, maculées. bulliard. herb. franc. t. 88.

362. *Fimiputris.* Chapeau obscur, plane dans sa vieillesse, à marges inégales ; lames de même couleur, maculées de noir, divisées ; pédicule noir, à anneau, épaissi inférieurement. bull. herb. franc. t. 66.

363. Petit. *Pullatus.* Chapeau campanulé, plissé, noir, visqueux ; pédicule alongé, ventru, argenté. bolton. fun. 20 t. 20.

364. Des excrémens. *Stercorarius.* Chapeau convexe, diaphane, cendré noir ; marge lacérée, roulée, lames blanches ; pédicule comme oblique, étroit, épaissi inférieurement. bull. herb. franc. t. 68.

365. Campanulé. *Campanulatus.* Transparent ; chapeau campanulé, varié, strié ; lames cendrées, montantes, posées sur double rangée ; pédicule linéaire, grêle, nud. bolt. fun. 31. t. 1.

366. *Atramentarius.* Lames larges, divisées, blanchâtres ; pédicule cylindrique, linéaire ; chapeau humide, lisse, plissé, basané ; maculé çà et là. bull. herb. franc. t. 164.

367. Digital *Digitalis.* Chapeau demi-ovale, crénelé, livide, blanchâtre, strié extérieurement ; à sommet glabre, ferrugieux ; lames de triple longueur, noires ; pédicule montant, alongé, très pâle. bats. el. fun. 61. f. 1.

368. Sobolifere. *Soboliferus.* Pédicule sobolifère, blanchâtre ; chapeau conique, strié, poilu. Hoffm. nomencl. fun. n. 357. tit. 3. f. 1.

369. Micacé. *Micaceus* Lames d'abord blanchâtres ; chapeau humide, noir, strié. bull. herb. franc. t. 246.

370. Picacé. *Picaceus.* Noir ; chapeau strié, varié par les rudimens d'une cuculle blanche ; lames élargies, de double longueur ; pédicule blanc, épaissi inférieurement. bull. herbar. franc. t. 206.

371. Cotonneux. *Gossypinus.* Pédicule fistuleux, blanchâtre, duveté dans sa jeunesse. bull. herb. franc. t. 425. f. 2.

************ *Espèces sans pédicules.*

372. Glanduleux, *Glandulosus.* Presque sans pédicule ; basané, blanc en dessous ; grains entremêlés. bull. herbar. franc. 1. tit. 426.

373 AGARIC

373. AGARIC. *Depluens*. Presque sans pédicule ; chapeau blanc, soyeux, à moitié, opaque ; lames larges, rougeâtres sur la marge, arquées, de quadruple longueur. bats. el. fun. 167. f. 122.

374. Perenne. *Perennis*. Comme sans tige, subéreux, coriace, d'un jaune pâle ; lames plus pâles. Plan. fun. erf. p. 8. n. 25. (²)

375. *Dichrous*. Lames bifides, d'un jaune soufré pâle ; chapeau gris cendré, mêlé de noir, à marge lobée. sc. fun. t. 246.

376. Appliqué. *Applicatus*. Renversé, orbiculaire, cendré, noirâtre ; lames contingentes vers le centre, d'un bleu blanc. bats. el. fun. cent. 171. f. 125.

377. *Violaceo fulvens*. Violet jaune ; chapeau coriace, rude, demi-orbiculé. bats. el. fun. 95, f. 36.

378. Langue. *Lingua*. Demi-orbiculaire, glabre, basané ; lames pourprées. Michel. nov. pl. gen. p. 123. t. 65. f. 3.

379. Jaunâtre. *Fulvescens*. Coriace, velu, blanchâtre ; lames jaunes. Vaill. flor. paris. t. 1. f. 4.

380. Gazon. *Cespitosus*. Spatulé, convexe, jaune, un peu glabre ; lames terreuses. Michel. nov. pl. gen. p. 123 (1) t. 65. f. 5. 6.

381. Blanc de neige. *Niveus*. Comme sans tige, blanc, tendre, sec ; chapeau glabre, pâle, ferrugineux en dessous, à marge inégale dans sa vieillesse. Jacq. flor. austr. 3. t. 288.

382. Bigaré. *Versicolor*. Subéreux, coriace, duveté, en bandelettes grises et basanées ; lames blanches, simples, fines. Plan. fun. erf. p. 4. n. 3.

383. Strié. *Striatulus*. Ferrugineux, pubescent, à marge entière ; larmes alternes, interrompues, cendrées. Swarts. nov. pl. gen. et spec. p. 148.

384. Rayonant. *Radians*. Flabelliforme, blanchâtre, velu ; marge incisée, crénelée ; lames de même couleur. swarts. nov. pl. gen. et spec. p. 148.

385. Gélatineux. *Gelatinosus*. Lames jaunes, simples, inégales ; chapeau difforme, blanchâtre, comme laineux. sc. fun. titre 213.

386. Plane. *Planus*. Relevé, plane, demi-circulaire, ondulé sur la marge, basané ; lames lancéolées, à triple rangée. bolton. fun. 2. t. 72. f. 3.

387. Plumé. *Plumatus*. Chapeau de plusieurs formes, à sommet

____

(1) Cette espèce paraît se rapprocher de l'agaric coriace *coriaceus*.

(2) *Agaricus ochraceus*. Wild. prodr. flor. berol. n. 1095.

Z

crénelé , roulé , représentant des plumes d'autruche. Walt. flor. carol. p. 261.

338. AGARIC du hêtre. *Fagineus.* Lames jaunâtres , comme veinées sur la marge ; chapeau subéreux, duveté, blanchâtre. Schrader.

ou   *M E R U L I U S.*

Champignon veineux en dessous.

* *Espèces pédiculées.*

1. MERULIUS. *Cornucopioides.* Basané, tenace ; chapeau lobé; veines décurrentes sur quatre rangées. bolton. fun. 8. t. 8. sc. fun. t. 275.

2. En bouclier. *Umbonatus.* Chapeau en bouclier , cendré ; pédicule de même couleur , cylindrique ; veines blanches. Jacq. misc. austr. 2. p. 109. t. 16. f. 1. *Agaricus muscoides.*

3. Gaudet. *Cyathus.* De couleur de bois ; chapeau infundibuliforme ; veines décurrentes ; pédicule cylindrique , fistuleux. bulliard. herb. franc. t. 208.

4. Infundibuliforme. *Infundibuliformis.* Couleur de souris , mou ; chapeau infundibuliforme ; veines argentées; pédicule comprimé ,ridé , fistuleux. bolt. fun. 34. t. 34.

5. *Helvelloides.* Pédicule fistuleux; chapeau infundibul. zôné. bulliard. herb. franc. 1. p. 294. t. 48. *Helvella tubæformis.*

6. *Agaricoides.* Mou , jaunâtre ; chapeau infundibuliforme , zoné; pédicule fistuleux. bulliard. herb. franc. t. 208. *Agaricus cornucopioides.*

7. *Cantharelloides.* Pédicule orangé , fistuleux, bulbeux ; chapeau noirâtre , d'une seul couleur. bulliard. herb. franc. 1. p. 297. t. 473. f. 3. *Helvella cantharelloides.*

8. *Hidropipes.* Noirâtre ; pédicule fistuleux à la base. bulliard. herb. franc. 1. p. 292. t. 465. f. 2. (1)

9. Orangé. *Aurantiacus.* Pédicule cylindrique , linéaire , plein; chapeau sec , orangé ; veines rouges. Jacq. misc. austr. 2. p. 101. t. 14. f. 3.

10. *Electrophoroides.* Obscurément doré ; chapeau ponctué ; marge lobée; veines droites. sc. fun. t. 206. (2)

11. Crépu. *Crispus.* Coriace ; chapeau infundibul. marge crépue; pédicule solide. bulliard. herb. franc. 1. p. 293. t. 465. f. 1.

---

(1) Cette espèce ne paraît pas assez distincte dans ce genre.
(2) Cette espèce n'est probablement qu'une variété de l'orangé *aurantiacus.*

12. **MERULIUS.** *Cantharellus.* D'un roux pâle; d'une odeur suave; chapeau creusé dans sa vieillesse; marge ondulée, lobée; veines comme crépues, décurrentes; pédicule cylindrique, plein, dilaté en dessus. syst. nat. XII. 3. p. 722. (1)

13. *Pruinatus.* Pédicule jaune, linéaire, alongé, solide; chapeau plane, crénelé, cendré brun, à veines cendrées, grises, mouillées. bats. el. fun. 93. f. 35. (2)

14. Écaille. *Squamula.* Pédicule très tendre, en alène, sétacé; chapeau blanchâtre, convexe, plane; veines rares, en rayons. bats. el. fun. cent. 95. f. 84.

15. Courbé. *Inflexus.* Jaune; chapeau infundibuliforme; marge courbée, crépue; veines jaunâtres, décurrentes; pédicule doré, épaissi dans le milieu, atténué en dessus. Vaill. flor. paris. t. 11. f. 9. 10.

16. Fendu. *Fissus.* Veines décurrentes, chapeau infundibuliforme, fendu, cendré. Reth. flor. germ. 1. p. 534.

17. *Muscigenus.* Gris jaunâtre, presque sans pédicule, à moitié, comme orbiculé. bulliard. herb. franc. 2. t. 228. *Agaricus muscigenus.*

18. *Pezizoides.* Comme sans pédicule; infundibuliforme; disque ouvert, sinué, ponctué; vessies peu marquées. sc. fun. t. 165. 166.. syst. nat. ed. 12. 2. *Peziza infundibuliformis.*

** *Espèces sans pédicules.*

19. De neige. *Niveus.* Lisse, horizontal, blanc de neige, basané en dessous. bulliard. herb. franc. 2. t. 132.

20. De l'aune. *Alneus.* Coriace, blanchâtre, duveté de blanc, demi-orbiculaires; veines rameuses. bulliard. herb. franc. t. 346.

21. Écailleux. *Squamosus.* Membraneux, chapeau rougeâtre, écailleux; veines d'un jaune tendre. schraber.

22. Réticulé. *Reticulatus.* Vertical, comme rond, membraneux, lisse, blanc; veines réticulées, cendrées. bulliard. herb. franc. 1. p. 289. t. 498. f. 1. *Helvella mitruga.*

23. A moitié. *Dimidiatus.* Membraneux, horizontal, lisse, noirâtre. bulliard. herb. franc. 1. p. 290. t. 498. f. 2.

24. Alutacé. *Alutaceus.* Coriace, gris en dessus, relevé, velu. bulliard. herb. franc. t. 394.

---

(1) C'est l'agaric chanterelle. *Agaricus cantharellus.* Schœf. fung. t. 82. bolton. fung. 2. t. 82. Ce champignon est un peu âcre, d'une saveur et d'une odeur assez agréables. On le mange impunément, parceque la cocti a neutralisé son âcreté.

(2) Cette espèce ne paraît pas assez distincte.

25. MERULIUS. *Lichenoides*. Lames déprimées, couchées, comme, dilatées du centre. bulliard. herb. franc. t. 394.

26. Du bouleau. *Betulinus*. Coriace, velu, comme orbiculaire, à marge obtuse; veines serrées, à anastomoses, jaunâtres et jaunes. syst. nat. 12. 3. p. 723. (1)

27. Du chêne. *Quercinus*. Subéreux, coriace, plane, velu, demi-orbiculaire, peint d'anneaux de diverses couleurs; veines serrées, cartilagineuses, à anastomoses, blanchâtres ou roussâtres. syst. nat. 12. 3. p. 723. (2)

28 Labyrinthe. *Labyrinthiformis*. Ligneux, basané, difforme; veines plus pâles, en forme de labyrinthe. sc. fun. t. 231. (3)

29. Vastateur. *Vastator*. Orbiculaire, doré lorsqu'il est adulte; veines crépues, se terminant en plis vers le centre; tubercules. intérieurement blancs, le plus souvent aggrégés, caulescens, intermédiaires. Tode. abh. hall. ges. 1. p. 351. t. 2. f. 1. 4.

30. Serpent. *Serpens*. Coriace, blanc de neige, orbiculaire; veines crépues, jaunâtres, formant des plis vers le centre. Tode. abh. hall. ges. 1. p. 355.

B O L E T. *Boletus.*

Champignon poreux en dessous.

1. BOLET pérenne. *Perennis*. Vivace; chapeau aplati en dessus et en dessous, en bouclier, basané; pores en forme de points, d'un jaune blanc; pédicule lisse. Bull. herb. franc. 1. p. 334 t. 28 et t. 449. f. 2.

2. Nummulaire. *Nummularius*. Vivace; chapeau blanc; centre concave, mameloné; marge pliée; pédicule noir à la base. Bull. herb. franc. t. 124. (4)

3. Leptocephale. *Leptocephalus*. Chapeau plane, mince, d'un jaune foible en-dessus, blanc en-dessous. Jacq. misc. austr. 1. p. 142. t. 12.

4. A moitié. *Dimidiatus*. Vivace; chapeau à moitié, ondulé, lisse; pores blancs. Thumb. flor. jap. p. 348. t. 39.

5. Visqueux. *Viscidus*. Chapeau jaune, en coussinet, visqueux, pores arrondis, convexes, enfoncés, distincts; pédicule lacéré. sc. fung. t. 103. 104.

6. Granulé. *Granulatus*. Chapeau en coussinet, visqueux; pores arrondis et comme angulés, tronqués; angle granulé.

---

(1) C'est l'*agaricus betulinus*. Bulliard. herb. franc. t. 290.

(2) C'est l'*agaricus quercinus*. Bull. herb. franc. t. 362. 442. fig. 1.

( ) Variéte du précédent.

(4) Cette espèce paraît se rapprocher du bolet leptocephale.

7. **BOLET** jaune. *Luteus*. Chapeau en coussinet, visqueux, très jaune, arrondi, convexes; pedicule à anneau. Bull. herb. franc. I. p. 316.

8. **Pied de bœuf.** *Bovinus*. Cøapeau en coussinet, glabre, marginé; pores aigus, composés; petits pores anguleux, plus courts. Bull. herb. franc. I. p. 322. t. 60. 494. (1)

9. **Changeant.** *Mutabilis*. Chapeau en coussinet, basané; tubes jaunâtres et rouges; pédicule épaissi, court, noirâtre. sc. fung. t. 108. 1039. (2)

10. **Ferruginé.** *Ferruginatus*. Chapeau en coussinet, jaune basané, glabre; pores ferrugineux, bruns; pédicule comme ferrugineux. Bull. herb. franc. I. p. 318. t. 451. f. 2 (3)

11. **Tubéreux.** *Tuberosus*. Chapeau en coussinet, staminé; pores jaunes; pédicule court, tubéreux à la base. Bul. herb. franc. t. 100.

12. **Ciré.** *Cereus*. Pores jaunâtres; chapeau en coussinet, petit; pédicule blanchâtre. Bull. herb. franc. t. 385.

13. **Canelle.** *Cinnamomeus*. Fragile; chapeau concave, velu, infundibuliforme et jaune au centre; pores à anneau.. Jacq. coll. I. p. 106. t. 2.

14. **Orangé.** *Aurantiacus*. Pédicule ridé, maculé; chapeau jaune, pâle, Bull. herb. franc. t. 206.

15. **Exaspéré.** *Exasperatus*. Pores rhomboïdes, blancs; chapeau jaunâtre, à marge pliée, hérissée; pédicule basané. Schrader. Michel. nov. pl. gen. t. 78. f. 5.

16. **En faisceau.** *Fasciculatus*. Pores jaunâtres; chapeau basané, poilu, en faisceau; pédicule lisse, noirâtre. Schrader.

17. **Pâle.** *Pallescens*. Lisse; chapeau plane, jaunâtre, à pores très-fins; pédicule grêle, comme comprimé. Schr.

18. **Maron.** *Fuscidulus*. Pores comme ronds, jaunâtres; chapeau plane, couleur de maron; pédicule comme tortueux. Sch.

19. **Petit.** *Pusillus*. Pores comme anguleux, blanchâtres; chapeau convexe, cendré; pédicule épaissi. Schr.

20. **Couché.** *Supinus*. Pores blanchâtres; chapeau maron; marge à côte et sinuée. Flor. dan. t. 894. (4)

21. **Bienne.** *Biennis*. Chapeau infundibuliforme, crénelé, roussâtre, blanc sur la marge; chair blanche, coriace. Bull. herb. de la franc. t. 449, f. 1.

22. **Lacté.** *Lacteus*. Chapeau convexe, en bouclier, orbiculé, basané; pédicule linéaire, solide, diffus, blanc de neige; pores

---

(1) On trouve une variété dont le dessus du chapeau est pourpre, le dessous jaune.

(2) *Boletus bulbosus*. Schœff. fung. t. 134. 135.

(3) *Boletus suspectus*. gied. method. fung. 66. n. 1.

(4) *Boletus effausus*. Weber. suppl. fl. hals. p. 13

linéaires, très-serrés, caténulés, blancs de neige. bats. el. fun. p. 103. f. 42.

23. BOLET très rameux. *Ramosissimus*. Très rameux; chapeaux nombreux, hemisphériques. jacq. flor. austr. 2. t. 172.

24. Touffu. *Frondosus*. Touffu, en gazon, basané; touffes imbriquées, planes, réfléchies; pores blancs. sc. fun. t. 128.-129.

25. *Strobiliformis*. Pores anguleux, blancs; chapeau hémisphérique, tissé, écailleux, basané; pores anguleux, blancs. dick. crypt. brit. fasc. 1. p. 17. t. 3. f. 2.

26. Fragile. *Fragilis*. Chapeau en bouclier, d'un jaune très pâle; pores couleur de soufre, vert pâle; pédicule diffus, solide, épais, blanc, arrondi. sch. fun. t. 121. 122. 264. 3.

27. De la caroline. *Carolinianus*. Chapeau ascendant, presqu'à moitié, en coussinet, marginé; pores très-petits, basanés. Valt. flor. carol. p. 262.

28. *Procerus*. Pores très-fins, nombreux, blanchâtres; chapeau petit, convexe, glabre, comme olivâtre; pédicule long, fusiforme. comme olivâtre. Bolt. fun. 2. t. 86.

29. Hérissé. *Hirsutus*. Cendré; chapeau crevassé; pores larges, irréguliers; pédicule alongé, solide, comme linéaire, hérissé, écailleux. Michel. nov. pl. gen. t. 71. f. 2.

30. Comme duveté. *Subtomentosus*. Pédicule jaune; chapeau comme duveté, jaune; pores comme anguleux, difformes, basanés, planes. bull. herb. franc. t. 49, f. 3. (1)

31. Écailleux. *Squamosus*. Pores difformes, tortueux, blancs de neige; chapeau jaunâtre, écailleux; pédicule latéral. bull. herb. franc. 1. p. 344. t, 19. et t. 312.

32. Infundibuliforme. *Infundibuliformis*. Jaunâtre; pédicule dilaté en un chapeau infundibuliforme; pores dilatés, courts. Mich. nov. pl. gen. t. 70. f. 4. 8. 10.

33. Luisant. *Lucidus*. Pores très petits, blancs; chapeau coriace, maron, luisant, à sillons concentriques; pédicule latéral. Leys. flor. hall. n. 1245.

34. *Hipocrateriformis*. Blanc; chapeau coriace, déprimé; pédicule égal. schrauck. flor. bav. 2. p. 621. n. 1749. (2)

35. Ombiliqué. *Umbilicatus*. Pédicule bulbeux à la base; chapeau coriace, déprimé, creusé, à marge basanée; pores connivens. scranck. flor. bav. 2. p. 621. n. 1748.

---

(1) Bulliard. herbar. franc. 1. p. 517. t. 451. f. 1. *Boletus parasiticus*.

(2) Cette espèce parait être l'*hydnum sublamellosum*.

(175)

36. BOLET de Bulliard. *Bulliardi.* Hépatique; chapeau visqueux; pédicule latéral. bulliard. herb. franc. t. 74.

37. *Subvescus.* Charnu; chapeau convexe, vermillon en dessous; chair jaunâtre, noircissant à l'air; pédicule court, épais, roussâtae. schranck. flor. bav. 2, p. 620. n. 1747. sc. fun. t. 107. (1)

38. Des pierres. *Lapidum.* Charnu; chapeau convexe, basané en dessus, jaune en dessous; chair blanche; pédicule solide, comme ridé, blanchâtre. sc. fun. t. 105.

39. Noircissant. *Nigrescens.* Charnu; chapeau visqueux, basané; chair blanche, devenant bleue à l'air. Pall. it. 1. p. 31. (2)

40. Rude. *Scaber.* Mou, spongieux, blanchâtre; chapeau gris en dessus; pores très longs; pédicule très ridé. bull. herb. franc. t. 132.

41. Oblique. *Obliquatus.* Desséchable, bai-brun, luisant, coriace, subéreux; chapeau oblique, chancelant; tubes d'un blanc ferrugineux; pédicule latéral. bulliard. herb. franc. 1. p. 335. t. 7. et 459.

42. Des rameaux. *Ramulorum.* Coriace; chapeau orbiculaire; pédicule latéral. bull. herb. franc, t. 124.

43. *Batschii.* Vivace; chapeau glabre, ferrugineux, lacéré à la marge, crénelé; pédicule latéral. bats. el. fun. cent. 1. p. 181. fig. 129.

44. Du hêtre. *Fagineus.* Comme pédiculé; chapeau luisant, blanchâtre; pores comme ronds, roussâtres; pédicule latéral. schraber.

* Espèces sans pédoncules.

45. *Agaricoides.* Coriace, lisse; pores anguleux, linéaires, oblongs, ondulés. Thumb. flor. jap. p. 347.

46. Pleurant. *Lacrymans.* Coriace, demi-ovale, orangé, ridé, réticulé; cordon marginal, large, blanc de neige, vouté. wulf. ap. jacq. misc. austr. 2. p. 111. t. 8. f. 2.

47. Roux. *Rufus.* Aplani, coriace, roux; pores très petits, arrondis. schrader.

48. Citrin. *Citrinus.* En coussinet, imbriqué, jaune, lisse; pores très fins, concentriques. Lemniq. fl. posson. p. 525.

49. A crête. *Cristatus.* En faisceau, écailleux; pores très fins, lobes laciniés, fimbriés, en crête. geld. meth. fun. p. 75. n. 8.

---

(1) Cette espèce ne paraît pas différente du Bolet changeant *mutabilis.*

(2) C'est probablement aussi une variété du *Boletus mutabilis.*

5o. BOLET tuberculeux. *Tuberculosus.* Dur, tuberculeux ; d'un brun cendré, jaunissant ; pores très fins, connivens. geld. method. fun. p. 8o. n. 12.

51. Lobé. *Lobatus.* Coriace, convexe, lobé, jaune, lisse ; pores très fins. wild. prodr. flor. berol. n. 1136.

52. A bandes. *Fasciatus.* Dur, inégal en dessus, basané, à bandes noires ; pores blancs, très fins. Swarts. nox. pl. gen. p. 149.

53. Micropore. *Microporus.* Ligneux, dur, difforme, inégal ; pores inégaux, impalpables, pâles. brown. jam. 77. poria. 4.

54. *Hyanoides.* Épais ; à soies épaisses, rameuses, relevées, denses, noires, le couvrant en dessus ; pores très fins, arrondis. Swarts. nov. pl. gen. et spec. p. 149.

55. Rayon de miel. *Favus.* Comme en coussinet, rude ; à soies relevées, rameuses ; à pores étalés, auguleux. bulliard. herb. franc. t. 421.

56. *Lipsiensis.* En bouclier, subéreux, glabre en dessus, gradué par des augments convexes et des tubercules ; marge peuchante, à bandelettes. bats. el. fun. cent. 1. f. 13o.

57. Liège. *Suberosus.* En coussinet, blanc, lisse ; pores aigus, difformes. bulliard. herb. franc. t. 491. f. 1.

58. Luisant *Nitens.* En bouclier, lisse, luisant, diversement rougeâtre ; pores blancs ou jaunes. sc. fun. t. 109. 110.

5g. *Fomentarius.* En bouclier, inégal, obtus ; pores arrondis, égaux, glauques.

6o. Amadou. *Igniarius.* En bouclier, lisse ; pores très fins. bull. herb. franc. t. 82. 401. et 455. (1)

61. Purgeant. *Purgans.* En coussinet, comme conique, subéreux, charnu, lisse, inégal, fimbrié circulairement en dessus par des augmens convexes. *Iacq. misc. aust.* 1. t. 20. 21.

62. Vermillon. *Cinnabarinus.* En coussinet, tout rouge en dedans et en dehors. *Iacq. flor. au t.* 4. t. 3o4.

63. Sanguin. *Sanguineus.* A pores impalpables, comme membraneux, rouge.

64. Velu. *Villosus.* Comme membraneux, d'un blanc rembruni, velu ; pores difformes, dentés. Swarts. nov. pl. gen. et spec. p. 148.

---

(1) Il est remarquable par des zônes de diverses couleurs ; sa chair rougeâtre inférieurement, et ses pores très petits. C'est de lui comme de plusieurs autres qu'on fait l'amadou. C'est encore de lui qu'on fait l'agaric des chirurgiens ; on peut aussi, à l'exemple des Lapons, en former des moxas.

65. BOLET

65. BOLET membraneux. *Membranaceus.* Comme membraneux, prolifère, lisse, radié, blanc; pores difformes. Swarts. nov. pl. gen. et spec. p. 148.

66. Du bouleau. *Betulinus.* Chapeau couvert d'une pellicule roussâtre. bulliard. herb. franc. t. 212. (1)

67. Sabot. *Calceolus.* Presque sans pédoncule, creusé, à marge élevée. bulliard. herb. franc. t. 300. et 494. f. 2.

68. Du saule. *Salignus.* D'une odeur suave et d'une seule couleur, blanc de neige intérieurement; à moitié, lisse en dessus; à tubes très courts. bull. herb. franc. I. p. 340. t. 433. f. 1.

69. Du frêne. *Fraxineus.* A moitié, glabre, jaunâtre intérieurement, couleur de brique en dessous; marge du chapeau blanche; tubes courts. bulliard. herb. franc. I. p. 341. t. 433. f. 1.

70. Soufré. *Sulphureus.* Visqueux, mou, à moitié, doré, soufré en dessous. bull. herb. franc. I. p. 347. t. 429.

71. Rameux. *Ramosus.* Blanc, fragile, poreux des deux côtés, rameux; rameaux cylindriques. bulliard. herb. franc. t. 418.

72. *Decipiens.* Coriace, à moitié, velu en dessous, en bandes; tubes en dédales, cendrés rouges. bull. herb. franc. I. p. 365. t. 408. et 501. f. 3.

73. Imbriqué. *Imbricatus.* Jaunâtre; chapeaux fimbriés. bull. herb. franc. t. 366.

74. Échelle. *Scalaris.* Comme sans tige; chapeau creusé, dans la forme d'une échelle écarlate, et comme roulé. schranck. flor. bav. 2. p. 617. n. 1737.

75. Ferrugineux. *Ferruginosus.* Retourné, aplani, inégal, coriace, couleur de fer; pores comme ronds. schrader.

76. Du sapin. *Abietinus.* Retourné, réfléchi; chapeau fin, hérissé, blanchâtre; pores anguleux, aigus sur la marge, basanés. Persoon.

77. Du saule. *Salicinus.* Retourné, subéreux, élargi, ondulé ridé; couleur de vermillon. Persoon.

78. Azuré. *Versicolor.* Zônes de diverses couleurs; pores blancs. bull. herb. franc. t. 86.

79. Hérissé. *Hispidus.* Visqueux en dessus, poilu, bai-brun. bull. herb. franc. I. p. 251. t. 210. et 493. (2)

80. Odorant. *Suave olens.* Tout blanc, lisse en dessus; pores inégaux. bull. herb. franc. t. 310. (3)

(1) Cette espèce paraît n'être qu'une variété du *fomentarius.*
(2) Cette espèce paraît se confondre avec l'agaric hépatique.
(3) On ne trouve guères cette espèce que sur les saules et sur les hautes montagnes.

81. BOLET basané. *Fuscus*. Latéral, membraneux, subéreux, ligneux; lisse en dessus, basané, comme par bandes; pores courts, presque circulaires, blanchâtres. bats. el. fun. cent. 1. p. 178. f. 127.

82. Brûlé. *Adustus*. Rembruni; marge noire, à pores fins et réticulés. bull. herb. franc. 1. p. 339. t. 445. f. 1.

83. Jaune. *Fulvus*. Tout jaunâtre, inégal; pores très fins, égaux, arrondis. wilden. prodr. flor. berol. n. 1154.

84. En globe. *Globatus*. Convexe, comme en globe, roux, lisse; pores fins, jaunâtres. wilden. prodr. flor berol. n. 1133.

85. Retourné. *Resupinatus*. Retourné, un peu glabre en dessous, blanc; en dessus à pores impalpables et jaunes. Swarts. nov. pl. gen. et spec. p. 149.

86. Hérissé. *Hirsutulus*. Comme circulaire, plane, convexe, blanc de neige, hérissé en dessus; lignes concentriques, alternes, déprimées. Wulf. ap. jacq. coll. 2. p. 149.

87. Odorant. *Odoratus*. Plane, convexe, comme en coussinet, orangé; pores étroits; odeur de canelle. wulf. ap. jacq. coll. 2. p. 150.

88. Cornu. *Cornutus*. Coriace, lobé; lobes en forme de langue. bolton. fun. 2. t. 76.

89. Hépatique. *Hepaticus*. Lisse, charnu, sanguin, mou, à moitié; tubes libres, inégaux. bull. herb. franc. 1. p. 314. t. 74. 464. 494.

90. De suif. *Sebaceus*. Ondulé, large, blanc cendré. Leyss. fl. hall. n. 1250.

91. Papyracé. *Papyraceus*. lanc, sec, papyracé; pores invisibles. schranck. flor. bav. 2. p. 618. n. 1739.

92. Moële de pain. *Medulla panis*. Crustacé, blanc, répandu, difforme. Jacq. misc. austr. 1. p. 141. t. 11.

93. Oblique. *Obliquus*. Ligneux; à pores obliques, en cœur, inégaux. bolton. fun. 2. t. 74.

H Y D N E. *Hydnum.*

Champignon hérissé en dessous de fibres en alêne.

* *Espèces pédiculées.*

1. HYDNE imbriqué. *Imbricatum*. Basané; chapeau comme convexe, écailleux; écailles imbriquées, presque relevées. sc. fun. t. 140. (1)

---

(1) *Hydnum squamosum*. Bull. herb. franc. t. 409.

(179)

2. HYDNE charnu. *Carnosum.* Chapeau convexe, glabre, rougeâtre; aiguillons gris et pédicule de même couleur. sc. fun. t. 273.

3. Comme lamellé, *Sublamellosum.* Blanc; jaunâtre dans sa vieillesse: chapeau infundibuliforme; mamelons doublés, tortueux. bulliard. herb. franc. I. p. 306. t. 553. f. A. E.

4. Zôné. *Zonatum.* Chapeau conique, creusé, coriace, à bandes, noir; pédicule lisse, noir; aiguillons d'un gris blanc. sc. fun. titre 272.

5. Sinué. *Repandum.* Chapeau convexe, roux, blanc en dessous; pédicule épaissi à la base. sc. fun. t. 318.

6. Duveté. *Tomentosum.* Chapeau plane, infundibuliforme. Flor. dan. t. 534. f. 3.

7. *Coralloides.* Blanchâtre, très rameux; rameaux comprimés, sommets courbés. sc. fun. t. 142.

8. Floriforme. *Floriforme.* Coriace; chapeau turbiné, velouté, purpurin; pédicule noir, comme ligneux. sc. fun. t. 146.

9. Hybride. *Hybridum.* Roussâtre, ou noir; chapeau infundibuliforme, crénelé sur la marge. bulliard. herb. franc. I.

10. En forme de gaudet. *Cyathiforme.* Pédicule court; chapeau infundibuliforme, à zônes, fibreux, élastique. bulliard. herb. franc. t. 156. (1)

11. Subéreux. *Subcrosum.* Ligneux, subéreux, chapeau coloré, plissé en dessus; marge aigue ou crispée; pédicule comme conique. bats. el. fun. f. 45. 221. 222. 223.

12. Clandestin. *Clandestinum.* Charnu, blanchâtre; chapeau émoussé, glabre en dessus; pédicule comme conique. sc. fun. t. 144. 145.

13. Cure-oreille. *Auri-scalpium.* Chapeau de moitié, hérissé, basané; blanchâtre inférieurement; pédicule noirâtre. curt. flor. lond. t. 190. (2)

14. Gélatineux. *Gelatinosum.* Gélatineux; chapeau de moitié, très glabre en dessus. Jacq. flor. austr. 3. t. 239.

* *   *Espèces sans pédicule.*

15. Parasite. *Parasiticum.* Arqué, ridé, comme velu. wilden. ol. mag. 4. p. 12. f. 5. (3)

---

(1) *Hydnum cynereum.* Bull. herb. franc. t. 419.

(2) Le pétiole inséré dans une espèce d'échancrure sur le bord du chapeau.

(3) Cette espèce serait plutôt un agaric, ou un *merullius*

A a 2

16. HYDNE rubicond. *Rubicundum*. Blanc ; aiguillons rousâtres, très courts. wilden. bot. mag. 4. p. 13. f. 6.

17. Blanc. *Candidum*. Blanc ; aiguillons longs, de même couleur. wilden. bot. mag. 4. p. 14. f. 7.

18. Érinacé. *Erinaceum*. Presque sans tige, convexe, cordiforme, jaunâtre ; aiguillons un peu longs , en alène au sommet, imbriqués , d'un rouge brun, pendans graduellement. bull. herb. franc. t. 34.

19. *Agaricoides*. Convexe , lisse , pâle, ferrugineux en dessous. Swarts. nov. pl. gen. et spec. p. 149.

20. Retourné. *Resupinatum* Plane, imbriqué , raboteux en dessous, couvert en dessus de soies ramentacées , ferrugineuses. Swarts. nov. pl. gen. et spec. p. 149.

21. Soyeux. *Sericeum*. Imbriqué , plane, mou, soyeux des deux côtés , d'un blanc verdâtre. Mich. nov. pl. gen. et spec. p. 149.

22. *Occarium*. Velu , blanc ; aiguillons grands , oblongs, obtus , planes. Mich. nov. pl. gen. t. 64. f. 3.

23. Peigne. *Pectiniforme*. Velu , blanc ; aiguillons en alène , forts , racourcis. Mich. nov. pl. gen. t. 64. f. 4. 5.

24. *Hystricinum*. Comme en massue, blanc ; aiguillons alongés, solides , en alène , étalés , droits. Mich. nov. pl. gen. t. 64. f. 1.

25. De caroline. *Caroliniunm*. Ovale , échiné en dessus et en dessous. Walt. flor. carol. p. 263. (1)

26. Stalactique. *Stalacticum*. Très rameux ; pédicule alongé , très épais ; rameaux et petits rameaux à aiguillons très rameux. schranck. flor. bav. 2. p. 624. n. 1756. (2)

27. Clatre. *Chiatroides*. Ridé , très rameux , mameloné d'un côté , velu de l'autre. Pall. it. 2. p. 744. f. K.

28. Papyracé. *Papyraceum*. Membraneux , blanc de neige , lisse en dessus ; à aiguillons en dessous , très simples et multifides. Wulf. ap. jacq. coll. 3. p. 345.

29. Moisi. *Mucidum*. Répandu , blanc ; aiguillons cylindriques , très entiers. Persoon. fung. ined.

30. Jaune. *Ochraceum*. Répandu , réfléchi ; chapeau coriace , fin , zôné , ocuracé ; aiguillons petits , d'un jaune carné. persoon.

31. Barbe de Jupiter. *Barba jovis*. Membraneux , roussâtre ; aiguillons multifides. bull. herb. franc. 1. p. 303. t. 481. f. 2. (3)

---

(1) Cette espèce pourait être un *thœlephora*.

(2) Cette espèce pourait être mise au nombre des coralloïdes.

(3) Il est douteux que cette espèce tienne à ce genre.

THÆLEPHORA.

Champignon subéreux ; mameloné en dessous, fruc-tifiant.

** Espèces horizontales.*

1. THÆLEPHORA mésentériforme. *Mesenteriforme.* Comme pédiculé, imbriqué, à zônes en flocons, basané ; marge laci-niée, blanchâtre. wild. prodr. flor. berol. t. 7. f. 15. sc. fun. t. 328. (1)

2. Mésentérique. *Mesenterica.* Sans tige, gélatineux, coriace, imbriqué, tortueux, en dessus, velu, à bandes ; glabre en des-sous, violet. bull. herb. franc. t. 290. *Auricularia tremelloides.*

3. Hérissé. *Hirsuta.* Sans tige, imbriqué, coriace, velu en dessus, à zônes bigarées, glabre en dessous et pâle. syst. nat. 12. 2. p. 725. (2)

4. Lilas. *Lilacea.* Sans tige, d'un jaune pâle, duveté en dessus, à bandes grises ; dernières marges en dessus et en dessous d'un rose de lilas. bats. el. fun. cent. 1. p. 187. f. 131. *Elvela lilacina.*

5. Soyeux. *Sericea.* Sans tige, imbriqué, coriace, soyeux en dessus, à bandes, pâle ; glabre en dessous et jaunâtre. schrader. fun. ined.

6. Strié. *Striata.* Sans tige, comme imbriqué, coriace ; strié en dessus et duveté d'un noir ferrugineux ; en dessous poilu, blanchâtre. schrader. fun. ined.

7. Rubigineux. *Rubiginosa.* Sans tige, imbriqué, rougeâtre ; duveté en dessus, poilu en dessous. bull. herb. franc. t. 378. *Auricularia ferruginea.*

8. Bigaré. *Variegata.* Sans tige ; imbriqué, membraneux, soies en dessus, à zônes bigarées ; poilu et jaune en dessous. schrader. fun. ined.

9. Basané. *Fusca.* Sans tige, comme imbriqué, membraneux en dessus, duveté, à zônes, basané ; poilu, jaunâtre en dessous.

** * Substances aplanies.*

10. Ondulé. *Undulata.* Coriace, ligneux, glabre en dessus, incarnat ; ondulé en dessous, d'un pourpre noir. schrad. fung. ined.

11. Aplani. *Applanata.* Appliqué, coriace, ligneux ; en dessus glabre, jaune ; duveté en dessous. schrader. fung. ined.

---

(1) *Elvella caryophyllea.* Batsch. el. fung. t. 24. f. 41. *Agaricus tristis.* Bull. herb. franc. t. 274. et. t. 48. f. 6. ;.
(2) *Elvella pincti.* Belt. fung. t. 82. *Boletus auriformis.* Bull. herb. franc. t. 274. 483. f. 1. 3. *Auricularia Reflexa.*

12. THÆLEPHORA Ferrugineux. *Ferruginosa.* Membraneux, blanchâtre en dessus ; duveté en dessous, ferrugineux. schrader. fung. ined.

13. Glabre. *Glabra.* Lisse, blanchâtre. wild. prodr. fl. berol. n. 1104.

14. Carné. *Carnea.* Membraneux, glabre en dessus, carné ; très finement duveté en dessous, noir. bull. herb. franc. t. 439.

15. Philactère. *Philacteris.* Membraneux, plissé, glabre en dessus ; fuligineux, basané, duveté en dessous. bulliard. herb. franc. t. 436. *Auricularia philacteris.*

16. Papyracé. *Papyracea.* Membraneux, très fin ; en dessu glabre et carné ; en dessous duveté, blanc de neige. bulliard. herb. franc. t. 402. *Auricularia papyrina.*

17. Alutacé. *Alutacea.* Membraneux, très fin ; en dessus blanc ; en dessous duveté blanchâtre. schr. fung. ined.

* * * *Substance répandue.*

18. Jaune. *Crocea.* Fin, fragile, entièrement jaune. Schrader. fun. ined.

X Y L O S T R O M A.

Champignon répandu, coriace, difforme, lisse, égal ; semences globuleuses, très fines, assises intérieurement sur les fibrilles du végétal.

1. *Xilostroma Giganteum,* Tod. fung. meklemb. sel. 1. p. 36. t. 6. f. 51.

H E L O T I U M.

Champignon à chapeau charnu, membraneux, convexe, hémisphérique, lisse en dessous, portant des semences nues.

1. HELOTIUM glabre. *Glabrum.* Chapeau plane, glabre ; pedicule glabre. Tode. fun. mekl. sel. 1. p. 22. t. 4. f. 35. bull. herb. franc. 1. p. 96. t. 473. f. 1.

2. Cucullé *Cucullatum.* Ferrugineux, jaune ; pédicule linéaire, grêle ; chapeau demi-ovale. batsch. el. fung. cent. 1. p. 189. f. 132. *Elvella cucullata.*

3. Onctueux. *Unctuosum.* Chapeau glabre en dessus, onctueux, à marge rude ; pédicule glabre. bats. el. fun. cent. 1. p. 193. f. 134. *Elvella unctuosa.*

4. Hérissé *Hirsutum.* Chapeau hérissé en dessus ; pédicule hérissé Tode. fun. mek. sel. 1. p. 23. t. 4. f. 36.

5. HELOTIUM agaric. *Agaricoides*. Blanc ; pédicule long, poilu à la base, comme tubéreux. bolton. fun. 3. p. 98. t. 98. f. 1.

6, Doré. *Aureum*. Jaune ; chapeau large, épaissi ; pédicule court. bolton. fun. 3. p. 98. t. 98. f. 2.

C L A V A I R E. *Clavaria.*

Chapeau alongé, comme solide, fructifiant sur toute la superficie.

* *Espèces sans tiges, sans divisions.*

1. CLAVAIRE en pilon. *Pistillaris*. En forme de massue, très simple, glabre, solide. sc. fun. t. 160.

2. Glabre. *Glabra*. En forme de massue, très simple, glabre, fistuleux. bull. herb. franc. p. 212. t. 463. f. 1.

3. Noire. *Atra*. En massue, très entière, comme comprimée, duvetée, noire. schr. schm. anal. pl. t. 25. Michel. nov. pl. gen. t. 87. f. 8.

4. *Ophioglossoides*. En massue, très entière, comme comprimée, obtuse. bull. herb. franc. t. 372 (1)

5. Très simple. *Simplicissima*. Très simple, cylindrique, en alène, jaune, basanée au sommet. Wild. prodr. flor. berol. n. 11. 80.

6. D'un pourpré noir. *Atro purpurea*. En massue, cylindrique, plissée ; peau glabre, noirâtre. bats. el. fun. p. 133. t. 47.

7. Serpentine. *Serpentina*. Verte, en massue, oblongue, sch. flor. bav. 2. p 571. n. 1623.

8. Verte. *Viridis*. En gazon, très entière, verte, en massue, entière, ridée. schrader.

9. Cornée. *Cornea*. Lancéolée, entière, solide, basanée, gélatineuse. bull. herb. franc. p. 204. t. 463. f. 4.

10. *Resinosorum*. Conique, oblongue, obtuse, solide, racourcie, gélatineuse. Mich. n. pl. gen. t. 92. f. 1.

11. Tubuleuse. *Tubulosa*. Simple, cylindrique, grêle, tubulée, couverte de poils caducs. bulliard. herb. franc. 1. p. 213. titre 463. f. 2.

12. Pourprée. *Purpurea*. En gazon, basanée, rousse, comme comprimée, aigue au sommet. flor. dan. t. 837. f. 2.

13. Inégale. *Inequalis*. Comprimée, large, aigue au sommet. flor. dan. t. 836. f. 1.

14. En gazon. *Cespitosa*. Un gazon, très simple, unie à la

---

(1) Ce végétal paraît se rapprocher de l'elvella.

base quelquefois , oblongue, en massue , pleine , en jaune aqueux. Jacq. misc. austr. 2. p. 98 t. 12. f. 2.

15. CLAVAIRE *Helveloïdes.* En gazon, très simple, très é paisse , unie à la base , pyramidale, renversée. Jacq. misc. aust. 2. p. 99. t. 12 f. 5.

16. Basané. *Fusca.* En gazon, basanée , simple , comprimée, coalisée à la base , duvetée, fourchue quelquefois au sommet. Swarts. nov. pl. gen. et spec. p. 150.

17. Comme divisée. *Subdivisa.* Comme divisée, petite , noirâtre. wilden. prodr. flor. berol. n. 1185.

* * *Espèces rameuses , coralloïdes.*

18. Vermiculaire. *Vermicularis.* Ridée ; sommet des petites ramifications obtuses. hall. sterp. helv. hist. n. 2202.

19. *Anthocephala.* Roussâtre , rameuse ; les sommets crénelés, planes , blancs, comme lobés. bull. herb. franc. t. 451. f. 1.

20. Cornue. *Cornuta.* Ramifications très simples , en cône , planes , tronquées. Jacq. misc. austr. 2. p. 98. t. 14. f. 2. (1)

21. *Coralloides.* Ramifications serrées , très rameuses , inégales. bull. herb. franc. t. 354 (2)

22. Plébeïene. *Plebeïa.* Très rameuse ; ramifications simples , comme ovales , denticulées au sommet. Jacq. misc. austr. 2. p. 101. t. 13.

23. Fastigiée. *Fastigiata.* Ramifications serrées , très rameuses, fastigiées , obtuses , jaunes. bull. herb. franc. t. 358.

24. *Muscoides.* Ramifications rameuses , aigues , inégalès , jaunes. bull. herb. franc. t. 416. f. 2.

25. Crépue. *Crispa.* Foliacée , très rameuse ; ramifications planes , crépues , dentées en scie sur les bords. Jacq. misc. austr. 2. p. 100. t. 14. f. 2.

26. Bifide. *Bifida* , Bifide ; segmens comme bifides. bull. herb. franc. t. 263.

27. *Cornu alces.* Blanchâtre , fusiforme ; sommet tronqué , en lobe , lacéré , à crête. sc. fun. t 291.

28. *ornu cervi.* Jaunâtre ; ramifications sensiblement atténuées vers le sommet , un peu aigues , cylindriques, sc. fun. t. 289. et t. 273.

---

(1) Cette plante ne serait-elle pas la même que le *l'amœcornis ?*
(2) Elle est molle , très ramifiée , formant une espèce de gazon jaunâtre , ou blanchâtre ou rougeâtre, à ramifications courtes , comme dentées au sommet. Ce champignon se mange. On le nomme communément barbe de chèvre ; et les gourmands le regardent comme un des plus délicats ; mais il faut bien prendre garde de se méprendre.

29 CLAVAIRE

29. CLAVAIRE. *Damacornis*. Blanche, tronquée en dessus, comme rameuse ; ramifications dernières comprimées, palmées. schranck. flor. bav. 2. p. 666. n. 1845.

3o. Corticale. *Corticalis*. Ferme, blanchâtre ; ramifications courtes, rudes, vagues, comme barbues au sommet. bats. el. fun. cent. 1. p. 231. f. 162.

31. Branchue. *Brachiata*. Lancéolée, blanche ; ramifications lancéolées, vagues, comme divisées, comme branchues bats. el. fun. cent. 1. p. 233. f. 163.

* * * *Espèces pédiculées, seules cachant les senences.*

32. Grêle. *Gracilis*. Pédicule transparent ; tête en massue. bolt. fun. 3. 3. t. 3. f. 1.

33. Fistuleuse. *Fistulosa*. En gazon, blanche, fistuleuse, épaissie dans le bas, s'aiguisant sensiblement en dessus. Mich. nov. pl. gen. p. 209. t. 87. f. 13.

34. Granulée. *Granulata*. En massue, blanche, très simple, fistuleuse, cylindrique ; racine granulée, noire. Wild. prodr. flor. berol. n. 1179.

35. Parasite. *Parisitica*. En massue, noire, très simple ; pédicule cylindrique ; tête oblongue, cylindrique, obtuse, mamelonée. Wilden. prodr. flor. berol. n. 1178.

36. *Placorhyza*. Très simple, très fine, en massue, fistnleuse, basanée ; massue en alène, blanchâtre ; racine lentiforme, creuse. Reich. schr. berl. naturf. 1. p. 315. t. 9. f. 4. 5.

37. Capillaire. *Capillaris*. Pédicule capillaire, violet, lisse, fistuleux ; tête blanche en massue. holm. nov. act. dan. 1. p. 287. fig. 2.

38. Farineuse. *Farinosa*. Sanguin et blanche, farineuse ; ramifications racourcies, tronquées, crénelées. holm. bav. act. dan. 1. p. 299. f. 6.

39. Moyenne. *Media*. Blanche, jaunâtre ; tête très simple, obtuse, entière. Flor. dan. t. 775. f. 2. et t. 837. f. 1.

4o. Montante. *Ascendens*. En gazon, très simple, remplie, aigue, blanche. Flor. dan. t. 837. f. 1.

41. Délicate. *Delicatula*. Blanche ; tête très simple, ovale, obtuse. gled. meth. fun. p. 39. t. e. (1)

42. Cylindrique. *Cylindrica*. D'un jaune roux ; tête entière, très simple, très fine, très longue. Mich. nov. pl. gen. p. 208. t. 87. f. 7.

---

(1) *Clavaria alba*. Beaum. gat. flor. lips. p. 672.

B b

43. Pédonculée. *Pedunculata*. Noire ; pédoncule alongé, grêle, hérissé ; tête valide, comme ovale. Mich. nov. pl. gen. t. 87. f. 8.

44. Lombriquée. *Lumbricata*. En gazon, blanche ou jaune ; lancéolée, en massue, arrondie. Mich. nov. pl. gen. t. 87. f. 10. 11.

45. *Polymorpha*. Rousse, en gazon, souvent fendue au sommet ; pédicule tortueux. Flor. dant. t. 73. f. 1.

46. *Phalloïdes*. Simple, fistuleuse ; pédicule blanc de neige, ondulé ; sommet en tête, ovale, oblong, orangé. bull. herb. franc. 1. p. 214. t. 3. f. 3.

T R E M E L L E. *Tremella.*

Champignons gélatineux, uniformes, diaphanes, de diverses formes, la plupart fugaces, quelques-unes irritables au contact ; semences noyées dans la substance du végétal.

1. TREMELLE granulée. *Granulata*. Sphérique, aggrégée, verte. syst. nat. 12. 3. p. 720. (1)

2. Pois. *Pisum*. Globuleuse, pleine, verte. Mant. p. 136. (2)

3. Collier. *Moniliformis*. Globuleuse, d'un vert pâle, disposée par lignes. Will. prodr. flor. berol. n. 1224.

4. Caverneuse. *Cavernosa*. Comme globuleuse, solitaire, ridée, plissée, variée en dedans. Forsk. flor. œg. arab. n. 187. *Uva cavernosa*

5. Fourchue. *Furcata*. Comme globuleuse, comme sans tige, granuleuse, écarlate. bull. herb. fr. 1. p. 218. t. 455. f. 2.

6. Prune. *Pruniformis*. Comme globuleuse, solitaire, intérieurement tubulée. Syst. nat. 12. 3. p. 720. (3)

7. Hémispherique. *Hemispherica*. Hémisphérique, épaisse. Weig. bot. t. 2. f. 3.

8. En point. *Punctiformis*. D'une couleur orangée, sale, sans tige, composée de globules irréguliers. schrank. flor. bav. 2. p. 561. f. 1602.

9. Adhérente. *Adnata*. Arrondie, imbriquée, livide.

10. Difforme. *Difformis*. Comme ronde, sinuée, difforme.

11. Arborée. *Arborea*. Comme ronde, sessile, ondulée, noirâtre. hoffm. veg. crypt. 1. p. 37. t. 8. f. 1.

12. Pédiculée. *Stipitata*. Toute rouge, diaphane, pédiculée ; corps cylindrique. wild. prodr. flor. berol. n. 1225.

---

(1) *Uva granulata*. Flor. dan. t. 705.
(2) *Uva pisum*. Flor. dan. t. 660. f. 2.
(3) *Uva pruniformis*. Veig. obs. bot. t. 2. f. 4.

13. TRÉMELLE orbiculaire. *Orbicularis*. Sessile, en forme de coupe, d'un vert sordide. Schranck. flor. bav. 2. p. 560. n. 1601.

14. Rousse. *Rufa*. Longitudinalement à moitié; infundibuliforme. Jacq. misc. austr. 1. p. 143. t. 14.

15. Météorique. *Meteorica*. Sinuée, blanche, membraneuse, resserrée en dessous. Persoon.

16. Vésicaire. *Vesicaria*. D'un gris brun, membraneuse, en sachet. bull. herb. franc. t. 427. f. 3.

17. Clavaire. *Clavariæformis*. Simple, orangée, comprimée, en alène, comme pyramidale, à deux cornes. wulf. ap. jacq. coll. 2. p. 174.

18. Verte. *Viridis*. Oblongue, d'un vert gai, convexe. wild. prodr. flor. berol. n. 1222.

19. Lytophylle. *Lythophylla*. D'un vert brun, oblongue, convexe. wild. bot. mag. 4. p. 17.

20. *Cepincola*. Convexe, éparse, jaune, diaphane. wild. bot. mag. 4. p. 18.

21. Mésentérique. *Mesenterica*. Comme ronde sessile, plissée, ondulée, dorée. Jacq. misc. austr. 1. t. 13.

22. *Nostoc*. Plissée, ondulée. bull. herb. franc. t. 184. (1)

23. Persistante. *Persistens*. Membraneuse, plissée, rouge. bull. herb. franc. t. 304.

24. Rouge. *Cinnabarina*. Plissée, molle, épaisse, rameuse, rouge. bull. herb. franc. t. 306.

25. Du genièvrier. *Juniperina*. Plissée, sessile, montante, jaune. bull. herb. franc. t. 427. f. 1 (2)

26. *Sagarum*. Membraneuse, sinuée, d'un roux brun. flor. dan. t. 885. f. 3.

27. Ondulée. *Undulata*. Montante, sinuée, ondulée, pourprée. hoffm. veg. crypt. 1. p. 32. t. 7. f. 1.

28. Brûlée. *Ustulata*. Membraneuse, noire, lisse, plissée. bull. herb. franc. t. 420. f. 2.

29. *Ancerhalloides*. Oblongue, sessile, lavée d'incarnat, plissée, ridée. Wild. bot. mag. 4. p. 17. f. 14.

30. Cerveau. *Cerebrina*. Charnue, plissée en contours. bull. herb. franc. t. 386.

31. Intestinale. *Intestinalis*. Tortueuse, d'un noir verdâtre. Flor. dan. t. 805. f. 2.

---

(1) Imbibé dans l'eau le nostoc s'étend; mais lorsqu'il est sec il est affaissé, contracté, presqu'invisible.

(2) Au printems sur le genièvrier; il y devient noir et fragile.

32. TREMELLE tordue. *Torta*. Jaunâtre, petite, tordue en manière d'intestins. wild. bot. mag. 4. p. 18.

33. *Allii*. Sessile, membraneuse, eu forme de labyrinthe, grise, blanche intérieurement. holm. nov. act. dan. 1. p. 286. f. 1.

34. Violette. *Violacea*. Sessile, ridée, violette, lisse inférieurement. Reth. fl. cant. p. 442. n. 899. (1)

35. Plane. *Plana*. Répandue, plane, ondulée, d'un vert brun. wig. p. flor. hols p. 95.

36. Très rouge. *Ruberrima*. Très rouge, crépue, ondulée, sinuée, plissée. wulf. schr. berl. naturf. 8. 1. p. 155.

37. Verticale. *Verticalis*. Verticale, noire, élastique, diversement plissée, répandant dans sa jeunesse un polen très fin. bull. herb. franc. t. 272.

38. Crépue. *Crispa*. Terrestre, tendre, crépue. schreb. spic. flor. lips. p. 140.

39. Noire. *Atra*. Noire, sessile, d'un crépu très fin. schranck. flor. bav. 2. 562. n. 1606.

40. Digitée. *Digitata*. Linéaire, dentée, basanée. hoffm. veg. crypt. 1. p. 39. t. 8. f. 2.

41. Hydnoïde. *Hydnoidea*. Comprimée, plane, difforme, digitce, plissée. Jacq. misc. aust. 1. p. 45. t. 16. (2)

42. Verruqueuse. *Verrucosa*. Sessile, tuberculeuse, solide. hoffm. veg. crypt. 1. p. 39. t. 8. f. 2.

43. Glanduleuse. *Glandulosa*. Comme sessile, diaphane, noire, fuligineuse intérieurement, semée de glandes. bulliard. herb. franc. t. 420. f. 1.

44. Miliaire. *Miliaris*. Rouge ; à verrues confluentes, qui se fendent étant sèches. schranck. flor. bav. 2. p. 563. n. 1609.

45. Rouge. *Rubra*. Duvetée en dessus, glabre et luisante en dessous ; points épars. Flor. dan. t. 884.

46. Rougeâtre. *Rubella*. Rouge ; pédicule court. sc. fun. t. 323. 324. *Ulva purpurea*.

47. A anneau. *Annulata*. Oblongue basanée, à anneau dans sa vieillesse. Wild. bot. mag. 4. p. 17. f. 15.

48. Déliquescente. *Deliquescens*. Jaune, jaunâtre dans sa vieillesse, déliquescente. bull. herb. franc. 1. p. 219. t. 455.

---

(1) Cette espèce ne paraît pas être assez distincte de la trémelle persistante. *persistens*.

(2) Cette espèce paraît être la même que la *paccinia*.

(189)

49. Coralloïde. *Coralloides*. Rouge ; en arbrisseau ; rameaux branchus, obtus. schranck. flor. bav. 2. p. 562. n. 1608. (1)

MORILLE. *Phallus.*

Champignon à chapeau lisse en dessous, en rézeau en dessus.

1. MORILLE fungoïde. *Fungoides*. Chapeau à lobes aigus, un peu glabre; pédicule glabre, atténué en dessus. Mich. nov. pl. gen. t. 86. f. 9.

2. Ondé. *Undulosus*. Chapeau conique, crépu sur la marge ; rides ondulées à anastomoses ; pédicule silloné, marqueté. mich. nov. pl. gen. t. 84. f. 2.

3. *Gigas*. Chapeau conique, comme ondulé sur la marge ; rides tortueuses, à anastomoses ; pédicule en massue, écailleux. Mich. nov. pl. gen. 1. 84. f. f. т.

4. Retz. *Rete*. Chapeau conique, crénelé, sinué sur la marge ; rides à anastomoses et aréoles décurrentes ; pédicule en massue, entier. Mich. nov. pl. gen. t. 34. f. 3.

5. Impudique. *Impudicus*. Chapeau conique, crénelé sur la marge, perforé au sommet; pédicule à volva à sa base. sc. fun. t. 196. f. 198. (2)

6. Phale des chiens. *Caninus*. Chapeau conique, rétréci, aigu, sans trous, celluleux ; pédicule celluleux, à volva. curt. flor. lond. t. 235. sc. fun. t. 335.

7. *Mokusin*. Chapeau aigu, en 5 parties ; segmens connivens ; pédicule pentagône ; volva radical. suppl. p. 452.

8. Anastomose. *Anastomosis*. Chapeau oblong, adhérent vers la marge; rides décurrentes, à anastomoses ; pédicule épaissi. mich. nov. plant. gen. t. 85. f. 3.

9. Comestible. *Esculentus*. Chapeau ovale, adhérent vers la marge ; rides ondulées, à anastomoses de toutes parts ; pédicule très fin. sc. t. 298. 300. (3)

10. Étalé. *Patulus*. Chapeau ridé, comme conique en dessus, libre en dessous. sc. fun. titre 199. f. 1. 3.

---

(1) Cette espèce paraît devoir être transportée à un autre genre.

(2) Pédicule long de cinq à six pouces, renfermé dans une gaîne ovale qui renferme toute la plante dans sa jeunesse. Elle répand une odeur très fétide lorsqu'elle est dévelopée.

(3) On le trouve plus ou moins gros, blanc, fauve ou noirâtre. Ce champignon est un poison si on le cueille après les pluies, ou dans sa vétusté.

(190)

CLATHRE. *Clathrus.*

Champignons comme ronds, à rameaux charnus, continus entr'eux, formant une grille.

1. *lCathrus cancellatus.* bull. herb. franc. t. 441. (1)

HELVELLE. *Helvella.*

Champignon à chapeau enflé, difforme et concave, lisse ; lançant élastiquement ses semences par dessus.

* *Espèces pédiculées.*

1. HELVELLE gélatineuse. *Gelatinosa.* Pédicule fistuleux ; chapeau convexe, lisse, ondulé en dessous, bull. herb. franc. 1. p. 296. t. 473. f. 2.

2. Fuligineuse. *Fuliginosa.* Pédicule fistuleux ; chapeau enflé, anguleux, plissé, noirâtre. bull. herb. franc. t. 242.

3. Roulée. *Revoluta.* Pédicule fistuleux, un peu comprimé ; chapeau plane, déprimé ; marge roulée, très entière. Vaill. flor. par. p. 58. t. 13. f. 7. 9.

4. Pezize. *Pezizoides.* Pédicule fistuleux ; chapeau courbé, à deux lobes, libre en dessous. ad. afzel. n. act. stochk. 1783 p. 299. t. 10. f. 2. a. b. c.

5. Brune. *Brunnea.* Pédicule fistuleux, lisse ; chapeau incliné, adhérent, ridé, basané. sc. fun. t. 156. 161.

6. Mitre. *Mitra* Pédicule épais ; chapeau difforme, lobé et plié en manière de mitre, adhérent. sc. fun. t. 154. 162. et t. 32. 2. Jussieu. act. par. ad. 1728. t. 14.

7. Sillonée. *Sulcata.* Pédicule solide, crévassé, régulièrement silloné ; chapeau incliné, à deux lobes, adhérent. (2)

8. Noire. *Atra.* Pédicule solide ; chapeau incliné, à deux lobes, libre, rude en dessous. flor. dan. t. 534. f. 1.

9. Horizontal. *Horizontalis.* Pédicule solide, cylindrique ; chapeau plane, infundibuliforme ; marge horisontale, crénelée. ad. afzel. n. act. stock. 1783 p. 302. t. 10. f. 3. a. b.

10. En massue. *Clavata.* Pédicule comme comprimé, blanchâtre, entrant dans le chapeau ; chapeau incliné. sc. fung. tit. 149.

---

(1) Substance grillée, ponotuée ou poreuse, garnie à sa base d'une envellope blanchâtre en dehors, un peu coriace.

(2) *Helvella alba.* Roth. flor. germ. 1. p. 541 *Helvella cinerea.* bats. fung. t. F. 3. B.

11. **HELVELLE** calice. *Caliciformis.* Chapeau jaunâtre, glabre, couleur de chair, furfuracé, granuleux en dessous, ainsi que le pédicule qui est court. bats. el. fun. cent. 1. p. 197. f. 135.

12. Hérissée. *Hispida.* Chapeau plane ou concave, comme rude extérieurement. bolton. fun. 3. 96. t. 96. (1)

13. Rouillée. *Æruginosa.* Très petite, très verte; chapeau difforme. flor. dan. t. 534. f. 2.

14. Cerasine. *Cerasina.* Comme sessile, pyriforme, campanulée, rouge ; marge dentée. Wulfen. ap. jacq. coll. 1. p. 347.

    * * *Sans tiges. Espèces qui peuvent être jointes aux pizizes.*

15. En cuiller. *Cochleata.* Turbinée, en cuiller, blanchâtre, d'un orangé rouge intérieurement. sc. fun. t. 150.

16. Liliacée. *Liliacea.* Plane, concave, couleur de lilas; marge élevée, un peu renflée. Wulf. ap. jacq. col. 1. p. 317.

17. Ciliaire. *Ciliaris.* Hémisphérique, concave, écarlate; marge ciliée de jaune. mich. nov. pl. gen. p. 206. n. 12.

18. Bigarée. *Versicolor.* Membraneuse ; à zônes de diverses couleurs ; lisse, blanche en dessous. swarts. nov. plant. gen. et spec. p. 149.

19. Noircie. *Atrata.* Membraneuse, fragile, lisse des deux côtés; noire. swarts. nov. pl. gen. et spec. p. 149.

20. Pâle. *Pallida.* Coriace, lisse des deux côtés, basanée en dessus, blanchâtre en dessous. swarts. nov. pl. gen. et spec. page 150.

21. *Tremellina.* Coriace, ondulée, lisse, plombée; blanche et velue en dessous. swarts. nov. plant. gen. et spec. p. 149.

22. Écarlate *Coccinea.* Comme globuleuse, campanulée, écarlate intérieurement, à marge entiere. bull. herb. franc. 1. p. 269. f. 474. *Peziza coccinea.*

23. Mésentérique. *Mesenterica.* Gélatineuse, coriace, ridée, retournée, spongieuse, velue en dessus, cendrée, lisse et violette en dessous. Mich. nov. pl. gen. 26. p. 124. t. 66. f. 4.

PEZIZE. *Peziza.*

Champignon souvent concave, sans capsules ou semences visibles à l'œil nu.

    * *Espèces pédiculées.*

1. **PEZIZE** Coriace. *Coriacea.* Infundibuliforme ; pédicule tortueux. bull. herb. franc. p. 438. f. 1.

---

(1) *Helvella villosa.* sc. fung. t. 321.

2. PEZIZE trompête. *Tuba*. Jaunâtre, conique, dilatée; pédicule linéaire, alongé, radical. Mich. nov. pl. gen. t. 86. f. 10.

3. Du charme. *Carpini*. Jaune, pâle; pédicule linéaire, alongé, terminé par un gaudet plane. bats. el. fun. 1. p. 217. f. 150.

4. *Echinophala*. Un peu épaisse, ferme, fragile, glabre, comme fuligineuse, se terminant en un pédicule épais; coupe ferrugineuse, en forme d'écusson creusé. bull. herb. franc. t. 500. f. 1.

5. Tendre. *Tenella*. Blanche; pédicule grêle, alongé, se dilatant en une coupe. bats. el. fun. cent. 1. p. 217. f. 151.

6. Tubéreuse. *Tuberosa*. Pédicule grêle, alongé, se dilatant en une coupe basanée, et plus ouverte dans son intérieur. hedw. crypt. 2. 1. p. 39. t. 10. B.

7. Sceptre. *Sceptrum*. Déprimée, globuleuse, grise antérieurement, à côtes ridées; bouche resserrée, dentée par le sommet des rides; pédicule blanc, alongé, distinctement inséré. mich. nov. pl. gen. t. 86. f. 3.

8. Bulbeuse. *Bulbosa*. Arrondie extérieurement, ponctuée de blanc, noire intérieurement; pédicule bulbeux, alongé. hedw. crypt. 2. 1. p. 26. t. 10. C.

9. *Hirudo*. Cendré brun; pédicule alongé, dilaté en dessus en un disque qui est supérieurement en coussinet, réfléchi, et marqué d'une cicatrice; marge ferrugineuse. bats. el. fun. cent. 1. p. 214. f. 149.

10. Haller. *Halleri*. D'un jaune sale; pédicule très long; petite coupe parabolique, dentée sur sa marge qui est ponctuée. hall. hist. stirp. helv. n. 2225.

11. *Fungoidates*. Pédiculé délié, grêle, alongé, blanchâtre, terminé par une petite coupe noirâtre. hedw. crypt. 2. 2. p. 53. t. 19. A.

12. Velu. *Villosa*. Pédicule médiocre, alongé, velu; coupe convexe, marginée, velue; poils tournés en haut. hedv. crypt. 2. 2. p. 54. t. 19. B.

13. Coupe. *Craterella*. Blanchâtre; pédicule grêle, alongé; coupe aggrandie, également marginée; poils très courts. hedv. crypt. 2. 2. p. 55. t 19.

14. Du chêne. *Quercina*. Noirâtre, duvetée; pédicule alongé; coupe concave, lisse, noire. Schrader.

15. Calicule. *Caliculus*. Convexe, hémisphérique, ouverte; pédicule comme alongé, linéaire, valide, distinctement inséré. Mich. nov. pl. gen. t. 86. f. 5. 11.

16. Penchée. *Nutans*. Pédicule filiforme, relevé; coupe penchée, conique. Mich. nov. pl. gen. t. 86. f. 12. 13.

17 PEZIZE

17. PEZIZE variée. *Varia.* Lisse, basanée ; pédicule cartilagineux, dilaté en une coupe. hedw. crypt. 2. 1. p. 26. t. 6. f. D.

18. Violette. *Violacea.* Lisse, lavée de violet ; pédicule dilaté
en une coupe violette. hedw. crypt. 2. 1. p. 32. t. 8. f. A.

19. *Infundibuliformis.* Hémisphérique, ferrugineuse ; pédicule
épaissi en dessus, confluent avec le milieu du chapeau. bats.
el. fun. cent. 1. p. 211. f. 147.

20. Sulphurée. *Sulphurea.* Convexe, déprimée, ouverte ; pédicule confluent, court, solide. bats. el. fun. cent. 122. n. 18.
cent 1. p. 210. f. 147.

21. Coupe. *Crater.* Noirâtre, déprimée, convexe, comme ondulée ; pédicule alongé, en alène, valide. sc. fun. t. 167.

22. Douteuse. *Dubia.* Blanchâtre, plane en dessus, convexe
en dessous ; pédicule distinct, épaissi dans le bas. bats. el. fun.
cent. 1. p. 209. f. 145.

23. Calice. *Caliciformis.* Convexe, noircissant intérieurement,
extérieurement cendrée. hedw. crypt. 2. 3. p. 78. t, 22. f. B.

24. Ciliaire. *Ciliaris.* Infundibuliforme, blanche ; cils longs.
Schrader.

25. *Umbrina.* En coussinet, obscure ; coupe aplanie, de même
couleur. Schrader.

26 Urcéolée. *Urceolata.* Jaunâtre ; marge ciliée. bull. herb.
franc. t. 416. f. 4.

27. Clandestine. *Clandestina.* Velue, cendrée, lisse intérieurement. bull. herb. franc. t. 416. f, 5.

28. Pourprée. *Purpurea* Pourprée ; pédicule coriace, terminé
en un gaudet extérieurement blanc. hedw. crypt. 2. 3. p. 77.
t. 22. f. A.

29. Paliacée. *Paleacea.* Très petite, basanée ; marge couronnée par un rang de paillettes. Tode. schr. berl. naturf. 4.
p. 271. t. 13. f. 8.

30. De l'ortie. *Urtica.* Marge entourée de rayons cunéiformes,
et ensuite tournés en vrilles. Tode. schr. berl. naturf. 4. p. 271.
t. 13. f. 7.

31. Pédiculée. *Stipitata.* Hémisphérique ; extérieurement hérissée de noir ; pédicule cylindrique. wild. prodr. flor. berol.
n. 1164. (1)

32. Pyriforme. *Pyriformis.* Blanchâtre ; pédicule grêle, terminé en une coupe pyriforme. hedw. crypt. 2. 1. p. 38. t. 10. A.

______

(1) *Octosperma setigera.* schranck. flor. bav. 2. p. 506.

33. Pédonculée. *Pedunculata*. Plane, orbiculée, roussâtre, pédiculée. Pall. it. I. p. 5o3.

34. Baillante. *Hians*. Intérieurement jaune, extérieurement blanche; pédicule lisse, conique, se dilatant en une coupe infundibuliforme. Mich. nov. pl. gen. t. 86. f. 6.

35. Convivale. *Convivalis*. Blanchâtre, conique, ouverte; pédicule comme distinct, linéaire, court. Mich. nov. pl. gen. t. 86. f. 14.

36. *Sigillatoria*. Blanche, en cône renversé, ouverte; pédicule confluent, court. batsc. el. fun. cent. I. p. 204. f. 142.

37. Cruciforme. *Cruciformis*. Couchée, oblongue, tronquée; ouverte; bouche comme resserrée; pédicule court. Mich. nov. pl. gen. t. 68. f. 16.

38. *Virginea*. Blanche de neige, déprimée, convexe, ouverte; pédicule court, linéaire, valide. Mich. nov. pl. gen. t. 86. f. 15.

39. Très petite. *Minutissima*. Blanche, très petite, convexe, déprimée, ouverte; pédicule court, distinct. bats. el. fun. cent. I. p. 206. f. 143.

40. Vermillonée. *Miniata*. Très rouge, convexe, déprimée, pleine, légèrement creusée; pédicule court, comme confluent. bats. el. fun. cent. I. p. 210. f. 144.

41. Bolaire. *Bolaris*. Convexe, déprimée, ouverte, intérieurement basanée, opaque, extérieurement d'un jaune carné, jaune dans le bas; pédicule court. bats. el. fun. cent. I. p. 222. f. 155.

42. Très blanche. *Candidissima*. Infundibuliforme, blanche de neige; pédicule très court. Mich. nov. pl. gen. p. 205. t. 86. f. 15.

43. Très petite. *Minima*. Plane, convexe, marge nue; pédicule très court. Tode. schr. berl. naturf. 4. t. 13. f. 5.

44. Citrine. *Citrina*. Jaune, plane; pédicule très court, étroit. hedv. crypt. 2. p. 33. t. 8. B.

45. Blanchâtre. *Albidula*. Lisse, blanchâtre, plane; marge convexe; pédicule très court. hedv. crypt. 2. I. p. 36. t. 9. B.

46. Jaunâtre. *Lutescens*. Lisse, jaunâtre; plane, à marge pliée; pédicule très court, étroit. hed. crypt. 2. I. p. 37. t. 9. c.

47. Capulaire. *Capularis*. Globuleuse, campanulée, jaune; marge crénelée; pédicule très court. Flor. dan. t. 469. f. 3.

48. *Infundibuliformis*. Comme pédiculée, conique, dilatée; intérieurement basanée, extérieurement blanche. sc. fun. t. 152.

49. *Discolor*. Comme sessile; extérieurement basanée; intérieurement lavée de jaune. hedw. crypt. 2. 3. p. 80. t. 22. f. c.

50. Grise cendrée. *Spadicea*. Comme sessile; grise cendrée;

brillante en dessus, inférieurement raboteuse ; marge crénelée. bats. el. fun. cent. 2. p. 93. t. 39. f. 217.

51. PÉZIZE lactée. *Lactea*. Comme sessile, blanche, plane ; extérieurement très velue. bull. herb. franc. t. 376. f. 3.

** Espèces sessiles. **

52. *Cyathoides*. En forme de coupe ; marge obtuse, relevée. bull. herb. franc. t. 416. f. 3.

53. *Tremelloides*. Infundibuliforme ; marge crénelée. bull. herb. franc. t. 410. f. 1.

54. *Crucibulum*. Comme blanche, en cône renversé, comme rude, baillante. Mich. nov. pl. gen. t. 86. f. 1.

55. Du cyprès. *Cupressi*. Jaune, sessile, en cône renversé, oblongue, tronquée, comme concave. Mich. nov. pl. gen. t. 86. f. 20.

56. *Sarcoides*. Pourprée, à lobes, crépue, plissée. hémisphérique, infundibuliforme, en forme de fleur. bolton. fun. 3. 101. t. 101. f. 2.

57. Sépulcrale. *Sepulcralis*. Ventrue, déprimée, jaunâtre ; bouche rétrécie à la base. sc. fun. t. 280.

58. Couronnée. *Coronata*. Ovale renversé, ventrue, d'un gris blanc ; marge relevée. bats. el. fun. p. 121.

59. Grasse. *Pinguis*. Urcéolée, sanguine, couverte d'un duvet blanc. bull. herb. franc. t. 396. f. 1.

60. Lanugineuse. *Lanuginosa*. Basanée, blanche en dedans, les plus jeunes à marge courte.

61. Lacérée. *Lacera*. Campanulée, sessile, blanchâtre ; marge lacérée. wild. prodr. fl. berol. n. 1166.

62. Jaune. *Flava*. Globuleuse, campanulée, jaune, pubescente intérieurement, extérieurement très glabre ; marge entière. Swarts. nov. pl. gen. et spec. p. 150.

63. Noirâtre. *Nigrescens*. Globuleuse, campanulée, oblique, intérieurement glabre, noire ; extérieurement blanche, veine ; marge entière. Swarts. nov. pl. gen. et spec. p. 150.

64. Diadême. *Diadema*. Noire, globuleuse, extérieuremen, ridée, à côte ; sommet largement ouvert ; bouche contractée marginée, crénelée. Mich. nov. pl. gen. t. 86. f. 18.

65. *Hæmastigma*. Sessile, comme globuleuse, petite, lavée de couleur de sang. Hedv. crypt. 2. 1. p. 21. t. 5. B. f. 1. 1. 5.

66. Lèvre. *Labellum*. Hémisphérique, fragile, diaphane, ciliée, extérieurement poilue. bull. herb. franc. t. 204.

67. *Rhizophora*. Hémisphérique, convexe, basanée, blanche, concave intérieurement ; racines simples, cylindriques. Rdca berl. naturf. besc. 3. p. 214. t. 4. f. 4. 6.

68. PEZIZE hémisphérique. *Hemispherica.* Hémisphérique , concave , noire , extérieurement duvetée , intérieurement lisse. wulf. schr. berl. naturf. 8. p. 141.

69. Hérissée. *Hispida.* Hémisphérique , extérieurement basanée , hérissée ; intérieurement lisse , glauque. sc. fun, t. 151.

70. Hérissé. *Hirta.* Hémisphérique ; extérieurement basanée, gris cendré ; intérieurement rouge , glabre. hed. cr. 2. 1. p. 15. titre 3. f. B. 1. 6.

71. *Pustulata.* Hémisphérique , sessile ; extérieurement blanche ponctuée. hed. cr. 2. 1. p. 23. t. 6. A. f. 1. 5.

72. Crénelée. *Crenata.* Turbinée , crénelée sur la marge , intérieurement basanée , extérieurement semée d'une poussière blanhâtre. bul. herb, franc. t. 396. f. 3.

73. *Epiphylla.* Comme turbinée , basanée ; marge crénelée, naturf 19. p. 126. t. 7. j. 5. 8.

74 *Hypocrater.* Jaune lisse ; plane en vieillissant ; marge glabre. schranck. flor, bav. 2 p. 596.

75. Fumier. *Fimetaria.* Sessile , charnue , fragile , jaunâtre , en coupe ; marge calleuse , crénelée. bull. herb. franc. t. 376. f. 1.

76. Calleuse. *Callosa.* Bleuâtre , en écusson , comme velue , lisse intérieurement ; marge calleuse. bull. herb. franc. t. 416. f. 1.

77. Araignée. *Araneosa.* Concave , crénelée sur la marge , vêtue d'une toile d'araignée. bull. herb. franc. t. 280.

78. Duvetée. *Tomentosa.* Concave , duvetée , intérieurement très blanche , lisse. Schrader.

79. Hérissée. *Hispidula.* Concave , extérieurement un peu hérissée , noire ; intérieurement lisse , blanchâtre. schrader.

80. Naine. *Pulla.* Concave, coriace , basanée de toutes parts , luisant. Schrader.

81 Membraneuse. *Membranacea.* Très petite , concave, blanchâtre , comme diaphane. schrader.

82. Hérissée. *Hyrtella.* Concave , lavée de noir , extérieurement basanée , poilue ; marge blanche. schrader.

83. Naine. *Pusilla.* Plane , blanchâtre , comme diaphane ; duvetée très finement à l'extérieur. schrader.

84. Noire. *Nigra.* Plane , marginée , rude , noire. schrader.

85. Noire. *Atra.* Concave , noire. hall. stirp. helv. n. 2243.

86. Verdoyante. *Viridans.* Sessile , cave ; marge verte. hedw. crypt. 2. 1. p. 24. t. 6. B.

87. Ciliée. *Ciliata.* Jaune , concave , extérieurement lisse ; marge ciliée. bull. herb. franc. t. 438. f. 2.

88. PEZIZE granulée. *Granulata*. Jaune, concave, extérieurement granulée; marge nue. bull. herb. frauc. t. 438. f. 3.

89. Léporine. *Leporina*. Coriace, spatulée, concave, basanée; extérieurement blanchâtre. sc. fun. t. 156.

90. *Marchica*. Basanée, concave, comprimée, lobée, extérieurement jaunâtre, mamelonée. wild. bot. mag. 4. p. 14. f. 9.

91. A flocons. *Floccosa*. Demi-ovale ou oblongue, cave, à marge roulée, intérieurement basanée, extérieurement blanche, semée de flocons cendrés et distans. bats. el. fun. cent. 1. p. 225.

92. Cartilaginée. *Cartilaginea*. Portant des coques; en bouclier, glabre. bolton. fun. III. 101. f. 1.

93. *Jenensis*. Sessile, épaisse, membraneuse, soufrée, ouverte, convexe, déprimée, extérieurement duvetée. bats. el. fun. p. 125. n. 21. cent. 1. p. 221. f. 123.

94. *Schenchii*. Membraneuse, convexe, déprimée, ouverte, noire, intérieurement très luisante; marge brune. bats. el. fun. p. 126. n. 27. f. 52.

95. En coussinet. *Pulvinata*. Sessile, d'un jaune blanc; marge en coussinet; disque glabre. bats. el. fun. cent. 2. p. 95. t. 39. fig. 219.

96. Livide. *Livida*. Plane, d'un livide violet, glabre, extérieurement en coussinet. schraber.

97. Émarginée. *Emarginata*. Orbiculaire, vermillon; marge nulle. scranck. flor. bav. 2. p. 504.

98. Verdoyante *Virescens*. Petite, lavée de vert; marge nulle. schrader.

99. Du houx. *Aquifolii*. Très petite, plane, envelopée d'une membrane transparente. Tode schr, berl. naturf. 4. 271. t 13. fig. 10.

100. Ridée. *Rugosa*. Aplanie, marginée, ridée, noire. schr.

101. Palissant. *Expalescens*. essile, plane, blanche, lisse. schr. flor. bav. 2. p. 504. (1)

102. Bleue. *Cærulea*. Plane, bleue, marge obtuse, cilieé. bolton. fun. III. 108. t. 108. f. 2.

103. Jaune. *Crocea*. Plane, safran, glabre de toutes parts. Wig. prim. flor. hols. p. 107.

104. *Stercorea*. Plane, jaune, extérieurement hérissée. Wig. prim. flor. hols. p. 106.

105. *Palpebralis*. Orangée, plane, longuement ciliée. Wig. prim. flor. hols. p. 106.

---

(1) Cette espèce ne paraît pas distincte de la *chrysocoma*.

106. PÉZIZE. *Chryspcoma.* Sessile, très lisse, jaunâtre, plane. bull. herb. franc. t. 376. f. 2.

107. En écusson. *Scutellata.* Plane ; marge convexe, poilue. hed. crypt. II. p. 12. t. 3. A.

108. Jaune. *Flava.* Plane, orbiculée, jaune. Wild. flor ber. n. 1175.

109. Cendrée. *Cinerea.* Plane, diaphane, cendrée. Id. prod. flor. ber. n. 1173.

110. Blanche. *Nivea.* Blanc de neige, toute plane, ou étroitement marginée.

111. Jaune. *Fulva.* Plane, jaune ; marge convexe, glabre. vail. flor. paris. t. 13. f. 14.

112. Grise. *Grisea.* Opaque, cendrée, toute plane, ou étroitement marginée. bats. el. fun. p. 118. f. 55.

113. *Seminullum.* Noire, ramincie, aplanie. bats. el. fun. page 118. n. 3.

114. Comitiale. *Comitialis.* Sessile, plane, blanchâtre ; superficie marginale extérieure noirâtre, veinée, s'étendant en une marge relevée, couronée en lobes. batsc. el. fun. cent. 1. p. 227. fig. 152.

115. Aplanie. *Applanata.* Répandue, plane, ridée, couleur d' canelle, plus pâle en dessous. hed. crypt. 2. 1. p. 22. titre 5. c.

116. Carnée *Carnea.* Ventrue inférieurement, plane en dessur ; marge inégale. hed. crypt. 2. 1. p. 31. t. 7. B.

117. Naine. *Nana.* Lisse ; canelle rougeâtre, rétrécie en dessous, plane en dessus ; anneau plus obscur, épais. hed. cryp. 2. p. 35. t. 9. A

118. *Leucolomala.* Petite, déprimée, très rouge ; marge blanche, fimbriée. hed. cr. 2. 1. p. 17. t. 4. A.

119. Olivâtre. *Olivacea.* Membraneuse, orbiculaire, plane, noire intérieurement, opaque, extérieurement ridée, olivâtre ; marge étroite, convexe. bats. el. fun. p. 127. f. 51.

120. Rouge. *Punicea.* Sessile, orbiculaire, opaque, vermillonée en dessus ; marge pâle. batsc. el. fun. cent. 2. pag. 97. tit. 36. f. 220.

121. A crins. *Crinita* Sessile, orbiculaire, blanche ; poilue de noir ; intérieurement lisse, sanguine. bul. herb. franc. tit. 416. fig. 2.

122. Vert. *Viridis.* Verte, aplanie ; marge calleuse. bul. herb. franc. t. 876. f. 4.

123. PEZIZE. *Pileolus.* Noire. Très petite, comme cordiforme; marge fimbriée. Tode. schr. berl. naturf 4. p. 271. t. 13. f. 12.

124. Crépue. *Crispa.* Cendrée réfléchie; marge crépue, sinuée, lobée. bats. el. fun. cent. 1. p. 197. 137.

125. Hépatique. *Hepatica.* D'un pourpre brun, réfléchie; disque souvent marqué d'une petite fosse. bats. el. fun. cent. 1. p. 199. f. 138.

126. *Pinati.* Blanchâtre, réfléchie; marge d'un jaune brun, souvent livide. bats. el. fun. cent. 1. p. 201. f. 140.

127. Papier. *Papyracea.* Membraneuse, un peu brune. scranck. flor. bav. 2. p. 620, n. 1761.

128. Petite. *Minuta.* Sessile, basanée, marge de même couleur, égale. hedv. cr. 2. 1. p. 25, A. 6. G.

129. *Porphyrosperma.* Petite, sessile, d'un vert sordide, comme hérissée. hedv. crypt. 2. p. 30, t. 7, A.

130. De l'Érable. *Aceris.* Cendrée dans sa jeunesse, noire dans sa vieillesse; marge blanche, lacérée. schranck. flor. paris. 2, p. 507.

131. *Cerea.* Transparente, céracée, marge rongée. bul. herb. fr. t. 44.

132. Menue. *Exilis.* Jaune en dessus, lanugineuse et blanche en dessous. flor. dan. t. 779, f. 2.

133. *Bicolor.* Velue, blanc de neige en dessus, lisse et jaune en dessous. Bull. herb. fr. t. 410, f. 3.

134. *Faniosa.* Sessile, coriace, en coussinet, extérieurement pulvérulente, obscure; intérieurement glabre, d'un pourpre brun. Scr.

135. Limbée. *Limbata.* Sessile, verte, marge noire. Bolton. fung. 3, 109, t. 109, f. 1.

*** *Espèces gélatineuses.*

136. En ciboire. *Acetabulum.* En forme de ciboire; extérieurement anguleuse; à veines rameuses. Bull. herb. fr. t. 485, f. 4.

137. Porphyre. *Porphyrea.* Cylindrique, en fosse; intérieurement d'un noir sanguin, très brillante, extérieurement d'un incarnat brun. Bats. el. fung. p. 129, f. 53.

138. Elastique. *Elastica.* Charnue, de plusieurs formes, intérieurement noire, extérieurement anguleuse, brune. Hedv. crypt. 2, 1. p. 28, t. 6, E.

139. *Polymorpha.* Noire en dessus, ridée, inégale, concave, visqueuse. Bull. herb. fr. 1. p. 236, f. 116. (1)

____

(1) Syst. nat. 12. 2. p. 726. *Lycoperdum truncatum.*

140. PEZIZE oreille. *Auricula.* Ridée, en forme d'oreille, concave. Syst. nat. 12, 2. (1)

141. Gélatineuse. *Gelatinosa.* Ferrugineuse, se terminant en un pédicule court, comme latéral, atténué à la base, coupe un peu aplanie. bull. herb. franc. t. 460, f. 2.

V O L U T E L L A.

Champignon hypocratériforme, pédiculé ; la superficie supérieure du chapeau ponctuée, ombiliquée ; la marge d'abord roulée ; les semences de même ; pédicule court, sétacé.

1. VOLUTELLA. *Volvata.* Coriace, éparse; volva marginal, séparé, disparaissant ; semences onctueuses. Tode. fuu. mekl. sel. 1, p. 28, t. 5, f. 4. 3.

2. Nue. *Nuda.* Très fugace, éparse ; chapeau plane, nu, ensuite en forme de disque. Tode. fung. mekl. sel. 1. p. 29. t. 6. f. 44.

T Y M P A N I S.

Champignon en forme de ciboire ; cupule muni en dessus d'un volva ; semences sèches, serrées, se terminant en poussière.

1. TYMPANIS. *Saligna.* Tode. fung. mekl. sel. 1. p. 24. t. 4. f. 37.

M Y R O T H E C I U M.

Champignon sessile, en forme de ciboire ; cupule muni en dessus d'un volva ; semences gluantes, visqueusses.

1. MYROTHECIUM rosée. *Roridum.* Cotoneux, blanc; boîtes hémisphériques, connées, arrosées ; marge continuée dans le volva ; semences renflées, basanées. Tode. fung. mekl. sel. 1, p. 25, t. 5, f. 38.

2. Inondé. *Inundatum.* Blanc, cotoneux, membraneux ; boîtes de plusieurs formes, connées, inondées, marge continuée dans le voiva ; semences d'un vert noirâtre. Tode. fung. mekl. sel. 1, p. 25, t. 5. f. 39.

3. Ordurier. *Stercorcum.* Membraneux, noir, aggrégé ; semences aggrégées, noirâtres. Tode. fung. mekl. 1. p. 26. t. 5. f. 40.

4. Hérissé. *Hispidum.* Coriace, hérissé, basané, épars; marge de la cupule continuée dans le volva ; semences noirâtres, diaphanes. Tode fung. mekl. sel. 1. p. 27. t. 5. f. 42.

---

(1) *Tremella auricula.* Blackw. herb. t. 354.

5. MYROTHECIUM

5. MYROTHECIUM douteux. *Dubium.* Parabolique , aggrégé ; cupule dépourvu d'écorce et de volva marginal ; semences noirâtres, en petit nombre. Tode. fun. mekl. sel. 1.
p. 27. t. 5. f. 42.

E P I C H Y S I U M.

Champignon arrondi , concave ; semences globuleuses , attachées à un fil rameux , qui rampe intérieurement.

1. EPICHYSIUM. *Argenteum.* Tode. fun. mekl. sel. 2. p. 1.
t. 8. f. 60.

C Y A T H U S.

Champignon campanulé ou cylindrique , portant
intérieurement des capsules lentiformes.

1. CYATHUS. *Lævis.* Campanulé , extérieurement velu , intérieurement lisse. Syst. nat. 12 , 2 , p. 725. (1)

2. Strié. *Striatus.* Campanulé , extérieurement hérissé , intérieurement strié. sc. fun. t. 178.

3. Cylindrique. *Cylindricus.* Cylindrique ; tout glabre. wilden.
prodr. flor. berol. n. 1161.

4. Difforme. *Deformis.* Ridé . blanc; capsules oblongues , brunes,
wilden. bot. mag. 4. p. 14. f. 8.

5. *Crucibuliformis.* Ventru , glabre , doré. sc. fun. t. 179. 181.

6. *Fructiger.* En forme de gaudet ; tout lisse , blanchâtre ,
pédiculé. bull. herb. franc. t. 228.

7. *Coronarius.* En forme de gaudet; glabre des deux côtés;
limbe lacinié , relevé. Jacq. misc. austr. 1. p. 140. t. 10.

8. Cupule. *Cupula.* Globuleux glabre; bouche largement étalée , comme resserrée , lobée , crénelée. Mich. nov. pl. gen.
t. 102. f. 4.

A T R A C T O L O B U S.

Champignon sessile , en cupule , operculé ; vésicule
des semences fusiforme.

1. ATRACTOLOBUS. *Annularis.* Tode. fung. mekl. sel. 1.
p. 45. t. 7. f. 59.

---

(1) *Peziza lentifera.* Bull. herb. franc. t. 700. Petits creusets
hauts de 5 à 6 lignes , sessiles , bruns ou grisâtres , velus en dehors , très lisses en dedans ; renfermant dans le fond plusieurs corpuscules lenticulaires.

ASCOBOLUS.

Champignon hémisphérique ; vésicule oblongue, comme enfoncée dans le disque, lançant élastiquement les semences.

1. ASCOBOLUS. *Pezizoides.* bull. herb. franc. t. 376. f. 1. et t. 438. f. 4. *Peziza stercoraria.*

THELEOBOLUS.

Champignon sessile, gélatineux, solide ; des placentas chargés de semences.

1. THELEOBOLUS. *Stercorarius.* Tode. fun. mekl. sel. 1. p. 41. t. 7. f. 5. 6.

SPHŒTOBOLUS.

Champignon sessile, globuleux, concave, s'ouvrant en rayons, et produisant une capsule globuleuse.

1. SPHŒTOBOLUS étoilé. *Stellatus.* Globuleux, à volva libre. Syst. nat. 12. 2. p. 726.

2. Rosacé. *Rosaceus.* Urcéolé, nu, enfoncé. Tode. fung. mekl. sol. 1. p. 44. t. 7. f. 57.

PILOBOLUS.

Champignon pediculé ; pédicule capillaire, ventru en dessus, chargé d'eau ; chapeau hémisphérique, jettant élastiquement les semences.

1. PILOBOLUS cristallin. *Cristallinus.* Chapeau comprimé, glutineux, noir. bull. herb. franc. 1. p. 3. t. 480. f. 1. *Mucor urceolatus.*

2. Congloméré. *Conglomeratus.* Capsules jaunes, sphériques, sessiles, conglomérées. Roth. flor. germ. 1, p. 557.

3. *Proridus.* Chapeau globuleux, noir. bolton. fun. 3. t. 132. f. 4.

PUCCINIA.

Champignon cylindrique, rempli de semences à queue, posées en rayons, qui s'élancent avec élasticité.

1. PUCCINIA simple. *Simplex.* Corps très simple, obtus. wilden. prodr. flor. berol. n. 1186.

2. *Byssoides.* Rameux ; ramifications d'abord glabres, en massue, d'un blanc de neige ; enfin déprimées, poilues, cendrées. bull. herb. franc. 1. p. 200. t. 415. f. 2.

VESSES DE LOUP. *Lycoperdon.*

Champignon ; fils chargés des semences , unis aux parois internes de la capsule.

* *Espèces solides , souterraines , dépourvues de racine.*

1. LYCOPERDON. *Cervinum.* Globuleu, un peu solide ; centre chargé de farine. bolt. fung. 3. 116. t. 116.

2. Rude. *Scabrum.* Noirâtre , rude , comme globuleux. wild. prodr. flor. ber. n. 1192.

3. D'été. *Æstivum.* Comme globuleux , glabre. wulf. ap. jacq. coxoll. 1. p. 349.

*** *Espèces pulvérulentes , croissant sur terre ; la plupart pourvues de racines.*

4. Protée. *Proteus.* Comme rond , comme pédiculé, ouvert en se lacérant ; chair blanche ; semences noires. bull. herb. franc. 1. p. 148. (1)

5. Verruqueux. *Verrucosum.* Comme rond ; verruqueux. bull. herb. franc. t. 22.

6. *Circumcissum.* Comme sessile , comme rond , exaspéré ; partie inférieure persistante , coupée horizontalement ; polen niveum. bull. herb. franc. t. 340.

7. Gris cendré. *Spadiceum.* Comme rond , un peu solide, à racine , gris cendre. sc. fun. t. 188.

8. Écailleux. *Squamosum.* Déprimé , globuleux , aigu ; sommet tronqué , ouvert ; pédicule alongé , écailleux. Mich. nov. pl. gen. t. 97. f. 7.

9. *Admorsum.* Comme globuleux , un peu rude ; partie inférieure persistante , coupée horizontalement ; pédicule racourci , solide. sc. fung. t. 187.

10. *Dispar.* Comme globuleux , basané ; pédicule solide , linéaire , court , distinctement blanc ; polen d'un pourpre noir. sc. fung. t. 188.

11. Perlé. *Gemmatum.* Pédiculé , comme globuleux , rempli d'aiguillons aigus. Mich. nov. pl. gen. t. 97. f. 1.

12. Orangé. *Aurantium.* Sphéroidal , ridé à la base, pédiculé, s'ouvrant en segmens émarginés. bull. herb. franc. t. 279.

13. *Equinum.* Sphérique , coupé horizontalement ; pédicule cylindrique. wild. prodr. flor. berol. n. 1198.

---

(1) Cette espèce se présente de mille formes : autant de variétés, dont on ont plusieurs ont voulu faire autant d'espèces.

14. **LYCOPERDON** commun. *Bovista.* Globuleux , se déchirant ; pédicule très solide , en massue , ventru ; chair blanche ; semences noires. sc. fun. t. 292. 295.

15. Petit. *Pusillum.* Noir , globuleux , sessile , orifice rétréci. bats. el. fun. cent. 2. p. 123. t. 41. f. 228.

16. Cotoneux. *Gossypinum.* Globuleux , presque sans tige , blanc, à duvet brun. bull. herb. franc. t. 435. f. 1.

17. Furfuracé. *Furfuraceum.* Sessile, globuleux ; superficie furfuracée , écailleuse. Mich. nov. pl. gen. t. 97. f. 6.

18. *Polyrhizon.* Globuleux , égal , se déchirant ; pédicule très court , épaissi ; racine courte , très rameuse ; polen d'un pourpre sordide. Mich. nov. pl. gen. t. 99. f. 2.

19. Roux. *Rufum.* Globuleux , coupé horizontalement ; pédicule court. schmid. ic. plant. p. 91. t. 24.

20. Laineux. *Lanatum.* Globuleux ; hérissé de poils ; pédicule comme alongé , solide , épaissi , linéaire. Mich. nov. pl. gen. t. 97. f. 2.

21. Gigantesque. *Giganteum.* D'un jaune blanc, glabre, sessile , difforme, globuleux ; filets tendres , épais ; d'un jaune verdâtre. bats. el. fun. cent. 1. p. 337. f. 165.

22. Ardoise. *Ardesiacum.* Bleuâtre , globuleux , aigu. bull. herb. franc. 1. p. 146. t. 192.

23. Lacéré. *Lacerum.* Comme sessile , globuleux , pyriforme , déprimé ; partie inférieure persistante, lacérée horizontalement ; polen verdâtre. sc. fun. t. 193. 194.

24. Muriqué. *Muricatum.* Sessile , pyriforme , extérieurement muriqué ; ouverture comme ronde. bull. herb. franc. t. 430.

25. Sous-alpin. *Subalpinum.* Turbiné , blanc , lisse ; horizontalement ouvert. schr. fl. bav. 2. p. 627. n. 1764.

26. Entonnoir. *Infundibulum.* Infundibuliforme , d'un blanc sale ; intérieurement celluleux. Wild. bot. mag. 4 , p. 15. f. 11.

27. *Phalloides.* Incliné , campanulé , pulvérulent en dessus , coiffé , glabre en dessous et libre ; pédicule à volva. Woodward. ang. 74 , p. 423 , t. 16.

28. *Utriforme.* Comme cylindrique , comme hérissé, roussâtre , solide. Bull. herb. franc. 1 , p. 153 , tit. 450 , f. 1.

29. *Pistillare.* En massue ; pédicule tortu. Mant. p. 313.

30. *Carcinomale.* En massue ; pédicule cylindrique , droit. suppl. fq pag. 453.

31. *Herculeum.* Tronqué en massue ; extérieurement blanc , scarieux. Pall. it 1 , p. 553 , n. 132.

32. LYCOPERDON. *Arhizon*. Ferrugineux, celluleux ; cellules remplies d'une substance spongieuse , filamenteuse. scop. del. insub. 1 , p. 40 , f. 18.

33. *Hypoxylon*. Roussâtre ; pédicule blanc , filiforme. Pall. it. 1 , p. 503 , n. 133.

34. *Pruinatum*. Sessile , aminci , cendré , mouillé ; cicatrice radicale ; ouverture rétrécie , lobée ; filets lâches , rembrunis bats. cl. fung. cent. 1 , p. 239 , f. 166.

*** *Espèces étoilées.*

35. Étoilé. *Stellatum*. Volva multifide ; tête comme ronde , sessile ; ouverture entière. flor. dan. t. 360.

36. *Geaster*. Volva multifide ; tête oblongue, sessile, aigue ; ouverture pointue. Mich. nov. pl. gen. t. 100 , f. 1.

37. Pédiculé. *Pedicellatum*. Volva multifide ; tête oblongue, aigue , pédiculée ; ouverture fimbriée. Mich. nov. pl. gen. t. 100 , f. 2.

38. Radicant. *Radicans*. Volva Multifide ; tête globuleuse , sessile ; ouverture étoilée. Sc. Fung. t. 162. (1).

39. *Carollinum*. Volva multifide ; tete sessile , globuleuse , aigue fimbriée. Mich. nov. pl. gen. t. 100 , f. 3.

40. Mutifide. *Multifidum* Volva multifide ; segmens dilatés , fendus , tête sessile , globuleuse ; ouverture étoilée. Mich. nov. pl. gen. t. 100 f. 5.

41. Fenestré. *Fenestratum* Volva multifide , voûté ; tunique extérieure filamenteuse ; tête ncirâtre , pédiculée ; racine fibreuse. Sch. Fung. t. 183. (2).

42. *Coliforme*. Volva multifide , ouvert ; tête déprimée, sphérique ; pédoncules nombreux. dicks. crypt. brit. fusc. 1. p. 24 , t. 3, f. 4.

*** *Espèces parasites se résolvant en poussière.*

43. *Pisiforme*. Pisiforme globuleux , rude ; bouche perforée. jacq. misc. austr. 1 , p. 137, t. 7.

44. *Epidendrum*. Écorce et farine pourprées. flor. dan. t. 720.

45. Rameux. *Ramosum*. Pyriforme , rude ; racine , filiforme , très rameuse , prolifère. jacq. flor. austr. 3 , t. 224.

46. *Corticale*. jaune brun , glabre ; poussière de même couleur. bats. cl. fung. p. 55.

(1) Cette espèce se confond avec le *Geaster*.

(2) Cette espèce pourrait être la même que le pédiculé *Petiolatum*.

47. LYCOPERDON. *Nitidulum.* Jaune, fragile, brillant; poussière noire , d'araignée. Sc. fung. t. 192.

48. *Scabridum.* Brun , rendurci , rude , bats. el. fung. t. 55.

49. *Gregarium* Ramassé, spherique ; écorce basanée, brillante ; poussière d'or. Retz , obs. bot. 1. p. 33.

S P U M A R I A.

Follicules rameuses, remplies intérieurement de fils qui portent les semences, couverte d'une écorce celluleuse furfuracée.

1. *Spumaria mucilago.* Bull. herb. franc. 1. 26. (1).

F U L I G O.

Champignon , écorce celluleuse , fibreuse ; fibres pénétrant en rézeau au travers de la masse générale.

1. Septique. *Septica.* Jaune, laciniée. Syst. nat. 12. 2. p. 727. (2).

2. A tête. *Capitata.* Jaune, formant la tête. Hall. hist. stirp. helv. n. 2134.

3. *Panicea.* Très petite, blanche, sessile , représentant un grain de panis. Gled. meth. fung. p. 159, n. 11, var. B.

4. *Lycoperdon.* En gibsière , sessile, blanche , intérieurement noire. bull. herb. franc. 1. p. 9 , t. 446, f. 1.

S T E M O N I T E. *Stemonitis.*

Champignon , écorce de capsule, fugace ou membraneuse; laquelle éelatée , des fils qui portent les semences , d'abord réunis en rézeau , s'étendent ensuite avec élasticité.

* *Tête alongée ; receptacle en alêne , pénétrant au travers des fils de semence.*

1. STEMONITE. *Tiphina.* Rouge brun; pédicule cylindrique égal. Syst. nat. 12. 2. p. 724. (3).

Basanée. *Fusca.* Pédicule noir ; dilatée à la base ; tête basanée. bull. herb. franc. , t. 477 , f. 2.

3. *Embolus.* Pédicule noir , duveté de blanc; tête basanée. Syst. nat. 12 , 1. p. 726. (4).

---

(1) *Reticularia alba.* Mich. nov. pl. gen. t. 96. f. 2. Leyss. flor. hall. *Mucor spongiosus.*

(2) *Mucor septicus.* Flor. dan. t. 778. *Reticularia hortensis.* Bull. herb. franc. t. 224. f. 2.

(3) *Clathrus nudus.* Bull. herb. franc. p. 119. t. 477. f. 1.

(4) *Mucor embolus.* Hall. enum. stirp. helv. t. 1. f. 1.

* * *Terre ronde.

4. STEMONITE noire. *Nigra.* Terre noire. Persoon. fung. ined.

* * * *Fils des semenues assis sur un receptacle hémisphérique entier.* Ascyriæ.

5. Jaune. *Crocea.* Receptacle strié en dessous ; fils des semences en ovale oblong. Syst. nat. 12 , 2. p. 724. (1).

6. *Recutita.* Blanchâtre ; fils en ovale ; pédicule court. Syst. nat. 12 , 2. p. 724.

7. Incarnat. *Incarnata.* Toute lavée de couleur incarnate ; fils des semences en ovale oblong, se dispersant. Persoon. fung. ined. ic.

8. Panchée. *Nutans.* Jaunâtre, pédicule très-court ; tête très longue , couchée. bull. herb. franc. 122. t. 502 , f. 3.

9. Cendrée. *Cinerea.* Gris cendré , têtes comme cylindriques, aplanies à la base. bull. herb. franc. , 1. p. 129, t. 477. f. 3.

10. *Leucocephala.* Receptacle iufundibul. ; fils des semences evés , d'un blanc soufré. Persoon. fund. ined. ic.

11. Blanche. *Nivea.* Pédicule jaunâtre , filiforme ; receptacle globuleux , blanc de neige. Hoffm. crypt. veg. 2 , t. 4, f. 1.

12. *Sparocephala.* Pédicule filiforme , noir ; tête globuleuse, cendrée. Syst. nat. 12 , 2. p. 126. (2).

13 *Lichenoides.* pédicule en alène , noir ; tête lentiforme, cendrée. Syst. nat. 12 , 2. p. 726. (3).

14. *Furfuracca.* Pédicule filiforme , tête comme giobuleuse , basanée , glabre ; semences vertes. Syst. nat. 12 , 2. p. 126. (4).

15. Basanée. *Fulva.* Tête globuleuse , rouge. Fils des semences basanés. Syst. nat. 12 , 2. p. 726. *Mucor fulvus.*

16. Jaune. *Flava.* Tête globuleuse , fils des semences jaunes. bolt. fung. t. 94 , f. 1.

17. Olivâtre. *Olivacea.* Tête globuleuse , et pédicules olivâtres. bolton. fung. t. 94 , f. 2.

18. *Semitrichoiles.* Pédicule simple, strié ; tête globuleuse dans la moitié de la partie supérieure. bull. herb. franc. , 1. p. 125 , t. 337 , f. 1.

19. Cancellée. *Cancellata.* Pédicule simple ; tête globuleuse , ex-

---

(1) *Clathrus denudatus.* Jacq. misc. austr. 1. t. 6.

(2) *Mucor sphœrocephalus.* Hoffm. vég. crypt. 2. t. 4. f. 2.

(3) *Mucor lichenoides.* Hoffm. vég. crypt. 2. t. 4. f. 13.

(4) *Mucor furfuraceus.* Bats. el. fung. cent. 1. p. 267. f. 1-8.

térieurement cancellée ; receptacle nul. bull. herb. franc. I , 124 p.
t. 387 , f. 2 , *Mucor cancellatus.*

* * * * *Espèces pédiculées ; écorce membraneuse , tombant irrégulière-*
rement. Trichiæ.

20. STEMONITE *Botrytis.* En faisceau ; tête pyriforme ,
pourprée. h offm. cryp. veg. 2 , t. I , f. I. *Trichoa pyriformis.*

21. En faisceau. *Fasciculata.* Couleur d'acier , en faisceau ; tête
comme turbinée ; pédicule très court. Persoon. fung. ined.

22. Graniforme. *Graniformis.* Rouge ; pédicule cylindrique ,
simple ; tête globuleuse ; semences rouges. hoffm. crypt. veg. 2 ,
lit. I , fig. 2.

23. Rousse. *Rufa.* Toute rousse ; tête comme ronde. Hoffm.
crypt. végét. 2 , t. 2 , f. 2. *Trichia rufa.*

24. Rouge. *Coccinea.* Rouge ; pédicule cylindrique , simple.
bull. herb. franc. I. p. 126. t. 368. f. I.

25. *Antiades.* Pédicule épaissi , silloné , comme rameux ; tête
globuleuse , jaune , comme fuligineuse. bull. herb, franc. I , p. 127.
t. 368. f. 2.

26. Violette. *Violacea.* Pédicule noir ; tête lentiforme , déprimée ; fils à semences blancs ; semences violettes. Roth. fl. germ.
I. p. 448

27. *Cinnabarina.* Très rouge , en massue. Roth. fl. germ.

28. Pyriforme. *Pyriformis.* Jaune , luisante ; tête turbinée , se
terminant en un pédicule cylindrique. bull. herb. franc. I. p. 129.
t. 417. f. 2.

29. *Pomiformis.* Basané ; pédicule très court ; tête globuleuse ;
fils des semences noirâtres. Roth. flor. germ. I. p. 448.

30. *Fucoides.* D'un brun noir ; tête turbinée , alongée , se terminant sensiblement en un pédicule cylindrique. bull. herb. fr.
I , p. 130 , t. 417 , f. 3.

31. Turbinée. *Turbinata.* D'une couleur orangée , ferrugineuse ;
tête à sommet comprimé , et se terminant sensiblement en un
pédicule cylindrique. bull. herb. franc. I , p. 132 , t. 484 , f. I

32. Orangée. *Aurantia.* Pédicule noir , strié , ventru à la base ;
tête orbiculaire , extérieurement jaune , intérieurement d'un
brun noirâtre bull. herb. franc. I. p. 133, t. 484. f. 2.

33. Globulifère. *Globulifera.* Tête orbiculaire ; semences noirâtres dispersées entre des globules de diverses couleurs. bull.
herb. franc. I , p. 134 , t. 484 , fig. 3.

34. Verte. *Viridis.* Pédicule filiforme ; tête orbiculaire , ombi-
culée , granuleuse , verdâtre ; semences noirâtres. bull. herb. fr.
I , p. 135, t. 407 , f. 2.

35. STEMONITE

35. STÉMONITE. *Bicolor*. Pédicule filiforme ; tête orbiculaire, ombiliquée, granuleuse, extérieurement blanche de neige ; fils des semences jaunes. bulliard. herbar. franc. 1 , pag. 136 , tit. 407 , f. 2.

36. Blanche. *Alba*. Pédicule cylindrique, simple, tête globuleuse, ombiliquée , granuleuse , blanche ; semences et fils noirs. bull. herb. franc. 1, p. 137 , t. 407, f. 3 et t. 470, f. 1.

37. Argilleuse. *Argillacea*. Pédicule noirâtre ; tête globuleuse terreuse. Persoon. fung ined.

38. Floriforme. *Floriformis*. Pédicule filiforme ; tête jaune, d'abord globuleuse, ensuite ouverte en étoile. bull. herb. franc. 1 , p. 142 , t. 371.

39. *Lycopus*. Pédicule blanc de neige, dilaté à la base ; têtes alongées , noirâtres ; semences elliptiques. bull. herb. franc. 1 , 502 , f. 2. (1)

* * * * * *Espèces sans tiges.*

40. *Vespasia*. Cylindrique , roussâtre , semences rousses. bats. el. fung. 1 , f. 172. *Lycoperdon vespasium.*

41. *Vesiculosa*. Globuleuse ; semences d'un jaune ferrugineux. bats. el. fung. 1 , f. 171. *Lycoperdon vesicarium.*

42. *Bombacina*. Comme globuleuse , ferrugineuse ; semences de même couleur. bats. el. fung. p. 153 , n. 28. *Lycoperdon bombuciaum.*

43. *Favaginea*. Comme globuleuse, ferrugineuse ; semences de même couleur. bats. el. fung. cent. 1 , p. 257, f. 173. *Lycoperdon favagineum.* bull. herb. franc., t. 417, f. 4.

44. *Vitellina*. Comme ronde , glabre , jaune ; ouverture basanée. Jacq. misc. austr. 1, p. 138, t. 5. *Lycoperdon Luteum.* (2).

45. *Trichia*. Globuleuse , pourprée. roth. flor. germ. 1 , p. 449.

46. Globulaire. *Globularis*. Orbiculaire ; extérieurement noire , intérieurement dorée. bull. herb. franc. 1. p. 132.

47. *Sulphurea*. Pyriforme , soufrée ; fils des semences plus pâles. wigers. flor. hols. p. 110. n. 1153.

48. Variée. *Varia*. Têtes couchées , oblongues , comme réniformes. Persoon. fun. ined.

49. *Lumbricalis*. Filiforme , jaune. bats. el. el. fun. f. 172. *Lycoperdon lumbricale.*

---

(1) Cette espèce pourrait ne pas appartenir à cette série.

(2) Cette espèce pourrait n'être qu'une variété du *Fuligo septica.*

E e

MYCROCARPON.

Champignon ; boîte membraneuse , s'ouvrant irrégulièrement , remplie de semences fixées par des
fils entre-mêlés en rézeau , et compacts.

1. MYCROCARPON. *Nigrum*. Schrader. fun. ined.

CRIBRARIA.

Champignon ; boîte pourvue d'une double membrane, l'extérieure tendre , fugace , l'intérieure réticulée et laissant échapper les semences qui sont sans
filets par les trous dont elle est percée.

1. CRIBRARIA. *Pallida*. Schrader. fung. ined.

RÉTICULAIRE. *Reticularia*.

Champignon comme rond ; capsule ou boîte roide ,
remplie de semences dispersées entre des fils en
rézeau.

* *Espèces pédiculées.*

1. RÉTICULAIRE fragile *Fragilis*. Comme ovale , basanée ;
écorce luisante ; semences noires ; pédicule très court. Dicks.
crypt. brit 1. p. 25. t. 3. *Lycoperdon fragile.*

2. Utriculaire. *Utricularis*. Pédicule très court , très fin ; tête
ovale. bull. herb. franc. 1. p. 128. t. 417. f. 1.

3. Hémisphérique. *Hemispherica*. Pédicule simple ; tête hémisphérique. bull. herb. franc 1. p. 83. t. 446. f. 1.

4. Rameuse. *Ramosa*. Pédicule rameux ; têtes comme globuleuses. bull. herb. franc. 1. p. 89. t. 380. f. 3.

* * *Espèces sans pédicules.*

5. *Lycoperdon*. En forme de sac ; cendrée ou basanée. bull.
herb. franc. 1. p. 95. t. 476. f. 2. 4.

6. *Lycogala*. Blanchâtre ; semences basanées. bolton. fun. t. 96.
f. 1. *Mucor lycogala.*

7. *Epixylon*. En coussinet, cendrée , foncée. bull. herb. franc. 1.
p. 9. t. 472. f. 1.

8. Bleue. *Cæsia*. Globuleuse , ovale , d'un noir bleu , blanchissant sensiblement. bull. herb. franc. p. 139. t. 140. f. 2. *Reticularia capsulifera.*

9. Cendrée. *Cinerea*. Cendrée bleuâtre , globuleuse, rude ; semences noires , fils blancs. bats. el. fun. cent. 1. p. 249. f. 169.
Lycoperdon cinereum.

10. Aplanie. *Complanata*. Cendrée , bleuâtre , déprimée, diffuse ;

semences noires, fils blancs, bats. el. fun. cent. I. p. 251. f. 170.
Lycoperdon complanatum.

11. RÉTICULAIRE. *Sphæroidalis*. Comme l'orbiculaire, blanchâtre. bull. herb. franc. I. p. 94. t. 446. f. 2.

12. Anguleuse. *Angulata*. Comme déprimée, anguleuse, blanche.
Persoon. fun. ined, *In foliis*.

13. *Sinuosa*. Deux lames parallèles, tortueuses. bull. herb.
franc. I. p. 94. t. 446. f. 3.

14. *Ustilago*. Noirâtre. Syst. nat. ed. 12. I. p. 1326. n. 4. (1)

15. Noire. *Nigra*. Noirâtre dans sa vieillesse; semences noires.
bull. herb. franc. I. p. 88. t. 380. f. 2.

16. Blanche. *Alba*. Ovale, blanche; semences noires. schranck
flor. bav. 2. p. 635. (2)

<h2 style="text-align:center">T U B I F E R A.</h2>

Champignon; boîtes imposées sur une membrane
dépliée, connées entre elles, remplies de semences
nues.

1. TUBIFERA. *Cylindrica*. Cylindrique, ferrugineuse; sommet
aigu, d'abord blanc de neige. bull. herb. franc. I. p. 140. t. 470.
fig. 3.

2. *Fragiformis*. Cylindrique, en massue, d'abord rose, ensuite
ferrugineuse. bull. herb. franc. I. p. 141. t. 384.

3. Ferrugineuse. *Ferruginosa*. Glabre; vésiculaire, de diverses
couleurs; semences terreuses. bats. el. fun. cent. I. p. 263.
fig. 175.

<h2 style="text-align:center">Æ C I D I U M.</h2>

Champignon; boîte membraneuse, glabre des deux
côtés, pleine de semences nues, non-cohérentes.

* *En gazon; boites à écorce distincte, membraneuse.*

1. ÆCIDIUM *Cornutum*. Jaune; boîtes très longues, comme
arquées, d'un gris olivâtre. Flor. dan. t. 838.

2. Du Nerprun. *Rhamni*. Boîtes cylindriques, roses; semences
orangées. Persoon.

3. *Cancellatum*. Boîtes fendues sur le côté, entières au sommet.
supl. p. 443. (3)

---

(1) *Cahos ustilago*. Bull. herb. franc. I. p. 90. t. 172. f. 2. *Reticularia segetum*.

(2) Cette espèce n'est qu'une simple variété de la précédente.

(3) *Lycoperdon cancellatum*. Flor. dan. t. 70.

E e 2

4. ÆCIDIUM pinceau. *Penicellatum*. Jaune ; boîtes droites, ouvertes. Flor. dan. t. 839. (1)

5. De l'épine-vinette. *Berberidis*. Orbiculaire, comme convexe ; boîtes éminentes ; semences jaunes. Jacq. col. austr. 1. p. 122. t. 4. f. 1. *Lycoperdon panciforme*.

6. De l'anonis. *Ononymi*. Épais, répandu ; boîtes élevées ; semences orangées. Persoon.

7. Rougeâtre. *Rubellum*. Rouge ; sur la patience ; boîtes ramassées et semences blanches ; sur le groseillier, boîtes éparses et semences pâles. Persoon.

8. Du tussilage. *Tussilaginis*. Boîtes élevées, jaunes ; semences orangées. Syst. nat. 12. 2. p. 726. *Lycoperdon epiphyllum*.

* * Boîtes solitaires.

9. Du pin. *Pini*. Comprimé, oblong, pâle ; semences orangées. wilden. bot. mag. 4. t. 4. f. 12.

10. De l'euphorbe. *Euphorbia*. Serré, cylindrique ; ouverture réfléchie ; semences orangées. Persoon.

11. De l'anémone. *Anemones*. Épars, comme globuleux, pâle ; semences de même couleur. Persoon.

12. En écusson. *Scutellatum*. Épars, blanchâtre ; semences basanées. schranck. flor. bav. n. 1776. *Lycoperdon scutellatum*.

13. De la pyrole. *Pyrola*. Épars, déprimé, jaune ; semences de même couleur. Persoon.

14. Basané. *Fuscum*. Semences basanées. Persoon.

15. Noir. *Nigrum*. Comme rond ; semences noirâtres. Persoon.

16. Jaune. *Flavum*. Oblong ; semences jaunes. Persoon.

17. Blanc. *Candidum*. Difforme, répandu ; semences blanches Persoon.

18. Linéaire. *Lineare*. Semences rembrunies. Schranck. flor. bav. n. 1852. *Lycoperdon lineare*.

S P H Æ R I A.

Champignon ; boîtes comme remplies de semences comme rondes, nues, gélatineuses.

* Espèces à tiges, molles ; chapeau multicapsulaire.

1. SPHÆRIA *Agariciformis*. Pédicule jaune, cylindrique, chapeau ovale, maron ; racine tubéreuse, à volva, noire intérieurement. bolt. fung. p. 130, t. 130, flor. dan. t. 570.

2. *Antomorhiza*. Chapeau comme duveté, basané ; pédicule long, atténué. dicks. crypt. brit. 1, p. 22, t. 3, f. 3.

____

(1) Cette espèce se confond avec la précédente.

3. SPHÆRIA militaire. *Militaris.* Chapeau en massue, alongé, rouge; pédicule lisse. Syst. nat. 12, 2. p. 725. (1)

4. *Ophioglossoides.* Chapeau en massue, d'un vert noir; pédicule long, jaune à la base et intérieurement. bull. herb. franc., tit. 440, fig. 2.

** *Espèces subéreuses.*

5. Tronquée. *Truncata.* Blanche de neige, plane; boîtes noirâtres. Syst. nat. 12, 2. p. 725. (2)

6. *Carcharias.* Chapeau ridé, comme rameux; capsules entourant le sommet. Weig. obs. bot. t. 3, f. 6.

7. Digitée. *Digitata.* Noire, rameuse, chapeau arrondi, aigu. Syst. nat. 12, 2. p. 725. (3)

8. Bulbeuse. *Bulbosa.* Chapeau rameux, comme cylindrique; racine bulbeuse. Persoon. fung. ined. ic.

9. *Hypoxylon.* Chapeau rameux, comprimé. Syst. nat. 12. 2, pag. 725. (4).

10. *Flexuosa.* Très simple, en alène; chapeau tortueux. Sch. flor. bav. 2. f. 1744.

*** *Espèces composées.*

11. *Castorea.* Eparse par aggrégations, noire, égale, d'un seul rang, comme globuleuse; velva basané, fugace, petits globes noirs. Tode fung. mekl. 2. p. 28, t. 12, f. 100.

12. *Æruginosa.* Eparse, oblongue, convexe, d'un seul rang, substance et petits globes noirs. Tode fung. mekl. 2. p. 27, tit. 12, fig. 99.

13. *Atropurpurea.* Eparse, d'un pourpre noir, en rond, plane, d'un seul rang; petits globes ovales, mamelonés, connés, noirs. Tode. fung. mekl. 2, p. 32, t. 13, f. 105.

14. *Decidua.* Aggrégée, oblongue, convexe, d'un seul rang; substance jaune; petites mottes globuleuses, rouges, prééminentes, caduques. Tode fung. mekl. 2, p. 31, t. 13, f. 104.

15. *Ribis.* Aggrégée, convexe oblongue, purpurine, d'un seul rang; petites mottes mamelonées, ovales, prééminentes. Tode. fung. mekl. 2, p. 31, t. 12, f. 103.

16. Pliante. *Lenta.* Aggrégée, lentiforme, pliante, petite, d'un seul rang; petites mottes globuleuses. Tode. fung. mekl. 2, p. 30, t. 12, f. 102.

---

(1) *Clavaria militaris.* Flor. dan. t. 6. 7. f. 1. Bolt. fung. t. 128.
(2) *Peziza punctata.* Bolt. fung. t. 127. f. 2.
(3) *Clavaria digitata.* Bull. herb. franc. t. 220.
(4) *Clavaria hypoxylon.* Bull. herb. t. 180. Hoffm. vég. crypt. 3. t. 5. fig. 1.

17. SPHÆRIA nageante. *Natans.* Aggrégée , noire, comme ronde , convexe plane , d'un seul rang ; écorce cailicnleuse en dessus, renfermant une substance visqueuse et s'endurcissant ; petites mottes aggrégées , blanches. Tode. fun. mekl. 2 , p. 27 , t. 12, f. 98.

18. *Cucurbitula.* Aggrégée , convexe , plane , d'un seul rang ; petites mottes ovales , concaves , rouges. Tode. fun. mekl. 2 , p. 38 , t. 14 , f. 110.

19. Sanguinaire. *Sanguinaria.* Limitée , glauque , d'un seul rang , de plusieurs formes , crustacée ; petites mottes globuleuses , mamelonées , noires. Tode. fun. mekl. 2 , p. 40, t. 14 , f. 112.

20. *Insitiva.* Cortical , plane , linéaire , aigu , blanc , d'un seul rang ; voile conné avec la substance ; petites mottes mamelonées , noires. Tode. fun. mekl. 2 , p. 36 , t. 13, f. 108.

21. *Macula.* Très plane , noire , d'un seul rang ; de plusieurs formes ; petites mottes globuleuses , mamelonées ; toutes couvertes d'un voile fugace. Tod. fun. mekl. 2 , p. 33 , t. 13, f. 106.

22. *Talus.* Blanche de neige ; d'un seul rang , tuberculeuse ; tubercules tronqués , de plusieurs formes ; petites mottes globuleuses , noires. Tode. fung. mekl. 2, p. 23 , t. 11 , f. 80 , 92 , 95.

23. *Placenta.* Arrondie, applanie, tuberculeuse, d'un seul rang ; petites mottes globuleuses, aigues, connées, noires. Tode. fung. mekl. 2, p. 26 , t. 12 , f. 97.

24. Rayonnante. *Radians.* Eparse par aggrégations , comme tuberculeuse, comme globuleuse, noire ; volva pulvérulent, basané ; petites mottes noires. Tode. fun. mekl. 2 , p. 29, tit. 12 , fig. 101.

25. Tuniquée. *Tunicata.* Comme à tige , basanée , d'un seul rang , comme ovale , à deux écorces tubéreuses, un style formé en vrille ; tuniques et mottes de deux formes , connées ; voiles particuliers confluents et fugaces. Tode. fung. mekl. 2 , p. 59, tit. 17 , fig. 130.

26. Gélatineuse. *Gelatinosa.* En coussinet , gélatineuse, jaune , d'un seul rang , chargée de globules spermatiques. Tode. fung. mekl. 2 , p. 48 , tit. 16 , f. 123 , 124.

27. *Frugifera.* Plane , noire , d'un seul rang , portant des styles spermatiques très courts, coadunés, issus de chaque capsule. Tode. fun. mekl. 2. p. 55. t. 17. f 132.

28. *Deusta.* Noire, de plusieurs formes , à deux écorces convexes , d'un seul rang , portant des styles ; petites mottes biformes ; styles spermatiques, noueux , comme oncinés. Tode. fun. mekl. 2. p. 55. t. 17. f. 129. *Sphæria versipellis.*

29. *Hystrix.* Noire, ovale, convexe , plane , d'un seul rang ,

aggrégée , portant des styles spermatiques , grands , épaissis en dessus , avec des petites mottes connées. Tode. fun. mekl. 2, p. 53. t. 16. f. 127.

30. SPHÆRIA *Ceratospermum*. Noire, aggrégée, comme ronde, en coussinet, convexe, portant des styles ; petites mottes sur deux rangées ; styles spermatiques , rudes , connés avec les petites mottes. Tode. fun. mekl. 2. p. 53. t, 17. f. 131. bull. herb. franc. t. 492. f. 1.

31. *Succenturiata*. Oblongue , en coussinet , éparse , à deux écorces, noire ; petites mottes doublées et simples. Tode. fun. mekl. 2. p. 37. t. 14. f. 109.

32. Convergente. *Convergens*. Aggrégée, rosacée; petites mottes noires, en forme de récipient, libres , convergentes. Tode. fun. mekl. 2. p. 39. t. 14. t. 3.

33. En gazon. *Cespitosa*. Aggrégée , globuleuse , en gazon , noire , lamellée ; lames radiées, connées en dessous, portant les petites mottes au sommet. Tode. fun. mekl. 2. p. 41. t. 14. f. 113.

34. *Fissivela*. Globuleuse, noire ; masse glutineuse, farineuse , formant des crevasses , et couvrant la réunion des capsules. Tode. fun. mekl. 2. p. 18. t. 10. f. 86.

35. Du charme. *Carpini*. Noire, terminée par des épillets très petits. bats. el. fun. p. 274. t. 30. f. 187. (1)

36. Bullée. *Bullata*. Convexe, noire , blanche intérieurement. Hoffm. vég. crypt. 1. p. 5. t. 2. f. 1.

37. *Stigma*. Corticale , noire , ponctuée. hoffm. vég. crypt. 1. p. 7. t. 2. f. 2.

38. Coussinet. *Pulvinata*. Noire, convexe , tuberculeuse. hoff. vég. crypt. 1. p. 9. t. 2. f. 3. (2)

39. Verdoyante. *Virescens*. Convexe, plane , noire ; verdoyante en dedans. Hoffm. vég. crypt. 1 , p. 10, t. 2 , f. 4.

40. *Disciformis*. Comme ronde, plane , ponctuée. Hoffm. vég. crypt. 1 , p. 19, t. 4, f. 1.

41. Mamelonée. *Papillata*. Mamelons très petits, noirs, perforés au sommet, nés sur une croute basanée ou noirâtre. hoffm. vég. crypt. 1 , p. 19, t. 4, f. 3. (3)

42. *Fragiformis*. Convexe , d'un rouge obscur. Hoffm. veg. crypt. 1 , p. 20 , t. 5 , f. 1.

---

(1) *Sphæria spiculosa*. Bats. el. fung cent. 2. t. 41. f. 251. *Sphæria coryli*.

(2) Cette espèce ne paraît pas distincte.

(3) Cette espèce ne paraît pas tenir à cette série.

43. SPHÆRIA couronnée. *Coronata*. Petites ouvertures perforées dans l'épiderme et épineuses. Hoff. veg. crypt. 1 , p. 24,
t. 5 , 45.

44. Pustulée. *Pustulata*. Lentiforme , perforée. Hoffm. veg.
crypt. 1 , p. 26 , t. 5 , .. 3.

45. Vrillée. *Cirrata*. Noire ; petites ouvertures vrillées. Hoffm.
veg. crypt. 1 , p. 27 , t. 6 , f. 1.

46. Blanche. *Nivea*. Tuberculeuse; tubercules tronqués, blancs.
Hoffm. veg. cryp. 1 , p. 28 , t. 6 , f. 3.

47. Granuleuse. *Granulosa*. Cendrée noire, tenace , loges éminentes , très nombreuses , connées en une masse crustacée. Bull.
herb. franc. , t. 482 , f. 2.

48. *Melanogramma*. Fuligineuse, noirâtre, irrégulièrement bullée;loges brillantes. Bull. herb. franc. , t. 492 , f. 1.

49. Globulaire. *Globularis*. Aggrégée , globuleuse , fermée ,
noire , opaque , endurcie. bats. el. fun. cent. 1 , p. 271 , f. 180.

50. Grainée. *Acinosa*. Aggrégée , globuleuse, fermée , noirâtre ,
verruqueuse , poilue çà et là. bats. el. fun. cent. 1 , p. 269. (1)

51. *Byssina*. Aggrégée , jaune ; écorce en flocons blanc de
neige. Wigg. prim. flor. hols. p. 84.

52. *Bombarda*. Aggrégée , oblongue , noirâtre ; petites mottes
blanches. bats. el. fun. 1 , p. 171 , f. 181.

53. *Canullata*. Comme composée , noire , aggrégée, éparse ,
ovale arrondie , convexe . d'un seul rang ; voile s'élevant ; petites mottes connées. Tode. fun. mekl. 2 , p. 34 , t. 13, f. 107.

*** * * *** *Espèces simples.*

54. Trompette. *Tubæformis*. Aggrégée , noire, globuleuse , en
cupule dans sa chûte , portant un style spermatique , conné ,
épaissi , de deux couleurs. Tode. fun. mekl. 2 , p. 51 , tit. 16 ,
f. 128.

55. Langue. *Lingua*. Aggrégée , noire , comme ovale , en coussinet , dans la chûte concave , ridée , portant un style spermatique , court , tombant. Tode. fun. Mekl. 2 , p. 51 , t. 16 , f 126.

56. *Gnomon*. Aggrégée , noire , globuleuse ; dans la chûte concave , portant un style spermatique, grand , presque droit. Tode.
fun. mekl. 2 , p. 50 , t. 16 , f. 125.

57. *Acrospermum*. Serrée , aggrégée , petite , portant une globule , cylindrique , ventrue , ridée dans sa chûte. Tode. fun. mekl.
p. 47 , tit. 15 , f. 119.

58. Pezize. *Peziza*. Aggrégée , chargée d'eau , rougeâtre , glo-

---

(1) Cette espèce ne paraît pas tenir de cette série.

buleuse

buleuse , concave dans sa chûte. Tode. fun. mekl: 2 , p. 46 ,
tit. 15 , p. 122.

59. SPHÆRIA pénétrante. *Penetrans*. Globuleuse , aigue ,
creuse dans sa chûte, aggrégée , noire , portant un globule
spermatique noir. Tode. fun. mekl. 2 , p. 45 , t. 9 , f. 74 , et t.
15 , f. 121.

60. Douteuse. *Dubia*. Alongée , atténuée , aggrégée , grise ,
portant un globule, une petite goutte spermatique , diaphane ,
d'un blanc jaunâtre. Tode. fun. mekl. 2. p. 45. t. 15. f. 118.

61. En aléne, *Subulata*. En aléne, granulée, aggrégée , portant un globule spermatique d'un jaune brun. Tode. fun mekl.
2 , p. 44 , t. 15 , f. 117.

62. Conique. *Conica*. Conique , duvetée, aggrégée , portant un
globule spermatique d'un jaune brun. Tode. fun. mekl. 2 , p. 43 ,
t. 15 , f. 116.

63. *Parabolica*. Portant un globule , parabolique , lisse, aggrégée ,
noire , globule spermatique , livide. Tode. fun. mekl. 2 , p. 43 ,
t. 15 , f. 105.

64. Cylindrique. *Cylindrica*. Portant un globule , cylindrique ,
éparse , noire ; globe spermatique blanc. Tode. fun. Meckl. 2 ,
p. 42 , t. 15 , f. 114.

65. *Moriformis*. Éparse par aggrégations , noire , ovale , tuberculeuse. Tode. fun. Mekl. 2 , p. 22 , t. 11 , f. 90 , 91.

66. *Epispharia*. Éparse par aggrégations pourprée, globuleuse ,
aplanie dans sa chûte ; mamelon convexe, oblong. Tode. fun.
mekl. 2 , p. 21 , t. 11 , f. 89.

67. Aplanie. *Complanata*. Aggrégée , en forme de mamelon ,
petite , applanie dans sa chûte. Tode. fun. mekl. 2 , p. 21 ,
t. 21 , f. 86.

68. *Artocreas*. Éparse, noire , en forme de mamelon , convexe ; applanie dans sa chûte ; plis annulaire. Tode. fun. mekl.
2 , p. 20 , t. 9 , f. 73.

69 Confluente. *Confluens*. Confluente, noire , mamelonée ; volva
fugace. Tode. fun. mekl. 2 , p. 19 , t. 10 , f. 84.

70. *Inquinans*. Aggrégée , mamelonée , noire , enfoncée ; mottes
de semences fannées , cylindriques. Tode. fun. mekl. 2 , p. 79 ,
t. 10 , f. 83.

71. *Gregaria*. Irrégulièrement aggrégée ; vermillonnée ; croûte
blanche , tendre. Veig. obs. bot. p. 43 , t. 2 , f. 10.

72. *Epiphylla*. Crustacée , blanche ; petits globes noirs. Wig.
prim. flor. hols. p. 84.

73. *Byssacea*. Solitaire , très petite , noire ; courte , blanche ,
pulvérulente. Wig. prim. flor. hols. p. 84.

F f

74. **SPHÆRIA**. *Hemispherica*. Aggrégée , hémisphérique , noire , blanche intérieurement. Schr. fl. bav. 2, p. 66.

75. *Muscosa.* Hémisphérique , grise cendrée , ridée. Veig. obs. bot. p. 42.

76. *Mucida.* Serrée , aggrégée , globuleuse , duvetée ; écorce et mamelon noirs ; duvet moisi. Tode. fun. mekl. 2, p. 15, t. 9, f. 75, t. 10, f. 82.

77. *Rugosa.* Aggrégée , globuleuse , ridée , très noire , noire in-térieurement. Weig. obs. bot. p. 43 , t. 2, f. 12.

78. *Spincterica.* Pyriforme , noire , velue ; sommet creusé , plissé. bull. herb. franc., t. 444 , f. 1.

79. *Hispida.* éparse , pyriforme , hérissée , noire. Tode. fun. mekl. 2, p. 17 , t. 10, f. 84.

80. Chauve. *Calva.* Eparse , noire , mamelonée ; surface supé-rieure glabre , l'intérieure hérissée. tode. fun. mekl. 2, p. 16, . 10 , f. 83.

81. Molle. *Mollis.* Aggrégée , noire , un peu luisante , comme mamelonée. Tode. fun. mekl. 2, 8 , t. 9, f. 66.

82. Triste. *Tristis.* Aggrégée , noire , enfoncée , très petite, granulée. tode. fun. mekl. 2, p. 9 , t. 9, f. 67.

83. *Cinnabarina.* Eparse , aggrégée , rouge , ovale , granulée. tode. fun. mekl. 2, p. 9, t. 9, f. 68.

84. *Byssiseda.* Eparse , en forme de mamelon , à deux écorces, naissante d'une croûte filamenteuse. tode. fun. mekl. 2, p. 10 , t. 9, f. 69 , 70.

85. Mobile. *Mobilis.* Serrée , globuleuse, mobile ; mamelon caduc. tode. fun. mekl. 2 , p. 11 , t. 9, f. 71.

86. Aigue. *Acuta.* Solitaire , très pétite , noire. Hoffm. veg. crypt. 1 , p. 22 , 23 , t. 5 , f. 2.

87. *Porphyrogona.* Aggrégée , en forme de phiole , noire ; née d'une croûte très fine , et violette. tode. fun. mekl. 2, p. 12 , t. 9 , f. 72.

88. *Macrostoma.* Eparse par aggrégations , globuleuse , orifice large , labié. tode. fun. mekl. 2, p. 12 , 13 , t. 9 , f. 76 , 78.

89. *Rostrata.* aggrégée çà et là , globuleuse , à bec très-long. tode. fun. mekl. 2 , p. 14 , t. 10 , f. 79 , 80.

90. Chevelue. *Comata.* Aggrégée , globuleuse , capillée au sommet ; cheveux fastigiés , connivens. tode. fun. mekl. 2, p. 15 , t. 10, f. 81.

91. *Ciliaris.* D'un blanc noirâtre ; loges chargées de vrilles. bull. herb. franc., t. 488 , f. 1.

92. SPHÆRIA rouge. *Phœnicea.* Très-petite, éparse, globuleuse, elliptique, rouge, glabre. bull. herb. franc. t. 487. f. 3.

93. Miliacée. *Miliacea.* Uniloculaire, comme globuleuse, turbinée, d'un blanc noirâtre; surface granuleuse. bull. herb. franc.
t. 444, f. 3.

HYSTERIUM.

Champignon sessile, cave; une crevasse transversale en dessus; semences globuleuses, sans queue,
entourant le disque.

1. HYSTERIUM, blanc. *Candidum.* Aggrégé, fusiforme,
papyracé. Tode. fun. mekl. sel. 2, p. 4, t. 8, f. 62.

2. Bleu. *Caruleum.* Epars, oblong, ovale, membraneux, crustacé. Tode. fun. mekl. sel. 2, p. 4, t. 8, f. 60.

VERMICULAIRE. *Vermicularia.*

Capsule globuleuse, sessile, remplie de petits corps
en forme de vers, qui sont libres et portent les
semences.

1. VERMICULAIRE *Pseudo sphæria.* Aggrégée; capsule
granulée, noire; filets nuds, blancs. tode fun. mekl. sel. 1, p.
31, t. 6, f 46.

2. Pubescent. *Pubescens.* Eparse, capsule pubescente, de deux
couleurs; filets nuds, blancs. tode. fun. mekl. sel 1, p. 31,
t. 6, f. 47.

3. *Hispida.* En coussinet, éparse, capsule noire, hérissée;
volva du sommet fugace; filamens enfoncés, blanchâtres. tode.
fun. mekl. sel. 1, p. 32, t. 6, f. 48.

PYRENIUM.

Champignon globuleux, sessile, très entier, renfermant des semences nues, conglobées en forme de
noyau.

1. PYRENIUM des bois. *Lignorum.* Epars. blanc; écorce
cotonneuse; noyau rouillé, s'ouvrant. tode. fun. mekl. sel. 1.
p. 33. t 3. f. 29.

2. Doré. *Aureum.* Epars, doré; écorce duvetée; noyau orangé,
s'ouvrant. tod. fun. mekl. sel. 1. p. 33.

3. Des métaux. *Metallorum.* Comprimé, montant, imbriqué,
hérissé; noyau plus dur. tod. fun. mekl. sel. 1 p. 24. t. 6.

4. Terrestre. *Terrestre.* Aggrégé; pulpe gélatineuse; noyau
ciré, s'écartant. tod. fun. mekl. sel. 1 p. 35, t. 6. f. 55.

TRUFFE. *Tuber.*

Champignon comme globuleux, charnu; chair marquée intérieurement de veines.

1. TRUFFE des gourmands. *Gulosorum.* Globuleuse, solide, muriquée, dépourvue de racines. Syst. nat. 12 . 2. p. 726. (1)

2. *Oleraceum.* Comme ronde, noire, ramassée, sessile, ridée. weber, suppl. flor. hols. p. 14.

3. *Parasiticum.* Rouge, alongée, écailleuse. bull. herb. franc. tit. 456.

4. Blanche. *Album.* Difforme, comme ronde, convexe, gibbeuse, ridée, solide, blanchâtre. bull. herb. franc t. 404.

SCLEROTIUM.

Champignon très simple, en globe oblong, tenacé, un peu dur, s'ouvrant enfin dans le centre; écorce inséparable, et n'éclattant jamais en dessus.

** Espèces ovales.*

1. SCLEROTIUM pourpré. *Purpureum.* Perpendiculaire, très glabre, très petit, épars. Tode. fun. mekl. sel. 1. p. 2. t. 1. f. 2.

2. Plongé. *Immersum.* Couché, glabre, égal. Tode. fun. mekl. sel. 1. p. 2 t. 1. f. 3, 4.

3. Moisissure. *Mucor.* Couché, aggrégé. Tode. fun. mekl. sel. 1. p. 5. t. 1. f. 7.

*** Espèces globuleuses.*

4. Semence. *Semen.* Noirâtre; se ridant, épars. Tode. fun. mekl. sel. 1. p. 4. t. 1. f. 6.

5. *Radicatum.* Épars, enraciné, s'étendant à la base. Tode. fun. mekl. sel. 1. p. 5. t. 1. f. 8.

6. Velu. *Villosum.* Velu, aggrégé. Tode. fun. mekl. sel. 1. p. 6. t. 1. f. 10. 11.

7. Souterrain. *Subterraneum.* Globuleux, difforme, aggrégé, souterrain. Tode. fun. mekl. sel. 1. p. 3. t. 1. f. 5.

** * * Espèce en forme de poire.*

8. Aplati. *Complanatum.* Aplati; pédicule très court. Tode. fun. mekl. sel. 1. p. 5. t. 1. f. 9.

---

(1) *Lycoperdon tuber.* Bull. herb. franc. t. 356.

T U B E R C U L A I R E. *Tubercularia.*

Champignon gélatineux, à chapeau tuberculé, mameloné, étroitement appliqué à un pédicule très épais;
plein et portant les semences dans sa superficie supérieure.

* Espèces éparses.

1. TUBERCULAIRE vulgaire. *Vulgaris.* Pédicule ventru,
globuleux; chapeau convexe, ridé; marge depliée. bull. herb.
franc. t. 284.

2. *Volvata.* Pédicule conique, à volva en forme de calice;
chapeau ridé, convexe; marge appliquée, dépliée. Tode. fun.
mekl. sel. 1. p. 20. t. 3. f. 33.

3. Sillonée. *Sulcata.* Sillonée, entière; pédicule crucibuli-
forme, avec un chapeau déprimé, conué en dessous. Tode fun.
mekl. sel. 1. p. 21. t. 4. f. 34.

4. Noirâtre. *Nigricans.* D'abord rouge, ensuite noire. bull.
herb. franc. 1. p. 217. t. 455. f. 1.

* * Espèce fasciculée.

5 *Fasciculata.* Pédicule cylindrique; chapeau aplati, granulé.
Tode. fun. mekl. sel. 1. p. 20. t. 4. f. 32.

S P E R M O D E R M I A.

Champignon très simple, globuleux, sessile, spongieux; semences serrées et suppléant une écorce.

1. SPERMODERMIA. *Clandestina.* Tode. fun. mekl. sel. 1.
p. 2. t. 1.

A C R O S P E R M U M.

Champignon très simple, comme relevé, produisant extérieurement les semences à son sommet.

1. ACROSPERMUM, *Unguinosum.* En gazon, perpendiculaire, onctueux, pourpre, renflé au sommet. Tode. schr. berl.
naturf. 4. p. 263. t. 12.

2. Comprimé. *Compressum.* Perpendiculaire, ovale, alongé,
comprimé, très roide. Tode. fun. mekl. sel. 1, p. 8, t. 2. f. 13.

3. *Pyramidale.* Perpendiculaire, ovale, aigu, très dur, solitaire Tode. fun. mekl. sel. 1. p. 9. t. 12. f. 14.

4. *Arachnoides.* Gélatineux, fibreux, couvert en dessous d'une
toile d'araignée; chapeau orangé, ensuite noir. Jacq. misc. austr. 1.
p. 144. t. 15. (1)

---

(2) Cette espèce ne paraît pas être de ce genre.

5. ACROSPERMUM sec. *Siccum*. Blanc de lait, coriace, cave intérieurement. schranck. flor. bav. 7. p. 676. n. 1634.

STILBUM.

Champignon gélatineux ; pédiculé, aggrégé ; chapeau diaphane, brillant, solide, persistant ; portant extérieurement les semences.

* *Chapeau sphérique.*

1. *Vulgare*. Chapeau cylindrique, épais. Tode. fun. mekl. sel. 1, p. 10, t. 2, f. 16.

2. Bulbeux, *Bulbosum*. Pédicule atténué, bulbeux. Tode. fun. mekl. sel. 1, p. 10, t. 2, f. 7.

* * *Chapeau ovale.*

3. *Rubicundum*. Chapeau comprimé, pédicule atténué. Tode. fun. mekl. sel. 1, p. 11, t. 2, f. 18.

4. Très petit, *Minimum*. Chapeau comprimé ; pédicule capillaire. Tode. fun. mekl. sel. 1, p. 11, t. 2, f. 19.

5. *Pubens*. Pédicule épaissi en dessous, garni de poils. Tode. fun. mekl. sel. 1, p. 12, t. 3, f. 21.

* * * *Chapeau turbiné.*

6. Turbiné. *Turbinatum*. Pédicule cylindrique, contracté vers le chapeau. Tode. fun. mekl. sel. 1. p. 12, t. 2, f. 20.

ASCOPHORA.

Champignon relevé, pédiculé ; pédicule sétacé ; chapeau globuleux, oblong, enflé, opaque, élastique, portant extérieurement les semences.

* *Espèces éparses.*

1. ASCOPHORA *Muscedo*. Aggrégée ; chapeau sphérique, se rompant vers un long pédicule. wilden. bot. mag. 4, p. 18, f. 17. *Mucor roridus*.

2. Fragile. *Fragilis*. Serrée ; chapeau sphérique, manquant dans le milieu ; pédicule très court. Tode. fun. mekl. sel. 1, p. 14, t. 3.

3. *Stilbum*. Tête ovale, luisante ; pédicule très court. tode. fun. mekl. sel. 1, p. 14, t. 3, f. 24.

4. Ovale. *Ovalis*. Tête ovale, ensuite ridée, et s'ouvrant sur plusieurs rangées ; pédicule long. tode. schr. herb. naturf. 3, p. 247, t. 4, f. 4, 6. *Ascidium ovatum*.

5. *Cylindrica*. Tête cylindrique, se ridant ; pédicule court. tode. schr. berl. naturf. 3, p. 248, t. 4, f. 7.9.

** *Espèces aggrégées dans un réceptacle commun, convexe.*

6. ASCOPHORA *limbiflora*. Réceptacle commun, enfin déprimé ; chapeaux globuleux, penchés ; pédicules capillaires,
lâches. tode. fun. mekl. sel. 1, p. 15, t. 3, f. 25.

7. *Disciflora*. Chapeaux ovales, alongés, caducs. tode. fun.
mekl. sel. 1, p. 16, t. 3, f. 26, 27.

8. *Articulata*. Noirâtre ; chapeaux alongés, articulés, aigus
au sommet. bull. herb. franc. 1, p. 110, t. 504, f. 14.

CHORDOSTYLUM.

Champignon très tenace, pédiculé ; pédicule très
long, très tenace, comme rameux ; chapeau globuleux, presque caduc, renfermant les semences.

* *Espèces relevées.*

1. CHORDOSTYLUM *Clavaria*. Simple ; pédicule glabre, capillaire, tortueux ; chapeau pyriforme, coriace. tode. fun. mekl.
sel. 1, p. 40, t. 7, f. 55.

2, *Capillare*. Épars ; pédicule capillaire, glabre, sans division ;
chapeau sphérique, se fanant. tode. fun. mekl. sel. 1, p. 37,
t. 6, f. 52.

3. *Byssoides*. Aggrégé ; pédicule capillaire, débile, rameux.

** *Espèces rampantes.*

4. *Hispidulum*. Hérissé ; surgeon capillaire, couché, rameux,
comme radicant ; chapeaux comme ovales, enfoncés. tode. fun.
mekl. sel. 1, p. 39, t. 7, f. 54.

5. *Filiforme*. Jaune pubescent ; pédicule très grêle ; sommets
blancs, poilus. bull. herb. franc. 1, p. 205, t. 448, f. 1.

6. *Penicillatum*. Jaune, glabre ; pédicule fin ; sommets multifides. bull. herb. franc. 1, p. 207, t. 448, f. 3. (1)

RHIZOMORPHA.

Champignon très rameux, rampant, corné ; semences
cachées.

1. RHIZOMORPHA *Fragilis*. Noir, glabre, comprimé,
réticulé, solide en dessous, blanc. Flor. dan. t. 713.

2. *Cinchonæ*. Basané, pubescent, réticulé, comprimé, cave intérieurement, très brillant. wilden. bot. ann. 1, p. 8, t. 1, f. 2.

3. *Capillaris*. Jaune, comme comprimé, capillaire, pubescent. wild. bot. ann. 1, p. 8, t. 1, f. 3.

---

(1) Cette espèce ne paraît pas tenir à cette série.

MESENTERICA.

Champignon repandu, gélatineux, veiné, portant des boutons sur la marge.

1. MESENTERICA *Tremelloides*. Tode. fun. mekl. sel. r, p. 7. t. 2 , f. 12.

MOISISSURE. *Mucor.*

Champignon fugace, chapeaux d'abord diaphanes, ensuite opaques, attachés à des pédicules simples ou rameux.

1. MOISISSURE *Ovalis*. En gazon, blanche; chapeau ovale. hall. hist. stirp. helv. n. 2149.

2. *Minimus*. Très petite, blanche; chapeau penché. mich. nov. pl. gen. t. 95, f. 1.

3. *Paniceus*. Chapeaux globuleux, blancs, secs. mich. nov. pl. gen. t. 96, f. 6.

4. *Albus*. Blanche; chapeau globuleux. bull. herb. franc. t. 407, f. 3.

5. *Flavus*. Jaune; chapeau globuleux. hall. hist. stirp. helv. n. 31, 51

6. *Tremelloides*. Aggrégée, gélatineuse, lentiforme, confluente. suhr. fl. bav. 2, p. 637, n. 1793.

7. *Plumosus*. Blanche, rameuse, représentant de la laine. schr. fl. bav. 2, p. 638, n. 1795.

8. *Araneosus* Blanche, représentant une toile d'araignée. schr. fl. bav. 2, p. 638, n. 1796.

9. *Purpureus*. Pourprée, imitant une goutte. schr. fl. bav. 2, p. 639, n. 1799.

10. *Globosus*. En nombre, jaunâtre. schr. fl. bav. 2, p. 638, n. 1798.

11. *Infusorius*. Gélatineuse; filets chargés de globules sur les flancs. Spalazhani. phys. abh. t. 1, f. 11. (1)

12. *Mucedo*. Pédiculée; capsule globuleuse. Mich. nov. plen. gen. t. 95, f. 2, 4.

13. *Erysiphe*. Blanc; têtes basanées, sessiles.

14. *Virens*. Vert de mer; chapeaux globuleux. bats. el. fun. p. 157, n. 2. (2)

---

(1) Cette espèce ne parait pas tenir de ce genre.

(2) Cette espéce paraît étrangére à ce genre.

HYDROPHORA

HYDROPHORA.

Champignon globuleux, aqueux; pédicule capillaire, comme droit.

1. HYDROPHORA *Minima.* Chapeau de couleurs différentes; pédicule jaunâtre. tode. fun. mekl. sel. 2, p. 5, t. 8, f. 68.

2. *Tenella.* Chapeau de diverses couleurs; pédicule gris. tode. fun. mekl. sel. 2, p. 6, n. 2.

3. *Stercorea.* Chapeau et pédicule d'un jaune sale. tode. fun. mekl. 2, p. 6, n. 3.

PERICONIA.

Champignon globuleux; semences sessiles, caduques, entourant de toutes parts le chapeau et le pédicule.

1. PERICONIA *Lichenoides.* Tode. fun. mekl. sel. 2, p. 2, t. 8, f. 61.

GRANULARIA.

Champignon comme rond, rempli de grains enfoncés dans le mucilage.

1. *Granularia pisiformis.* wilden. bot. ann. 1, p. 6, t. 1, f. 1.

MEDUSULA.

Champignon solide, globuleux, pédiculé, serré; semences extérieures filiformes, molles, se lignifiant.

1. *Medusula labyrintica.* tode. fun. mekl. sel. 1, p. 17, t. 3, f. 28.

MONILIA.

Fils en forme de collier, ramassés en tête.

** Espèces pédiculées:*

1. *Monilia crustacea.* Épis digités. Syst. nat. 12, 3, p. 727. (1)

3. *Cespitosa.* Pédicule rameux; épis ternés. syst. nat. 12, 3, p. 727. (2)

3. *Aspergillus.* Pédicule sétacé, dichotome, grand; chapeaux aqueux. scop. flor. carn. n. 1642.

4. *Aurea.* En gazon jaune; chapeau comme rond. hall. hist. stirp. helv. n. 2154.

5. *Alba.* Blanc; pédicule articulé. hall. hist. stirp. helv. n. 2155.

---

(1) *Mucor crustaceus.* Flor. dan. t. 897. f. 1.

(2) *Mucor cespitosus.* Mich. nov. pl. gen. t. 91. f. 3.

6. *Purpurea.* Croûte velue, blanche ; pédicule courts et chapeaux rouges. hall. hist. stirp. helv. n. 2153.

7. *Glauca.* Blanc, velu ; pédicule sétacé , court ; chapeau globuleux. syst. nat. 12 , 2 , p. 727. (I)

** *Espèces sessiles.*

8. *Ochroleuca.* Globuleuse, jaunâtre , rempli de poils rayonans. hall. hist. stirp. hel. n. 2152.

9. *Leprosa.* Sétacé ; chapeaux radicals. syst. nat. 12. 2. p. 727. *Mucor leprosus.*

MUCILAGO.

Champignon. fils très simples, fugaces.

I. *Plumosa.* Blanche de neige ; plumeuse. hall. hist. stirp helv. n. 1130.

2. *Cespitosa.* Plumeuse , jaune. wig. prim. flor. holds. p. 112.

3. *Cinerea.* Cendrée ; fils en gazon , rameux et simples. hall. hist. stirp. helv. n. 2131.

4. *Miniata.* Velue , très rouge. hall. hist. stirp. helv. n. 2132.

---

(1) *Mucor glaucus.* Bull. herb. franc. t. 504. f. 10.

F I N.

TABLE
ALPHABÊTIQUE

De tous les genres et de toutes les espèces de plantes décrites dans cet ouvrage.

Les chiffres donnés aux genres indiquent les numéros des pages ; ceux des espèces désignent le numéro qu'elles occupent dans les genres.

A

Sphæria.		*Splachnum.*		*Stemonitis.*		*Tremella.*	
muscida.	76	vasculosum.	3	typhina.	1	cavernosa.	4
muscosa.	75	*Spumaria.*	206	varia.	48	cenebrina.	30
natans.	17	mucilago.	1	vesparia.	40	cinnabarin.	24
nivea.	46	*Stemonitis.*	206	vessiculosa.	41	clavariæf.	17
ophiogloss.	4	alba.	36	violacea.	26	coralloides.	49
papillata.	41	antiades.	25	viridis.	34	crispa.	38
parabolica.	63	argillacea.	37	vitellina.	44	deliquesc.	48
penetrans.	59	aurantia.	32	*Stilbum.*	222	difformis.	10
peziza.	58	bicolor.	35	bulbosum.	2	digitata.	40
phænicea.	92	bombacyna.	42	minimum.	4	fucata.	5
placenta.	23	botrytis.	20	pulvens.	5	grandulosa.	43
porphyrog.	87	cancellata.	19	rubicundum.	3	granulata.	1
pulvinata.	38	cinerea.	9	turbinatum.	6	hemispher.	7
pustullata.	44	cinnabarin.	27	vulgare.	1	hydnoidea.	41
radians.	24	coccinea.	24	**T.**		intestinalis.	31
ribis.	15	crocea.	5	*Targionia.*	85	juniperina.	25
rostrata.	89	embolus.	3	hypophylla.	1	lithophylla.	19
rugosa.	77	fasciculata.	21	sphærocarp.	2	mesenteric.	21
sanguinar.	19	favaginea.	43	*Thælephor.*	181	meteorica.	15
sphincter.	78	ficoides.	30	alutacea.	17	miliaris.	44
stigma.	37	flava.	16	applanata.	12	moniliform.	3
subulata.	61	floriform.	38	carnea.	15	nostoc.	22
succinturiat.	31	fulva.	15	crocea	18	orbicularis.	13
talus.	22	furfuracea.	14	ferruginosa.	13	persistens.	23
tristis.	82	fusca.	2	fusca.	9	pisum.	2
truncata.	5	globularis.	46	glabra.	14	plana.	35
tubæform.	54	globulifera.	33	hirsuta.	3	pruniform.	6
tunicata.	25	graniform.	22	liliacea.	4	punctiform.	8
virescens.	39	incarnata.	7	mesenterica.	2	rubella	46
Sphætobol.	202	leucoceph.	10	mesenterif.	1	ruberrima.	36
rosaceus.	2	leucopus.	39	papyracea.	16	rubra.	45
stellatus.	1	lichenoid.	13	phylacteris.	15	rufa.	14
Sphagnum.	53	lumbricalis.	49	rubiginosa.	7	sagarum.	26
alpinum.	2	nigra.	4	sericea.	5	sepincola.	20
palustre.	1	nivea.	11	stricta.	6	stipitata.	12
Splachnum.	55	nutans.	8	undulata.	10	torta.	32
ampullac.	2	olivacea.	17	variegata.	8	undulata.	27
angustatum.	5	pomiformis.	29	*Thelcobol.*	202	ustulata.	28
breweri.	8	pyriformis.	28	stercorarius.	1	verrucosa.	42
longifolium.	9	recutita.	6	*Tremella.*	186	verticalis.	37
luteum.	1	rufa.	23	adnata.	9	vesicaria.	16
ovatum.	9	semitrich.	18	allii.	33	violacea.	34
rubrum.	4	sphærocep.	12	ancephal.	29	viridis.	18
sphæricum.	7	sulphurea.	47	annulata.	47	*Trichoman.*	47
tenue.	10	trichia.	45	arborea.	11	adianthoid.	18
urceolatum.	6	turbinata.	31	atra.	39	asplenoid.	7

Trichomanes.		*Trichomanes.*		*Tubercularia.*		*Ulva.*	
bivalve.	21	pusillum.	2	vulgaris.	1	oryziform.	18
canariense.	42	pixidifer.	22	*Tubifera.*	211	papillosa.	23
capillac.	40	reniforme	1	cylindrica.	1	pavania.	1
ciliatum.	10	reptans.	4	ferruginos.	3	porrifolia.	28
clavatum.	16	rigidum.	14	fragiformis.	2	priapus.	9
contiguum.	17	sanguinol.	24	*Tympanis.*	20	purpurea.	6
crinitum.	25	scandens.	39	saligna.	1	ramosa.	25
crispum.	5	sericeum.	9	U.		rugosa.	13
cuneiforme.	30	sinense.	38	*Ulva.*	128	sagarum.	27
demissum.	32	solidum.	37	articulata.	14	squamaria.	2
dilatatum.	20	squarros.	27	calendulif.	29	stellata.	17
elatum.	35	strigosum.	28	compressa.	12	umbilicalis.	4
epiphyllum.	29	tamariscif.	33	confervoid.	16	vermicular.	15
flaxidum.	36	tunbrigense.	19	cuneata.	26	V.	
fucoides.	12	undulatum.	13	dichotoma.	26	*Vermicul.*	218
gibberos.	31	*Tuber.*	220	glandulif.	10	hispida.	3
hirsutum.	23	album.	4	intestinalis.	8	pseudosph.	1
humile.	8	gul sorum.	1	labyrintif.	21	pubescens.	2
japonicum.	41	oleraceum.	2	lactuca.	24	*Volutella.*	20
lineare.	26	parasiticum.	3	lanceolata.	7	nuda.	2
lucens.	11	*Tubercular.*	221	latissima.	5	volvata.	1
membran.	3	fasciculata.	5	linza.	22	X.	
multifidum.	34	nigricans.	4	lumbricalis.	11	*Zylostrom.*	182
polyathon.	15	sulcata.	3	moccana.	19	giganteum.	1
polypod.	6	volvata.	2	montana.	3		

Fin de la table alphabétique.

N O T A.

On trouve, du même auteur, chez le dit libraire :

Élémens de Botanique; par Piton-de-Tourne-fort, 6 vol. in-8º. . . . . 84 fr.

Système sexuel des Végétaux, traduit de Muray; 2 vol. in-8º. . . . . 9.

Cet ouvrage, d'abord en un volume, est partagé en deux, et augmenté de plusieurs pages d'additions et corrections diverses.

Principes de la philosophie du Botaniste, vol. in-8º, ... 5.

On y trouve aussi les ouvrages suivans :

Manuel politique pour les français; 1 vol. in-8º. prix, ... 2 fr, 50 cent.

Fragmens sur la situation politique de la France; vol. in-8º., même prix.

Abregé de Grammaire, de Restaut; vol. in-8º. 75 c. et 90 c., franc de port, pour les départemens.

Caricatures politiques; petit vol. 50 c. et 60., franc de port, pour les départemens.

Fables de La fontaine; 2 vol. in-18. 1 fr, 50 c. et 2 fr. frauc de port, pour les départemens.

SOCRATE-FOU, ou Dialogues et République de DIOGÈNE *le cynique*, vol. in-12 . . . . . 1 fr. 50 c.